今日から
モノ知り
シリーズ

トコトンやさしい

ガラスの本

新版

ニューガラスフォーラム 編著

紀元前3500年頃には人工的につくられていた“ガラス”。そのガラスは、今や私たちの身の回りにあふれていて、窓や食器だけでなく、スマートフォン、光ファイバー、医療機器や宇宙開発の分野でも活用され、現代社会に欠かせない素材となっています。

B&Tブックス
日刊工業新聞社

はじめに

私たちの身の回りには、ガラスがあふれています。窓ガラスや食器、スマートフォン、光ファイバーや液晶ディスプレイ、さらには医療機器や宇宙開発の分野に至るまで、ガラスは現代社会に欠かせない素材です。しかし、日常的に目にしているにもかかわらず、「ガラスとは何か?」と改めて問われると、いまだに未解明なこともあり、その本質を説明するのは意外と難しいものです。

本書では、ガラスという不思議な素材について、その歴史から最新技術に至るまで、幅広く解説します。まず、ガラスの起源に迫り、古代文明におけるガラスの誕生から、中世の欧州で発展したガラスが、日本に伝来し和ガラスとして進化、さらに近代の工業的な大量生産へ、その歴史的変遷を辿ります。

次に、ガラスの基本的な物理的特徴について考察します。なぜガラスは透明なのか、他の材料には無い割れ方をするのか、さらにはガラスの熱、光学、電気的特性についてもわかりやすく説明します。そして、今日の最先端技術におけるガラスの役割を取り上げ、ディスプレイ技術や半導体製造、さらにはエネルギー分野、IT、ライフサイエンス、グリーンイノベーションにおける応用例を紹介し、未来社会におけるガラスの可能性についても取り上げます。

本書の元祖となる『トコトンやさしいガラスの本』は、2004年に作花済夫先生の著作として出版されました。初版の出版から20年が経ち、ガラスを取り巻く世界は大きく変化しました。特に、最先端のガラス製品の進化は目覚ましく、長年、ガラスの研究に携わる筆者自身も、その技術革新と応用範囲の広がりに驚かされるばかりです。かつては想像もしなかった分野で、ガラスが重要な役割を果たしている現状を目の当たりにし、その可能性の大きさに改めて感銘を受けました。近年の技術革新を反映した新たな視点から、ガラスという素材を見つめ直し、より多くの読者にその魅力を伝えられれば嬉しいです。

さらに、本書では各章の間に「コラム」として、ガラス工芸の多彩な技法を紹介しています。切子、サンドブラストなど、古くから受け継がれてきた技術の背景や職人の技を紐解きながら、ガラスが芸術としてどのように進化してきたのかを探ります。これらの技法を知ることで、ガラスという素材の美しさや奥深さに、より一層の興味を持っていただけることでしょう。

本書は、ガラスに関する専門的な知識がなくても楽しめるように、できる限り平易な言葉で説明することを心がけています。科学的な側面だけでなく、歴史的・文化的な視点からもガラスを見つめることで、読者の皆さんがガラスという素材の多様な魅力を発見し、さらなる関心を持っていただけることを願っています。

現状を鑑みて本書「トコトンやさしいガラスの本【新版】」出版のお話を頂戴したとき、多くのガラス会社が会員となっている一般社団法人ニューガラスフォーラムと一緒に編集を進めていくことにしました。特に同フォーラムの運営委員の皆様には執筆の分担やお世話をしていただきました。またガラス研究の第一線で活躍されている大学、研究機関の先生方にも一部執筆を分担していただきました。分担執筆いただいた諸先生、コラムの取材にご協力いただいた日本ガラス工芸学会の井上曉子氏、および工芸作家諸氏に、この場を借りて改めて御礼を申し上げる次第です。
さらにニューガラスフォーラム事務局の北岡賢治氏、種田直樹氏、松野好洋氏、日刊工業新聞社の藤井浩氏には、多大なる労をいただきましたこと厚く御礼申し上げます。

2025年3月

執筆者代表　本間　剛

目次 CONTENTS

第1章 ガラスの歴史はいつ頃から始まったのだろう？

1 紀元前3500年頃にはすでに人工的なガラスが作られた「人類とガラスの出会い」……10
2 ローマ帝国では多様な形状のガラス製品がつくられた「ローマ時代のガラス工業」……12
3 古代から現在でも使われているソーダ石灰ガラス「原料が安価で入手が容易だった」……14
4 古代のガラス製造技術にはいろいろな技法がある「目的のガラスをつくるために」……16
5 教会や宮殿の壮麗な装飾に多様なガラスが使われた「中世のガラス」……18
6 大型のガラス板の大量生産に挑む「産業革命によるガラス産業の発展」……20
7 ガラス技術はシルクロードを渡って日本に伝わった「和ガラスの歴史の始まり」……22
8 切子から板ガラス、ニューガラスへ「日本のガラスの近代史」……24

第2章 〝ガラス〟っていったいなんなのだろう

9 朝起きて寝るまで、現代人の生活に欠かせないガラス「生活のあらゆる場面で使われている」……28
10 〝ガラス〟っていったいなんだろう？「ガラスの特徴とは？」……30
11 〝ガラスは割れる〟を克服するための研究も進んでいる「ガラスが割れる仕組み」……32
12 液体の状態から過冷却を経て固体となった物質がガラス!?「ガラスを科学の視点で見る」……34
13 どんなものからガラスは作られているのか「地殻に豊富に存在する」……36
14 板状のガラス製品はどうやって作る？「フロート法とオーバーフロー法」……38

第3章 今の時代のIT、DXに欠かせないガラス

15 高温で作らないガラスには独特な特徴がある「特殊なガラスの作製方法」……40
16 ガラスの長期安定性はその成分に左右される「ガラスの化学耐久性」……42
17 屈折、反射、透過、光学ガラスが科学の発展に寄与「光とガラスの関係」……44
18 ガラスの着色はどうやってするのだろう？「光とガラスの着色との関係」……46
19 ガラスの成分の組み合わせは無限で、唯一無二のものができる「ガラス組成の多様性」……48
20 水や金属もガラスになることがある!?「アモルファスとは？」……50
21 液晶ディスプレイには、大きくて薄い無アルカリガラス基板が不可欠「大画面化、高精細化に対応」……54
22 透明な電気伝導性ガラスも作られている「電子が移動するガラス」……56
23 有機ELディスプレイにも無アルカリガラス基板は欠かせない「次世代ディスプレイにも使用」……58
24 意匠性、空間デザイン性を活かすガラス「デジタルサイネージ」……60
25 強度を数倍に高めて割れにくくしたガラス「スマホカバー用ガラス」……62
26 ロール巻きが可能で、折り畳むことができるガラス「薄くして折り曲げる」……64
27 変わった形の小さいレンズはスキャナーなどの光学系に使われる「特殊な用途のガラス」……66
28 大容量・長距離通信を支えるため、光に載せて情報を確実に伝える「光ファイバーの構造と特徴」……68
29 光信号を分ける、合わせる、制御する「光導波回路シリコンフォトニクス」……70
30 光信号を直接増幅。そして高出力レーザーへの展開「光ファイバー増幅光ファイバーレーザー」……72
31 情報の保存にカルコゲナイドガラスが活躍「相変化メモリ」……74

32 大記憶容量化のために進む薄板化とたわみにくさ「ハードディスク基板」……76
33 光を制御してDMDを均質に照明する光学系ガラス「プロジェクター」……78
34 超精密な光学系を構成するレンズ材料に使われるガラス「要求をすべて満たすガラス」…80
35 半導体を支える合成石英ガラス「不純物がなく、高い透過率」……82

第4章 私たちの暮らしを支えてくれるガラス

36 中身が見えて、内容物の長期保存や輸送に便利「ガラスびん」……86
37 美術的な価値から大衆商品まで「ガラス食器」……88
38 火にかけながら水をかけても割れない究極の耐熱性を持つ「超耐熱結晶化ガラス」……90
39 私たちの日常生活を災害から守ってくれるガラス「住宅用防火ガラス・防犯ガラス」……92
40 汚れが落ちやすいセルフクリーニングガラス「ガラスへのコーティング」……94
41 ガラスに自分や周囲の景色が映りこまない不思議なガラス「反射防止膜付き不可視ガラス」…96
42 省エネ住宅（ZEH対応）の窓ガラス「エコガラス」……98

第5章 運輸・航空・宇宙の発展を支えるガラス

43 自動車の窓ガラスには特殊な工夫が施されている「合わせガラス、強化ガラス」……102
44 私たちの生活をみえないところで支えているガラス繊維「プラスチックやコンクリートを補強」…104
45 映像をきれいに見やすく映し出すガラス「ヘッドアップディスプレイ」……106
46 赤外線カメラ、科学的研究、医療機器など多岐にわたる用途で利用「赤外線透過ガラス」…108

47 曇らないよういろいろな工夫がされたガラス「自動車の安全を守る」……110
48 乗り物のガラス窓に雨などの水滴がつかない仕組み「撥水性ガラス」……112
49 車内の暑さを和らげる熱線吸収ガラス「省エネにも一役」……114
50 ガラスを使って過去を見ることができる?「天体・宇宙望遠鏡用ゼロ膨張ガラス」……116

第6章 ライフサイエンス分野で活躍するガラス

51 ワクチンなど医薬品の性能を高い信頼性で維持「医療現場に欠かせないガラス容器」……120
52 ガラスが現在のセラミックに置き換わる可能性も「骨補填材」……122
53 ガラスのフィルターを使うことでがんを発見「血清フィルター」……124
54 積極的に反応して身体と一体化していくガラス「生体活性ガラス、結晶化ガラス」……126
55 化粧品や顔料に使われるガラス「ガラスフレーク」……128

第7章 カーボンニュートラルに貢献するガラス

56 窓ガラスが太陽電池になる可能性も「シリコン太陽電池パネル」……132
57 燃料電池に使われるガラス「SOFCとは?」……134
58 再エネの蓄電に役立つ全固体電池とガラス「期待、注目大きく開発進む」……136
59 有害物質を内部に閉じ込め漏れないようにするガラス「放射性廃棄物を例に」……138
60 ガラスは何度でも生まれ変わることができる「リサイクル・リユース」……140

第8章 これからガラスはどう進化していくのだろう

61 二酸化炭素を出さないガラスの溶融方法「水素燃焼、アンモニア燃焼」……144
62 3Dプリンティングによるガラス製品の製造「課題はまだ多いが期待大」……146
63 マテリアルズ・インフォマティクスとガラス「これまでなかったガラスができるかも」……148
64 安全、快適なドライブに貢献するガラスアンテナ「ラジオ、テレビ放送から5Gまで」……150
65 浮かせてつくれば新しいガラスができるかも!?「ガラスにならないものをガラスにする」……152

【コラム】
●時代を超えて使う人を驚かせ魅了する、江戸切子……26
●サンドブラストという彫刻技法……52
●古い歴史があるモザイクガラス……84
●様々な色のガラス片が奏でる色彩の魔法～ガラスキルンワークの魅力～……100
●ガラスと絵具が織りなすアート～エナメル彩で広がる創作の世界～……118
●ガラス粉と鋳型から作るパート・ド・ヴェール……130
●学習資料「一家に1枚」ポスター……142

参考文献……154
索引……157

第1章

ガラスの歴史はいつ頃から始まったのだろう?

1 紀元前3500年頃にはすでに人工的なガラスが作られた

人類とガラスの出会い

黒曜石は火山活動によって噴出したマグマが冷え固まってできた火山ガラスの一つで、人類がガラス製品を使うのはこれが初でしょう。たたき割ったかけらのふちはナイフのようにとても鋭利で、古代の人類は旧石器時代から縄文時代を通じ、弥生時代に鉄が伝わるまで、様々な道具として黒曜石を利用しました。

旧石器時代にはナイフ形石器や槍の先端などに、縄文時代には矢じりとして使われました。また、狩猟用だけでなく、動物の皮をなめすなどにも用いられました。

黒曜石の露頭は国内でも見ることができます。エックス線による分析によって黒曜石の成分と産地の同定が進められ、旧石器時代から縄文時代の石材流通と技法、ひいては当時の人々の移動の様子が判明しつつあります。

人工的にガラスが製造された最古の証拠は、メソポタミア（現在のイラクとシリア）の紀元前3500年頃にさかのぼります。紀元前1500年までには、エジプト人がガラスビーズや小さな器を生産していました。

吹きガラスの技術は紀元前一世紀頃にローマ人によって開発され、ガラス生産に革命をもたらし、ガラス製品のより広い使用と、多様化を可能にしました。

人工ガラスの元祖には諸説ありますが、よく出てくるお話としては、2000年前のプリニウスという学者が書いた「自然博物誌」という書物の一節で、ここには「3000年前のフェニキア（現在のレバノン）でソーダ灰の職人が食事の準備をする際に、ソーダ灰の塊を支えにして鍋を置き火にかけたところ、ソーダ灰と砂が混ざってガラスができた」と書かれています。また、5000年前の青銅器時代に陶器を焼くときに釉薬《うわぐすり》が垂れ落ちて偶然できたという説もあります。これらの説が正しいのかはわかりませんが、事実だとすれば、ガラスの発明は偶然が重なって思いがけない発見をもたらすセレンディピティだったのかもしれません。

要点BOX

- 人類がガラスを用いるようになったのは石器時代の天然のガラス
- メソポタミアで人工ガラスが得られるようになる

古代メソポタミアでのガラス製造

紀元前3,2世紀ごろの羽状文字アラバストロン形小瓶
出典:板硝子協会「日本の板ガラス」

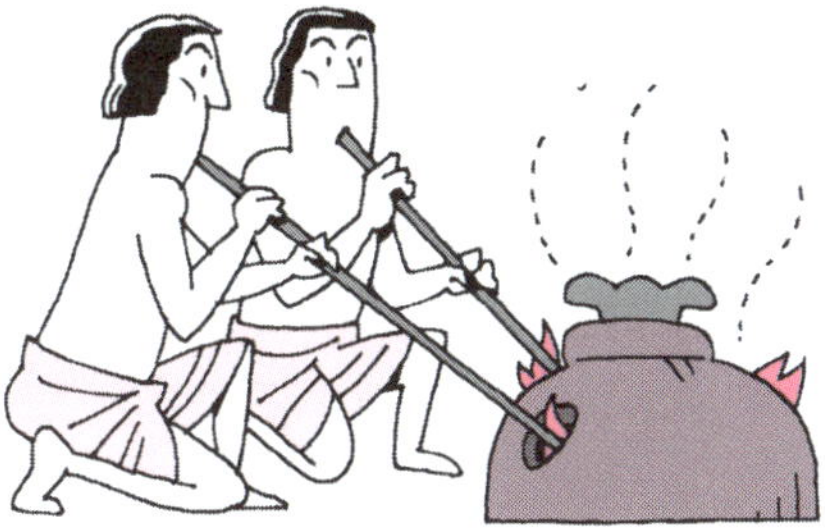

古代吹きガラスの様子

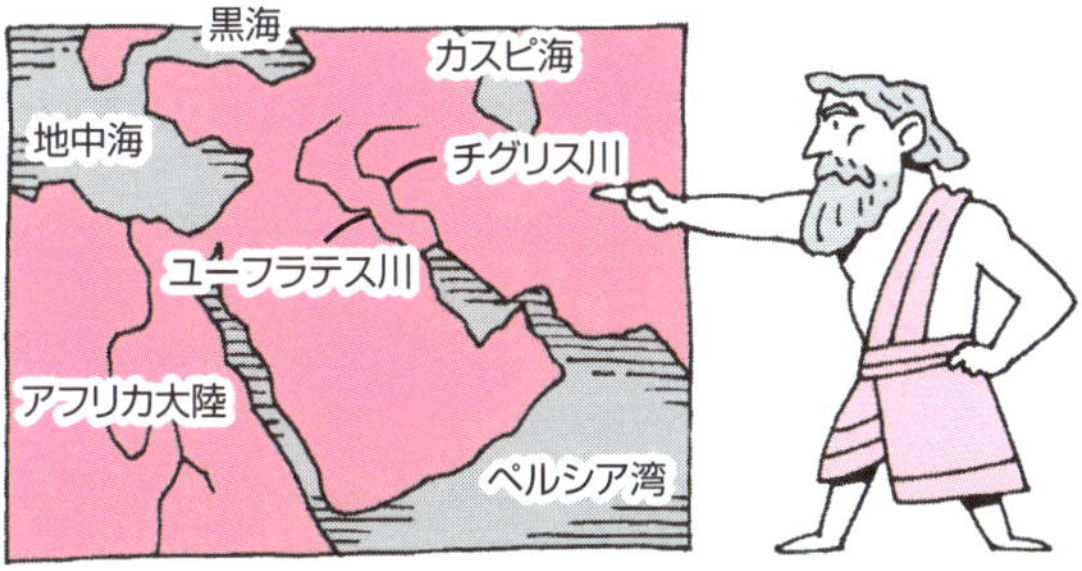

メソポタミアは現在のイラクの一部でチグリス川とユーフラテス川の間の平野部にあたる。

ガラスの古代史(メソポタミアからローマ、ペルシャまで)

	時代(メソポタミア)	ガラス	関連事項
BC 6000	新石器		
5000			ファヤンス出現 メソポタミアB.C 5500
4000			施釉ファヤンス・施釉石 メソポタミア B.C 4500〜3500
3000	青銅器	半どけのガラス(偶然の産物)メソポタミアB.C 3000年頃	
		初期ガラス製品(玉など)鋳造ガラス メソポタミアB.C 2400年頃	
2000		ガラス容器(コアガラス) メソポタミア及びエジプトBC1600〜BC1500年頃	
1000			
AD 1	鉄器	ガラス容器(型吹きガラス)ローマBC1世紀後半	
		ガラス容器(宙吹きガラス) ローマAD1世紀後半 ペルシャAD3世紀	
1000			
2000			

2 ローマ帝国では多様な形状のガラス製品がつくられた

ローマ時代のガラス工業

メソポタミアではガラスで、ビーズや装飾品が作られ、宝石の代用品として人気がありました。ガラスの色を変えるために、様々な金属酸化物が添加され、美しい色合いが作り出されました。この当時のガラスは不透明で、コアガラスの技法によってガラス容器が作られていました。当時のガラスは高級品として扱われ、メソポタミアの遺跡から発見されたガラス玉が世界最古のガラスと言われています。

ローマ時代になると様々なガラス製造の技術が確立されます。ガラス工房はローマ帝国の各地に存在し、特にローマ、アレクサンドリア、アンティオキアなどの大都市に集中しました。これらの都市は、原材料の入手や製品の輸送に便利な場所だったからです。ガラスの主要な原材料はシリカ(砂)、ナトロン(ソーダ)、石灰であり、これらは帝国各地から供給されました。特にエジプトから輸入されたナトロンが重要でした。

紀元前一世紀頃、シリアやパレスチナでガラス吹きの技術が発明されました。この技術はローマ帝国全体に広まり、ガラス製品の大量生産を可能にしました。ガラス吹き技術により、透明でより大きく、薄く、そして多様な形状のガラス製品が作られるようになり、日常品として扱われるようになりました。ガラスの容器は、オイル、香水、薬、食料などを保存するために広く使われました。これらの容器は透明で内容物が見えるため、実用性が高かったのでしょう。

初期の窓ガラスもローマ時代に登場しました。建物内に光を取り入れながら、風雨を防ぐことができるものでした。また、これらのガラス製品には、エッチング、カット、モールドなどの装飾技法で美しいデザインが施され、機能性だけでなく、美的価値も持つようになりました。着色の技法も確立し、銅、鉄、マンガンなどの金属酸化物を添加することで、様々な色のガラスが作られました。ローマ帝国のガラス製品は、文化と生活様式の一部として広く普及しました。

要点BOX
- ●ローマ時代になるとガラス製造技術は飛躍的に発展する
- ●大量生産によってガラスは日常品となった

古代ガラス年表

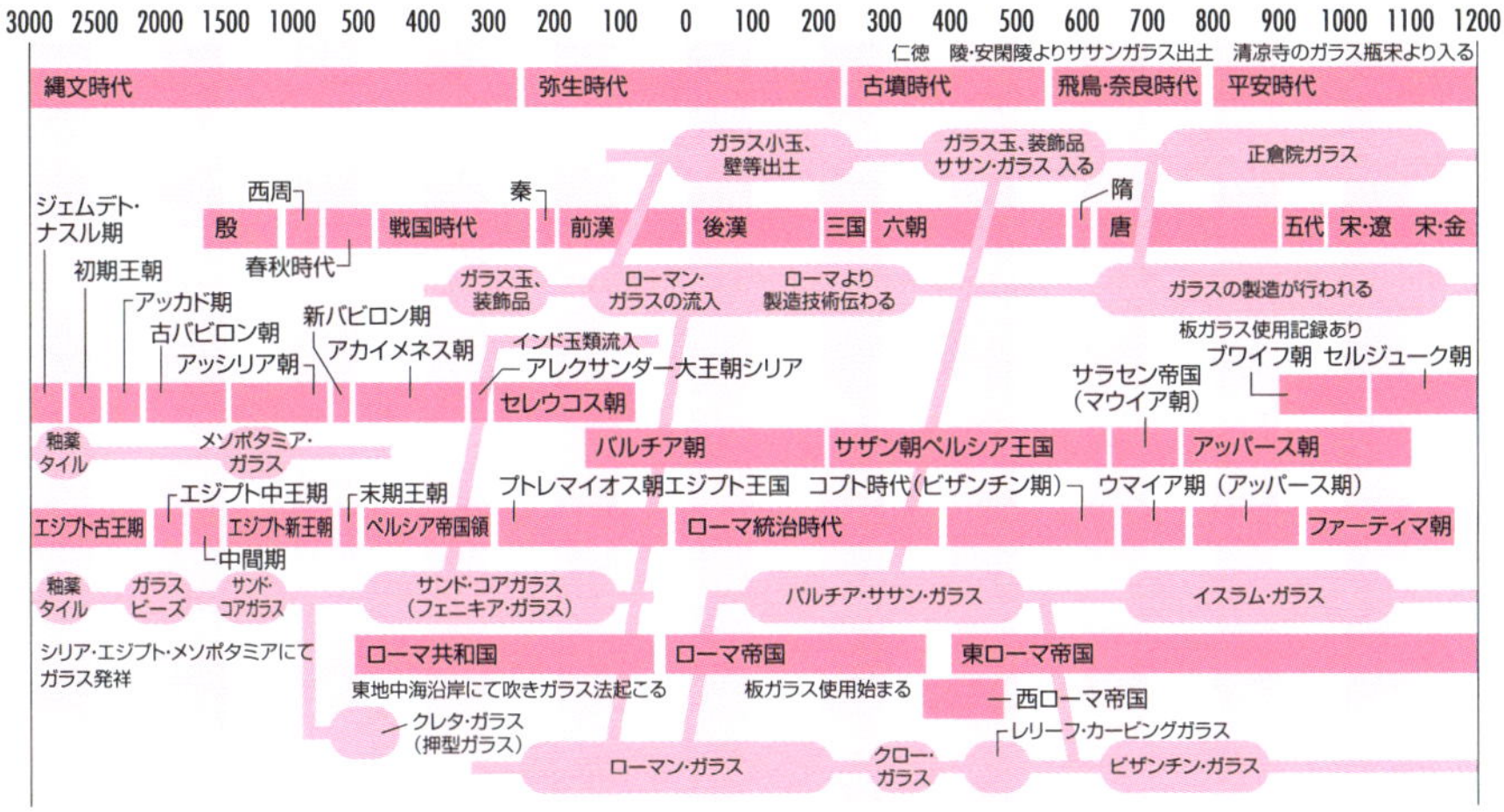

ガラスの歴史（古代から近代へ）

	オリエント・西洋	中国	日本
3000			
	B.C 2000年頃 メソポタミア 玉などの鋳造ガラス		
BC 2000			
	B.C 1600～1500年 メソポタミア及びエジプト ガラス容器 コアガラス		
1000		春秋時代 BC8世紀～BC5世紀 ガラス玉や印章、鉛ガラス	アルカリ石灰ガラス
		戦国時代～漢代 BC5世紀～BC2世紀 多数のガラス玉や壺 ガラスの象嵌（銅） バリウム―鉛ガラス	弥生時代 BC300～AD300 壁や青色ガラス玉、 素地を加工した鋳型発見 濃紺色玉 ―― 鉛ガラス
AD 1	BC1世紀～AD1世紀 ローマ 吹きガラス、日常品となる 2世紀～7世紀 ローマ ササン朝ペルシャのガラス	漢代 BC200～AD200 魏晋南北時代 2世紀～5世紀 ローマ、ペルシャのガラス 器が流入 吹きガラス法が両方から伝わる	古墳時代4～6世紀 着色ガラス玉中国からもたらされる 容器：ササン朝ペルシャ 平安時代～室町時代（8世紀～16世紀）半ば 大型の容器は中国から輸入 （ガラス製造衰退） 大部分はアルカリ石灰ガラス 1部は鉛ガラス
1000	中世とくに 11世紀～12世紀 ステンドガラス 12世紀～16世紀 ベネチアガラス 17世紀～18世紀 ボヘミア クリスタルガラス 18世紀後半ガラスの工業化 （産業革命とともに）	清朝（16～19世紀始め） 乾隆ガラス 清朝直営のガラス工場	16世紀半ば 長崎をとおってガラス入る ベネチアなどからヨーロッパ製 のガラス器がもたらされた 1873年（明治6年） ガラス工場での生産開始
2000			

3 古代から現在でも使われているソーダ石灰ガラス

原料が安価で入手が容易だった

古代エジプトやメソポタミア文明、その後のローマ帝国時代のガラス製造でも、ソーダ石灰（ライム）ガラスはガラスの基本的な組成で、非常に長い歴史を持つガラス材料です。ソーダ石灰ガラスがこれほど長く使用されてきたのには理由があります。

ソーダ石灰ガラスは、主にシリカ（砂）、炭酸ナトリウム（ソーダ灰）、および石灰（炭酸カルシウム）を原料としています。これらの材料は地球上に豊富に存在し、安価で入手しやすいため、大量生産に適しています。特にソーダ灰や石灰は広範囲にわたって容易に手に入るため、古代から現代に至るまでガラスの主要原料として使用されています。

ソーダ石灰ガラスの製造プロセスは、他の種類のガラスに比べて単純で、大量生産を可能としました。ソーダ灰を添加することでガラスの溶融温度を下げることができるので、より少ないエネルギーでガラスを作ることができたのも、広く普及した理由の一つです。

ソーダ石灰ガラスは、透明度が高く、成形が容易であるため、非常に用途が広い素材です。また、硬さと耐久性にも優れているため、窓ガラスやびん、さらには食器や装飾品など、様々な用途に使用されています。石灰を加えることで溶融温度は少し上昇しますが、耐水性や化学的な安定性も向上します。

原材料が安価で、大量生産が容易なため、コストが低く抑えられることもソーダ石灰ガラスが普及した大きな要因です。他の種類のガラス（たとえば、ホウケイ酸ガラスや鉛ガラス）に比べて製造コストが低く、日常的な用途に広く使われています。

古代から現代に至るまで、ガラスの製造技術は進化し続けてきました。産業革命や科学技術の進展により、ガラスの品質や生産効率が向上し、さらには多様な用途に対応できるようになっています。こうした技術革新が、ソーダ石灰ガラスの利用をさらに促進してきました。

要点BOX

●ソーダ石灰ガラスは5000年も前から作られている。現代においても組成はほぼ同じ

ガラスの成分及び特性

主原料	
珪砂(けいしゃ)	珪石、あるいは珪石が細かくなったもの
ソーダ灰	炭酸ナトリウム。珪石、珪砂を溶けやすくする
カリ	炭酸カリウム。ソーダ灰と同じ作用
石灰石	ガラスに化学的耐久性を持たせる
酸化鉛	生産工程において作業温度を下げる働きをする ガラスの比重を増し、屈折率･透明感を高める
硼砂(ほうしゃ)	ガラスの膨張率を下げて、耐熱性を高める

- 古代のガラス
  - 鉛ケイ酸塩ガラス
    - 鉛ガラスPbO-SiO_2系
    - 鉛バリウムガラスPbO-BaO-SiO_2系
  - アルカリケイ酸塩ガラス
    - カリガラスK_2O-SiO_2系
    - ソーダ石灰ガラス(I)Na_2O-CaO-SiO_2系（ナトロンガラス）
    - ソーダ石灰ガラス(Ⅱ)Na_2O-CaO-SiO_2系（植物灰ガラス）
    - ソーダ石灰ガラス(Ⅲ)Na_2O-Al_2O_9-CaO-SiO_2系（高アルミナソーダ石灰ガラス）

古代ガラスと今日のガラスの組成例

①エジプトのソーダ石灰ガラス(紀元前1400年、無色透明)

成分	SiO_2	Al_2O_3	Fe_2O_3	CaO	MgO	Na_2O	K_2O
重量%	63.22	1.04	0.54	9.13	5.20	20.6	0.41

今日のソーダ石灰ガラスの組成例(茶色のびんガラス)

成分	SiO_2	Al_2O_3	Fe_2O_3	CaO	MgO	Na_2O	K_2O
重量%	70.6	2.6	0.15	10.2	0.5	14.0	1.8

SiO_2：二酸化ケイ素　Al_2O_3：酸化アルミニウム　Fe_2O_3：酸化鉄(Ⅲ)
CaO：酸化カルシウム　MgO：酸化マグネシウム　Na_2O：酸化ナトリウム
K_2O：酸化カリウム

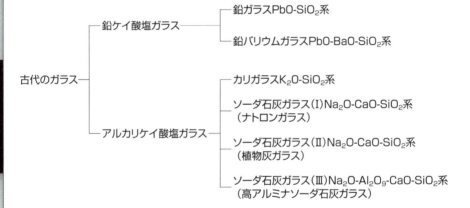

4 古代のガラス製造技術にはいろいろな技法がある

目的のガラスをつくるために

　ソーダ石灰ガラスを作るには、ソーダ灰、石灰、そして珪砂などの原料の混合物を1200℃以上に加熱して融かします。融液を冷却して固めることでガラスができあがりますが、冷却中に成型することで、望む形のガラス製品ができます。

　古代のガラスの製造技術には、鋳造法（紀元前2400年）、コアガラス（紀元前1600年）、型吹き法（紀元前一世紀）、宙吹き法（一世紀後半）などがあります。これらのいくつかを紹介しましょう。

○鋳造法

　鋳造法とは、溶かしたガラスを鋳型に流し込んで成型する方法です。まず耐火粘土で原型の鋳型を造り、そこに溶かしたガラスを流し込みガラスを型になじませ、冷やして出来上がりです。建築に使われた最古の板ガラスは、西暦79年の火山噴火に埋もれたポンペイの遺跡から浴場の採光窓として発掘されており、このことから紀元前一世紀頃から板ガラスが開口部に利用されたのでしょう。この板ガラスは砂型にガラスを流して作られたと考えられます。鋳造法によるガラス工芸はキルンワークやヴァードベールがあり、詳しくは本書のコラムで紹介します。

○コアガラス法

　目的とする容器内側の形を粘土で作り、その周りに溶けたガラスをかぶせ、ガラスが固まってから、内側の粘土を取り出して、ガラス容器を作る方法です。生地となるガラスを形作った後で、別の色のガラスを重ねて、途中、金属棒でひっかくと模様を描くことができます。

○吹きガラス法

　細い鉄のパイプの先にとけたガラスを付け、息を吹き込んでガラスをふくらませる方法です。現在でも多くのガラス工房でこの吹きガラスによる技法によってガラス製品がつくられています。

要点BOX

- 古代ガラスの製造法には、鋳造法、コアガラス法、型吹き法、宙吹き法があり、現代の製造法にも活用されている

コアガラス法によるガラスの作り方

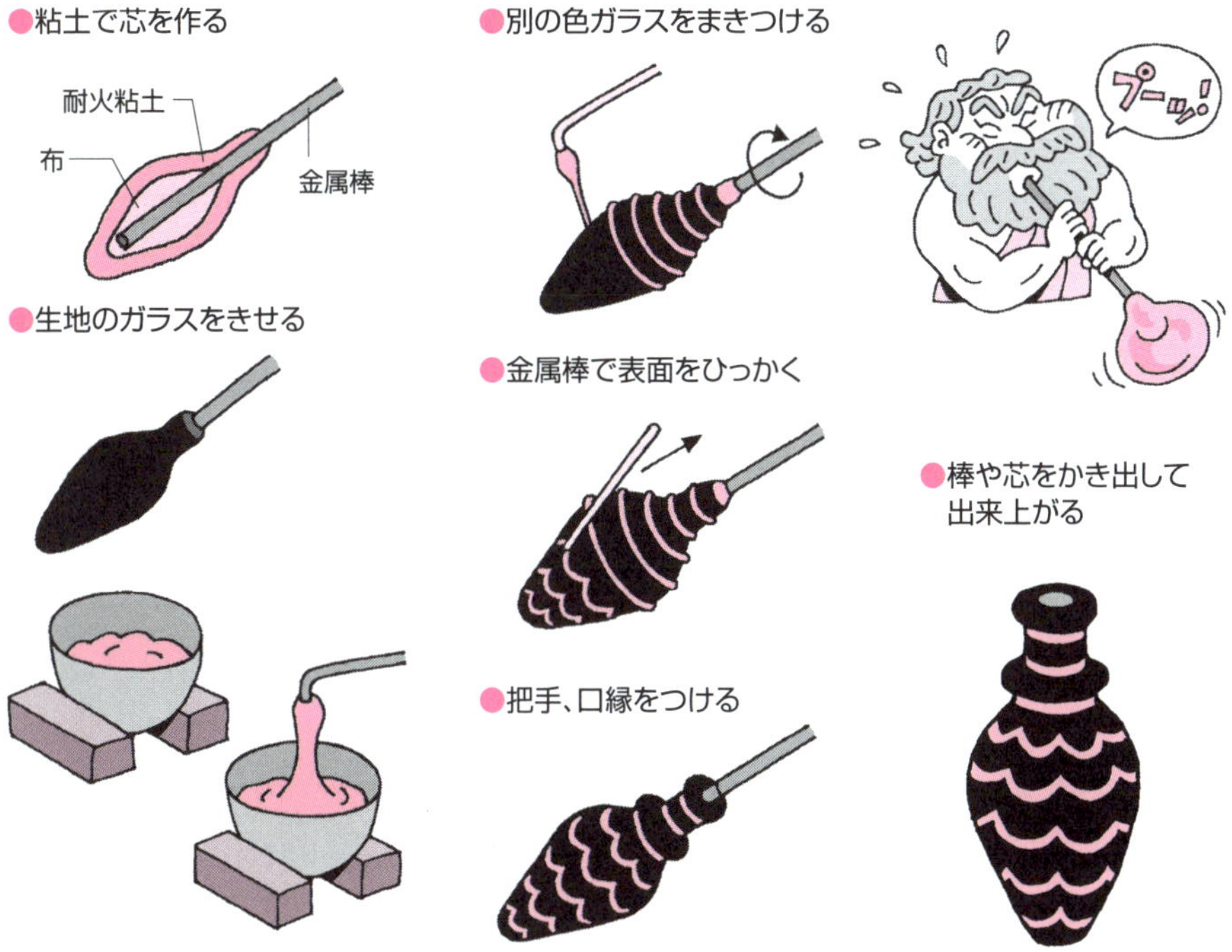

●粘土で芯を作る

●生地のガラスをきせる
●別の色ガラスをまきつける

●金属棒で表面をひっかく
●把手、口縁をつける
●棒や芯をかき出して
出来上がる

鋳造によるガラス作製

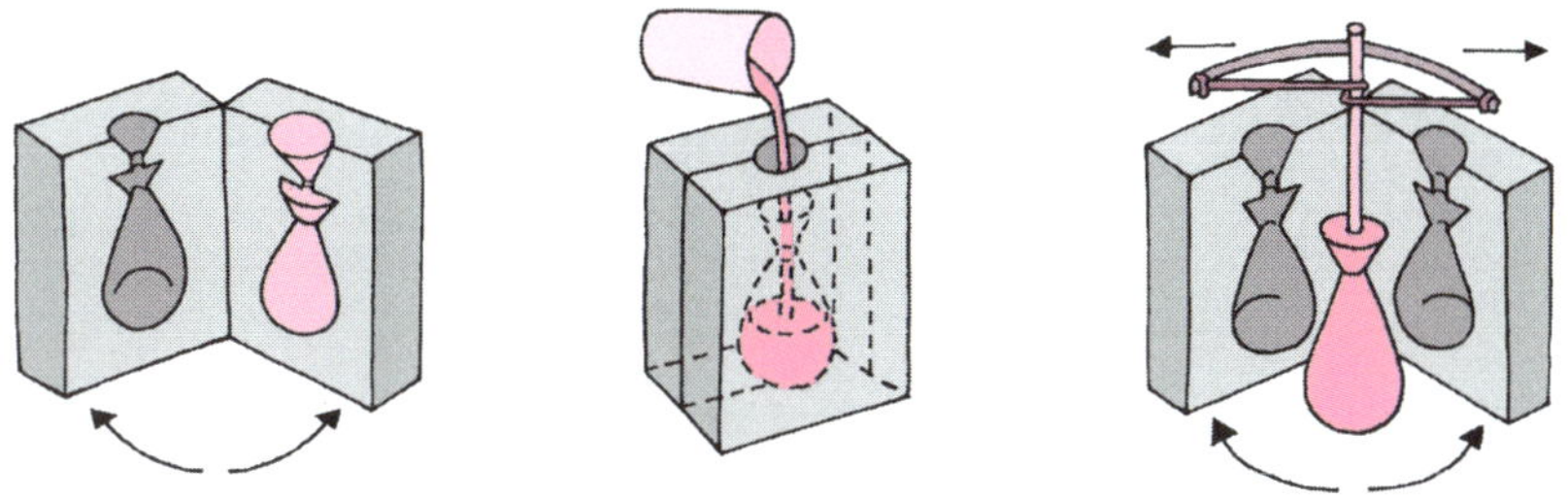

❶製品の形を石に彫って、一対の鋳型をつくる

❷鋳型を火にかけて、なかに粉末状のガラスを入れると、ガラスがとけて鋳型とロウとのすき間に流れ込む。ロウはとけてなくなる

❸製品を取り出し、みがいて仕上げをする

出典:古代ガラス容器の作り方(「古代エジプト」教育社より)

5 教会や宮殿の壮麗な装飾に多様なガラスが使われた

中世のガラス

約千年続いた中世、古代のガラス制作技術は衰退したものの、修道院を中心に継承されていました。ミュスタイアの修道院（スイス、世界遺産）で発掘された窓ガラスは、中世のガラス技術を知る上で貴重です。この頃の窓ガラスは、厚い枠の間に不透明なガラスが嵌め込まれたものでした（上左）。ミュスタイアの窓ガラスは、8〜9世紀頃にシリンダー法で制作されたと考えられています（上中）。ガラスの成分は、いわゆるナトロンガラスで、古代ローマのガラスモザイクをリサイクルしたと推測されています。このような技術や原材料は、修道院ネットワークを介して流通しました。

中世の人々は、天上が色彩豊かで光に満ちた世界と考え、それを地上で実現させたいと願い大聖堂やモスクを建てましたが、地域によりまったく異なる結果となりました。ガラスモザイクは地中海地域が発祥で、この地域は強い日差しを防ぐため窓を小さくしましたが、それでも十分な光量があります。光を反射させるガラスがモザイクには最もふさわしい素材でした。イタリアのラヴェンナやヴェネツィアはガラスモザイクの宝庫で、テッセラは溶けたガラスを平らな石上で伸ばして整形して作られました。また、金をガラス表面に塗り、薄い透明ガラス層で保護したテッセラが発明され、教会や宮殿の装飾に使用されました。

一方、北方ヨーロッパは光が弱く、採光のため開口部（窓）を大きくとる必要がありました。建築と材料に関する技術が進歩すると、色彩豊かな「光の壁」が可能となり11世紀以降ステンドグラスが発展しました（上右）。様々な発色が可能となり、クラウン法により板ガラスが容易に得られるようになりました。特にシャルトル大聖堂のステンドグラスが有名です。

七宝工芸は聖俗の様々な装飾品に用いられ、フランスのリモージュやベルギーのムーズ河畔などの地域で製作されました（中右）。これらの中世のガラスは今なお教会の窓や壁を美しく彩っています。

要点BOX
- ●ガラス制作技術は、修道院を中心に継承された
- ●ガラスモザイクは地中海発祥

中世のガラス技術

初期の窓、枠の間にガラス片が埋め込まれました

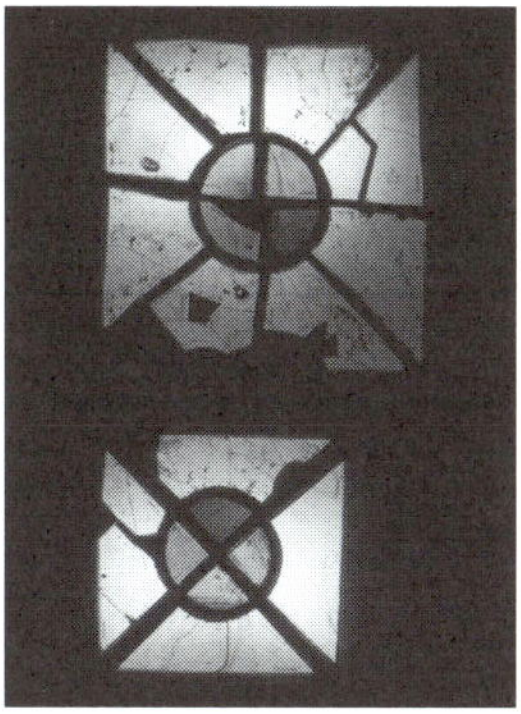

ミュスタイアで発見されたガラス、8世紀末〜9世紀初めに製作

ステンドグラス、シャルトル大聖堂、12-13世紀

ガラスモザイク、ガッラ・プラキディア廟、ラヴェンナ、5世紀

写本を飾る七宝装飾、ムーズ河畔、11世紀

シリンダー法	吹きガラスを筒状とし、側面から伸ばして平板にする方法で、12世紀の技法書（参考文献参照）に記載されている
クラウン法	溶融したガラス玉を回転力で広げ、円形の板を得る。4〜7世紀に登場した
ナトロン	炭酸ナトリウムと炭酸水素ナトリウム（重曹）を主成分とする鉱物、比較的低温度で溶融
テッセラ	モザイクのピース、ラヴェンナは1cm×1cmのサイズを使用している
七宝	ガラス釉薬を金属線で区切られた枠（クロワゾネ）のなかに塗り、焼きつける装飾技法

6 大型のガラス板の大量生産に挑む

産業革命によるガラス産業の発展

吹きガラスによって透明なガラスが作られ、これを採光のため建築に取り入れたいという願いから、ガラス板の大量生産と大型化への挑戦が始まります。

7世紀頃、ガラス生地を竿の先にとり、回転させて遠心力で拡げるクラウン法が発明されました。円盤状の板ガラスを切り出して小窓をつくり、これを鉛で繋いでステンドグラスのようにした「ロンデル窓」は現在でもヨーロッパの旧市街で見られます。人力で伸ばしているので、厚さは均一とはいきません。

18世紀になると、巨大なガラス瓶の両端を切り落として大きな円筒を作り、長手方向に切り開いて再加熱し板状に伸ばす大型の窓ガラスの生産法「シリンダー法、手吹き円筒法」ができます。しかし吹きガラスで巨大な円筒をつくるのは空気の吹き込み量や重量などから過酷な作業であり、直径30㎝×長さ1・5mくらいが限界でした。

日本でも明治維新後の文明開化に伴う西洋化の進展により、西洋の建物が建設されたことでガラス産業も発展し、シリンダー法による窓ガラスが普及しました。窓ガラスの安定した生産が可能になると、迎賓館や公共施設などでも窓ガラスが使われるようになりました。

20世紀になると巨大なガラス板が工場で大量に作られるようになります。発明された順に、フルコール法、コルバーン法、そしてフロートガラス法が代表的です。フルコール法は、1913年にベルギーのエミール・フルコールによって発明されました。垂直方向に溶融ガラスを平板状に引き出して成形する方法です。コルバーン法は、1916年に米国のイラ・コルバーンによって発明されました。平行方向に溶融ガラスを平板状に引き出して成形する方法です。そして20世紀の中頃にイギリスのピルキントン社は、溶融ガラスを錫の溶融槽に浮かべることで、平坦で高品質な板ガラスを大量生産できる「フロートガラス製法」を発明しました。

要点BOX

●透明なガラスができるようになり、板ガラスに発展、さらに産業革命によって安定した品質の板ガラスが量産されるようになった

大型板ガラスの製造方法

クラウン法製造工程図

手吹円筒法製造工程図

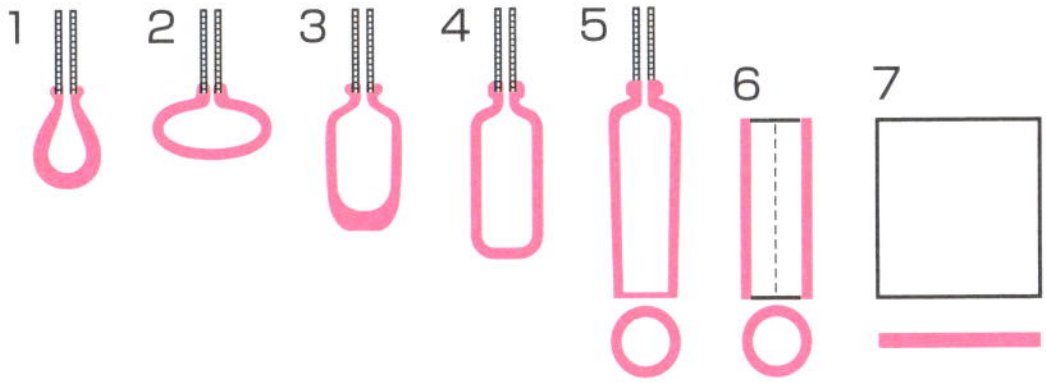

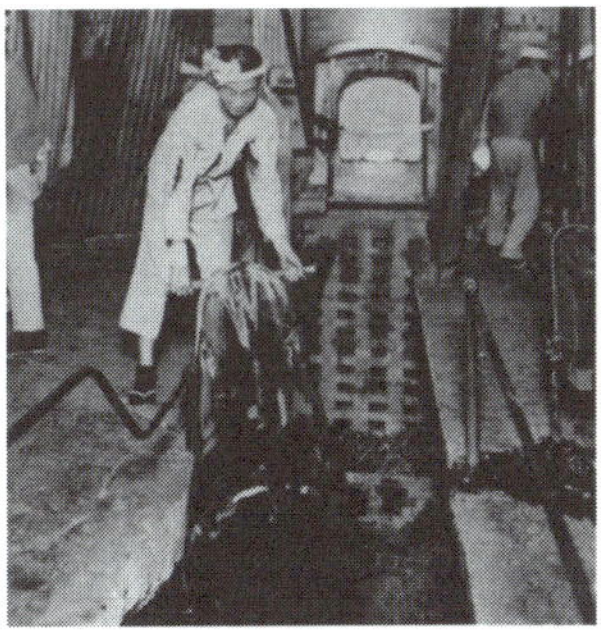

手吹き円筒法の様子

出典:板硝子協会「日本の板ガラス」

産業革命以前の17世紀フランスの建築物の窓。1枚1枚不ぞろいで外の景色が歪んで見え風情がある。

手吹き円筒法の製造イメージ

吹きガラス手法で巨大ビンを作る↓
円筒に切れ目を入れる
↓
再加熱して平らにのばす

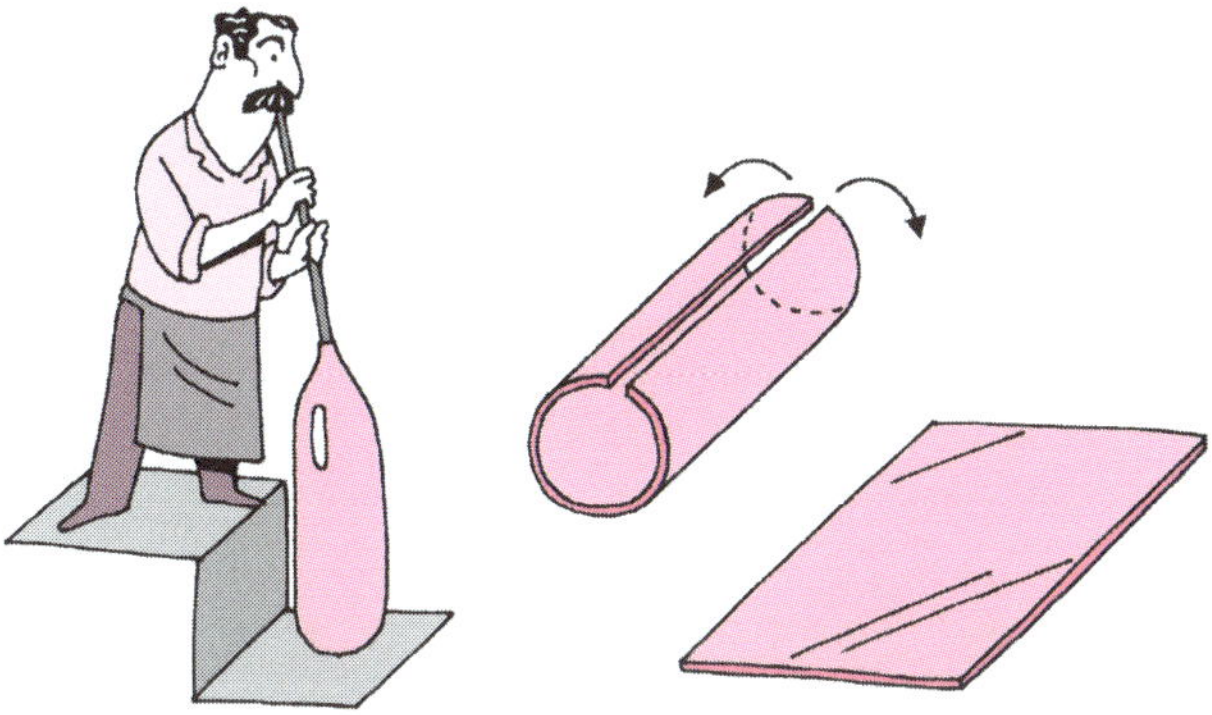

出典:AGC(株)ホームページ
https://www.asahiglassplaza.net/knowledge/rg_knowledge/vol34/

7 ガラス技術はシルクロードを渡って日本に伝わった

和ガラスの歴史の始まり

日本では弥生時代の2000年ほど前からガラスが使われ始めたと考えられています。現代ではガラス成分の含有量を測定することで、そのガラスの産地を推定することができますし、本来含まれるはずもない元素が含まれていれば贋作として見分けることもできます。日本で最も古いガラス製品の一つが、紀元一世紀頃の大規模遺跡である佐賀県吉野ヶ里《よしのがり》遺跡《いせき》で発掘された管玉《くだたま》と呼ばれる管状のガラスです。高貴な人を埋葬していたとされる墓から副葬品として見つかりました。

宮内庁所管の正倉院には6つのガラスの宝物が収蔵されています。その中でも白瑠璃碗《はくるりのわん》と瑠璃坏《るりのつき》が最も美しいガラスの器として知られていますが、これらは大陸から渡来したもので、当時、日本でのガラスの技術はそれほど発達しておらず、鉛ガラスを用いて魚形やガラス玉などの装飾品がつくられていたと考えられます。

ガラスの成分も産地によって特徴があります。メソポタミア、エジプト、ローマ、ペルシアでは主なガラスがソーダ石灰ガラスであるのに対して、中国では鉛を多量に含んだガラスが多く見つかっています。鉛は古代において、鉛丹、鉛白などとしてガラス、陶器の釉薬や顔料として用いられています。鉛はガラスの溶融温度を下げ、屈折率を上げます。古代の鉛ガラスはヨーロッパでも見つかっていますので、ペルシアから中国へシルクロードを渡って、ガラス製品と産業が伝わり、シルクロードの最終地であるジパングへは様々な変化を経て入って来たのでしょう。

ガラスは古墳時代には盛んに国内で作られましたが、鎌倉時代から江戸期までは空白期間があります。実用的な刀や陶器と比べ、ガラス製造はあまり重視されなかったのかもしれません。江戸時代になると美術工芸品としてガラス製造が始まり、近代にかけてガラス産業が発展していきます。

要点BOX

- シルクロードを渡って日本へガラスが伝来する
- ヨーロッパ、中国の特徴的なガラス製品と技術が浸透する

正倉院にあるガラス

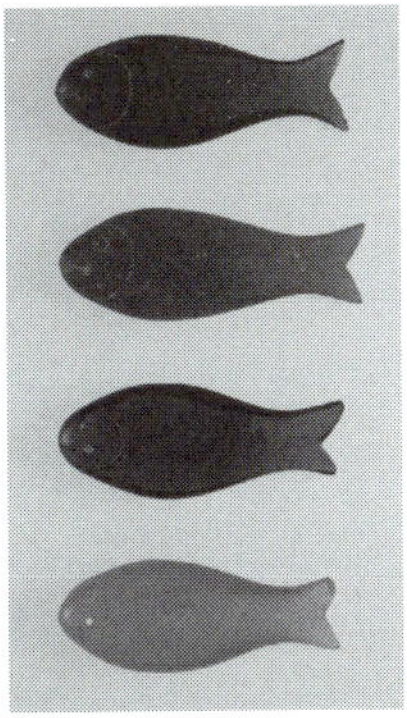

魚形(うおがた)

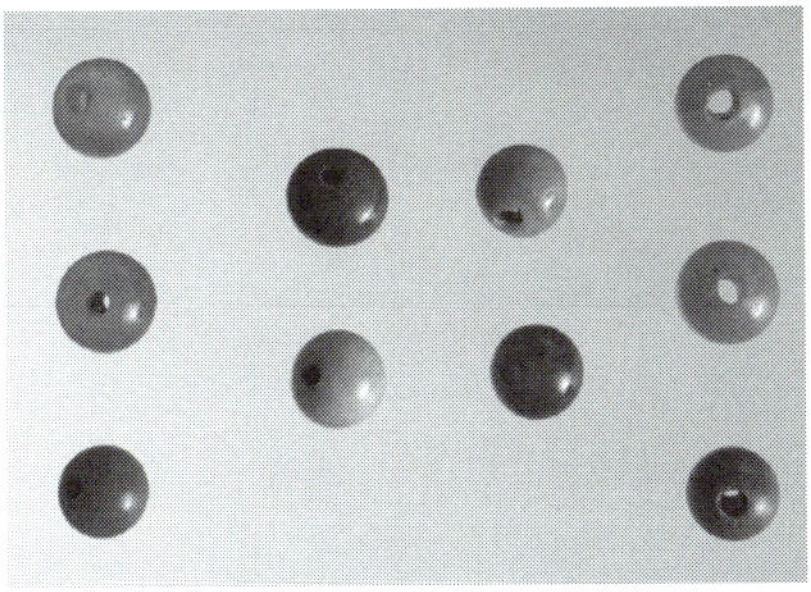

雑色瑠璃(ざっしょくのるり)

瑠璃坏(るりのつき)

出典:正倉院ホームページ
https://shosoin.kunaicho.go.jp/

ガラスが日本に伝搬した経路

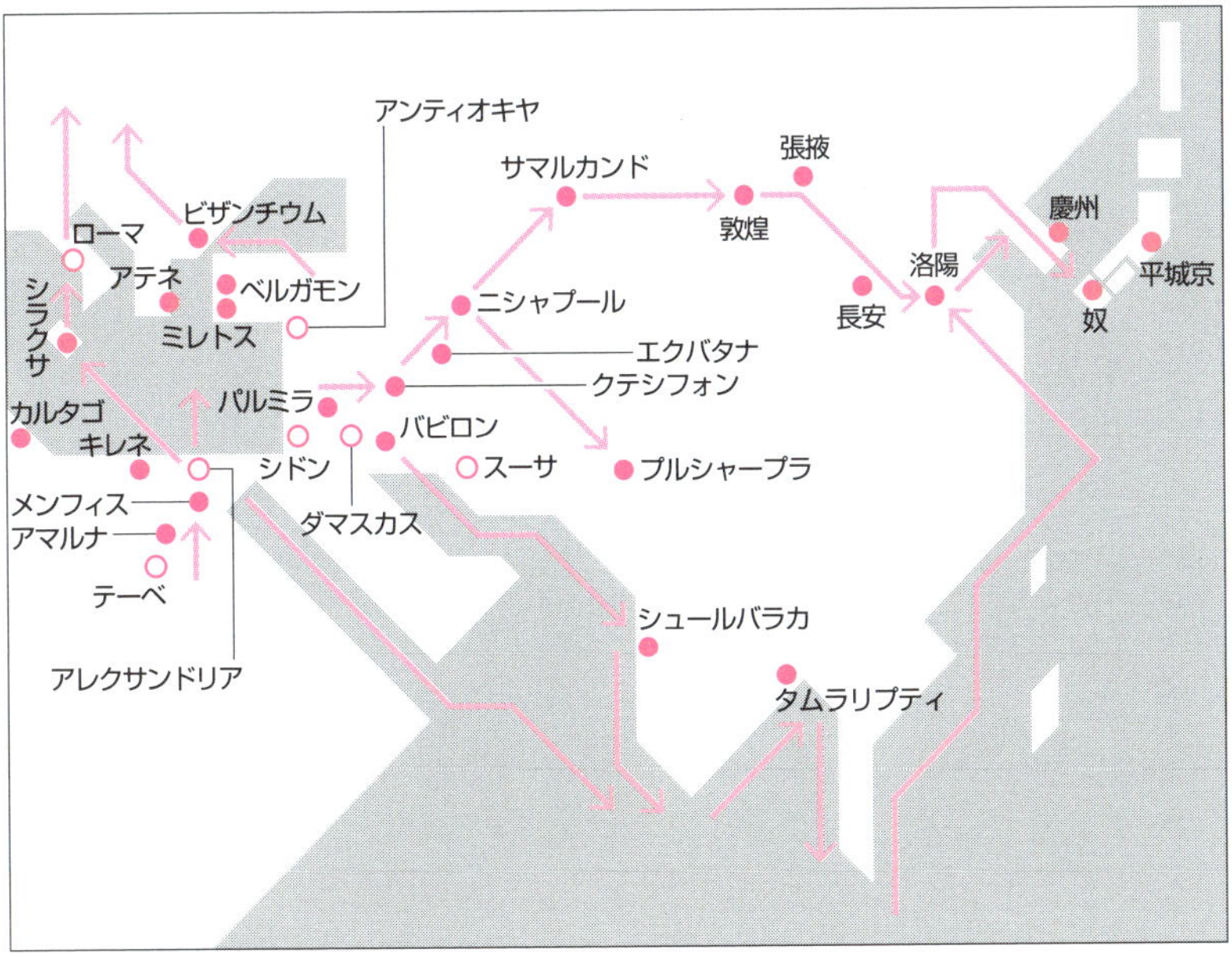

伝播系路図　● 主なる製作地　○ 主なる出土地

出典:板硝子協会「日本の板ガラス」

8 切子から板ガラス、ニューガラスへ

日本のガラスの近代史

16世紀中頃にヨーロッパとの交流が始まると、様々なガラス製品が日本にもたらされます。ザビエルが持ってきたガラスの鏡や遠めがね、カットガラスなどがヨーロッパから持ち込まれます。オランダやイギリスから入ったガラス器はポルトガル語が語源のビードロやオランダ語が語源のギヤマンと呼ばれていました。ちなみにガラスは中国から伝来したので、瑠璃《るり》とか玻璃《はり》とも呼ばれます。結局はオランダ語のGlasが語源の「ガラス」が現代まで定着することになります。

こういった工芸品を参考に、日本でも再びガラス産業が盛んになってきます。18世紀の初めに日本橋通塩町で加賀屋久兵衛が鏡や眼鏡など大衆向けの硝子製品を製造し始めます。かんざしや、風鈴、万華鏡など江戸硝子を代表する工芸品が生まれます。ガラスに研磨によって独特な文様を刻む切子は、江戸切子、薩摩切子、天満切子（大阪）など全国に展開します。

明治になると政府は様々な官営事業に乗り出し、日本でも板ガラスの製造が始まります。世界遺産になっている八幡製鉄所や富岡製糸場についで、ガラス工業についても1876年（明治9年）に官営の品川硝子製造所が設立されます。渋沢栄一もガラス会社を設立。当時は、びんなどのガラス器の製造はできたのですが、板ガラスの製造は相当難しかったようです。

やがて、明治40年に旭硝子（現在のAGC）が、大正7年に日米板硝子（現在の日本板硝子）、そして戦後の1958年にセントラル硝子が板ガラスを製造しています。ベルギーや米国から技術を導入し、明治維新から戦後の復興、そして高度経済成長を経て、日本のガラス製造は飛躍的に向上しました。さらに、電子、半導体関連の産業の成長に伴って、多種多様なガラスが求められるようになります。そういったニーズにこたえるために新しいガラス材料（ニューガラス）の産業も発展しています。

要点BOX

- 江戸時代になり各地でガラス工芸が盛んになる
- 明治以降にヨーロッパの技術を導入しガラス産業は大きく発展する

ガラスの語源

インド
↓
中国
↓
瑠璃・玻璃

ポルトガル語 **Vidro** → ビードロ

オランダ語 **Diamant** → ギヤマン

↓

オランダ語 **Glas**
↓
硝子
↓
ガラス

ガラスの広告

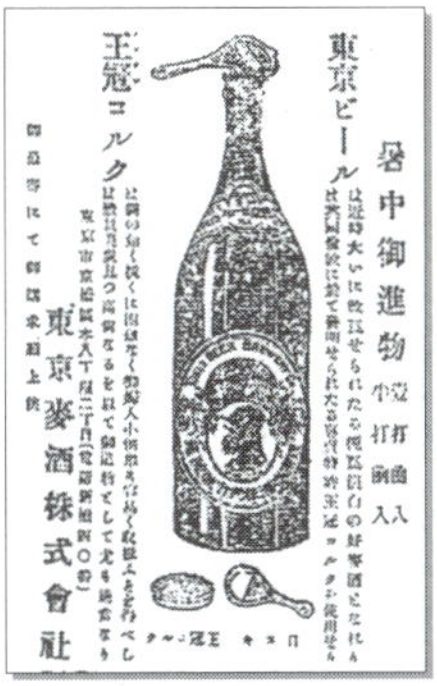

日本最初の王冠栓付きビール

出典:日本ガラスびん協会
https://glassbottle.org/what/

加賀屋久兵衛発行の引き札(カタログ)

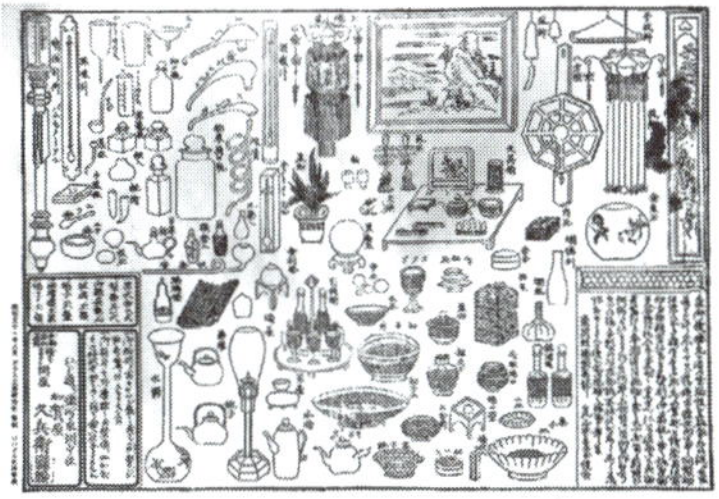

出典:国立科学博物館
https://www.kahaku.go.jp/exhibitions/vm/past_parmanent/rikou/other/kagaya.html

江戸時代のガラス産業

戦国時代に途絶えたガラス産業は江戸時代にポルトガル、オランダから長崎に上陸した舶来品の模倣から始まり、各地に広がっていく

ポルトガル、オランダから長崎にガラス製品がやってくる

Column

時代を超えて使う人を驚かせ魅了する、江戸切子

江戸切子はその名の通り江戸時代後期に誕生、明治期の殖産興業として発展し今のスタイルが確立されました。当時の切子ガラスは普段使いの食器であり日本各地で生産されていました。

切子と言えば薩摩切子も有名ですが、こちらは江戸時代に薩摩藩の事業として立ち上げられたものの消滅し、昭和に入ってから復元、復興されたものです。

江戸切子も関東大震災や東京大空襲と何度も消滅の危機を迎えましたが、作り手と使う側双方から求められ生き残りました。昭和49年「伝統的工芸品産業の振興に関する法律」が定められ、切子は伝統的工芸品の1つに登録、この時初めて「江戸切子」と呼ばれ工業製品から工芸品として歩み始めたのです。日本各地で切子が衰退していく中、庶民文化として育まれた江戸切子は今に至り、進化を続けています。時代の流れ、世の動向、経済情勢、そして職人として作りたい物、それら積み重ねの上に江戸切子の今があります。

江戸切子は工業製品として生まれ、工芸品として育まれ、芸術品の域にまで達しましたが、それらの境界線は曖昧であり、曖昧だからこそ広く愛されています。最近では、ランタンに切子文様を入れたり、ペットボトルに切子文様を浮き上がらせたり、常に使う人を驚かせ魅了し続ける、それが江戸切子なのです。

切子には菊花文、魚子文などの伝統的文様があり、幾何学模様の中に四季の風物を取り込んだ先人の美的感覚が受け継がれ江戸切子の伝統を型として残しています。そして「本流があるおかげでそれを離れることにより新しい江戸切子の美を生み出すことができるのです」と、三代秀石堀口氏は語ります。

近年では伝統的図案は図面化され、職人には図面を正確に再現する精緻さが求められます。同時に、自由な発想で遊び心に満ちた作品を生みだすことで、江戸切子の人気は揺るがぬものとなりました。江戸切子の中にはこれら相反する2つの要素が一体となって存在し、るつぼの中のガラスのように赤熱し輝きを放っているように私には思えるのです。その熱こそ、江戸切子の魅力の根源なのかもしれません。

虹のたもと　（提供:堀口徹氏）

第2章

“ガラス”って いったいなんなのだろう

9 朝起きて寝るまで、現代人の生活に欠かせないガラス

生活のあらゆる場面で使われている

現代社会において身の回りにはたくさんのガラス製品があります。スマートフォンのアラームで起床し、画面にタッチして、その日の天気やニュースを知る。鏡に向かって顔を洗い、ガラス製の食器とコップで朝食をとる。身支度を整えて家を出ると、駅舎や通勤・通学の乗り物には窓ガラスがたくさん使われています。太陽光パネルによる発電を積極的に導入している職場もあるでしょう。家に帰ってテレビを見る。鏡に向かって歯を磨き、やはり就寝前にはスマートフォンを見ながら寝落ちする。人々の生活様式は様々ですが、おそらくガラスに触れない日は無いほど身近にあることに気づくはずです。

ガラスは透明で硬く、窓として自然の光を確保して快適空間を作るのになくてはならないものです。また乗り物の窓は安全な運航のために、どんな天候でも視野を確保するのに重要です。建築物内に自然の光を多く取り込む一方で、有害な紫外線や、暑さの原因となる熱線をカットする機能を備えた窓ガラスもあり、昔に比べて省エネ性能が向上しています。

テレビもまたガラスでできている製品の代表と言えます。テレビは黎明期にはブラウン管、そして真空管を作るのにガラスが多用されていました。やがてプラズマテレビ、液晶テレビへと変化し、画面は大きく高精細になり、使われるガラスは薄くなっていきました。液晶画面にはとても薄いガラス板が複数枚使われています。液晶画面はノートパソコンだけでなく、スマートフォンやタブレット端末などへ派生、一方で、青色LEDの発明で、ガラスでできた白熱電球と蛍光灯はLED照明への置き換えが進み、昔ながらのガラスの利用は少なくなりつつあります。

一方で、ディスプレイはより薄く、大面積になり曲げられる製品も開発され、高機能になり、高い信頼性が要求される自動車、航空機、船舶の先端電子機器に欠かせないニューガラスの需要は増えています。

要点BOX
- ●ガラスは現代社会での生活にありふれて欠かせないものとなった
- ●電化製品におけるガラスの変遷は著しい

生活に欠かせないガラス

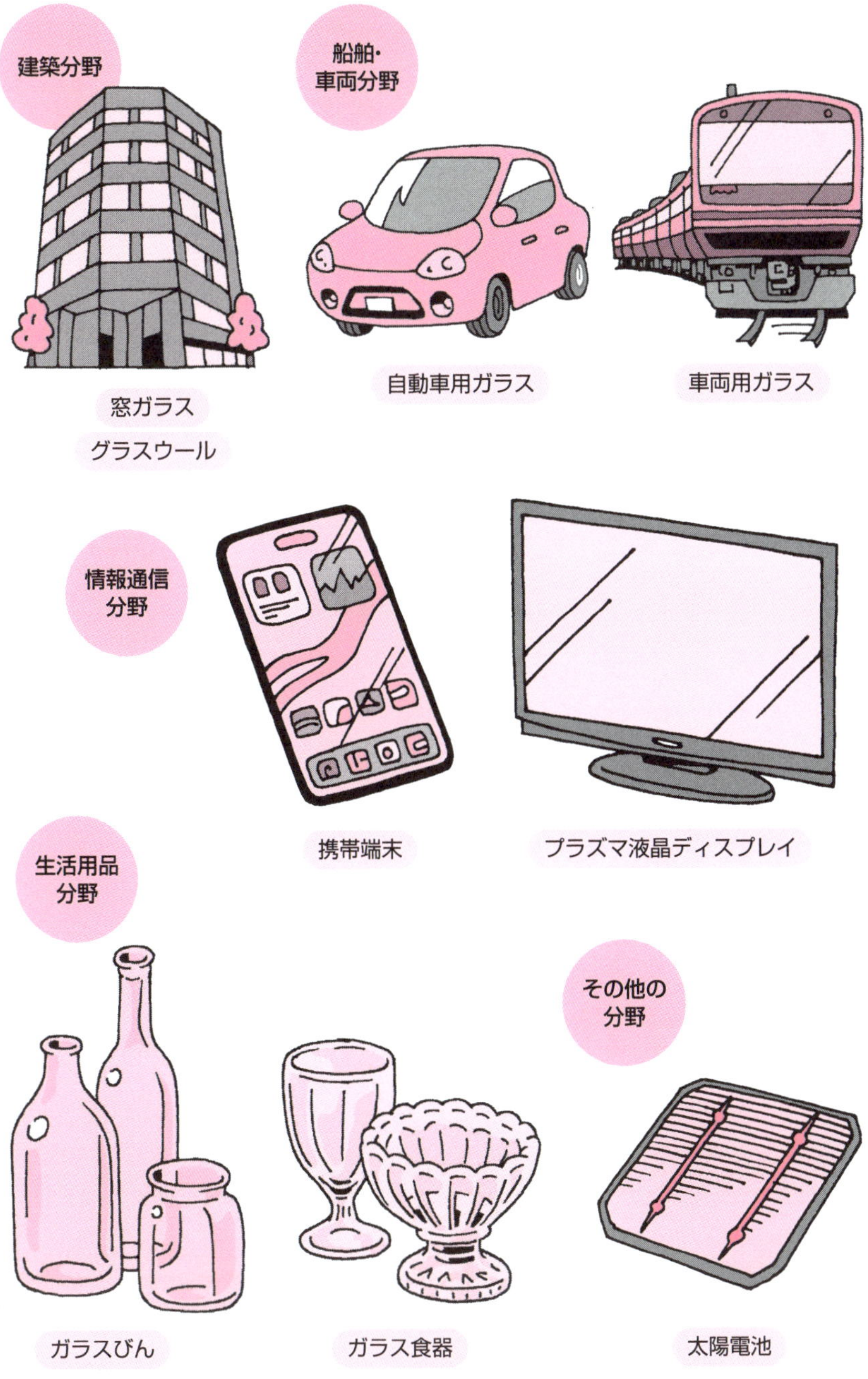

10 “ガラス”っていったいなんだろう？

ガラスの特徴とは？

そもそもガラスを特徴づける性質とは何でしょう。まずは窓ガラスやびんガラスなど、世界中で最もたくさん製造されているソーダ石灰ガラスを例に、金属やプラスチックなどとの相違点を考えてみます。

①ガラスは透明で光を通す

誰もが想像するガラスの一番の特徴だろうと思います。科学の発展によってガラス以外にも透明な素材が開発されています。アクリル板やポリエチレンの袋など、透明なプラスチック製品は種類が豊富です。とはいえ材料のコスト、生産性、寿命などを総合的に考慮すると、ガラスは手ごろに入手できる透明な材料の代表格と言えます。

②ガラスは電気を通さず、さびず、曲がらない

ガラスの特徴を金属の特徴と比べてみましょう。鉄や銅などの金属製品はよく電気を通します。また、針金のように力をかけると曲げたり伸ばしたりすることができます。一方でガラスはその逆で、電気を通しませんし、硬くて簡単には曲げることができません。ガラスがさびてボロボロになることもありません。

③自由に形作ることができる

ガラスは熱をかけさえすれば、くりかえし軟らかくなって、吹いたり、引っ張ったりすることで様々な形に成型することができます。ガラスで様々な楽器も作られています。

④ガラスは強いが脆い

これについては次項で詳しく解説しますが、ガラスはとても硬い材料です。理論的には鋼に匹敵するほどの強さを持っています。しかし、ガラスは脆いのです。ハンマーを使ってガラスを叩くといとも簡単に割れてしまいます。金属を叩くといくらか変形するものの、ガラスのようにひび割れることはありません。これはガラスの実用上の欠点です。

あくまでも、これらの特徴はソーダ石灰ガラスに限定しています。

要点BOX

●ガラスの特徴は透明で良く光を通す。電気を通さず、さびない。形を自由に変えることができる

ガラスと金属および高分子との比較

性質＼材料	金属材料 (例)鉄	高分子材料 (例)ポリエチレン	ガラス (例)ソーダ･石灰ガラス
透明性は?	不透明	透明なものもある	透明
電気は流れるか?	導電体	絶縁体	絶縁体
錆びるか?	錆びやすい	錆びない	錆びない
熱に耐えられるか?	高温で曲がる ひどく錆びる	100℃で曲がる 200℃で分解する	500℃まで 曲がらない
力を加えたら どうなるか?	曲がるが、割れない	小さい力で曲がるが、 割れない	強い力で割れる (もろい)

ガラスでできた楽器

ガラスのチェロ

出典:HARIO(株)
https://www.hario.com/glassmusicalinstruments/

成型しやすいので、こういう複雑な形を作ることができる。

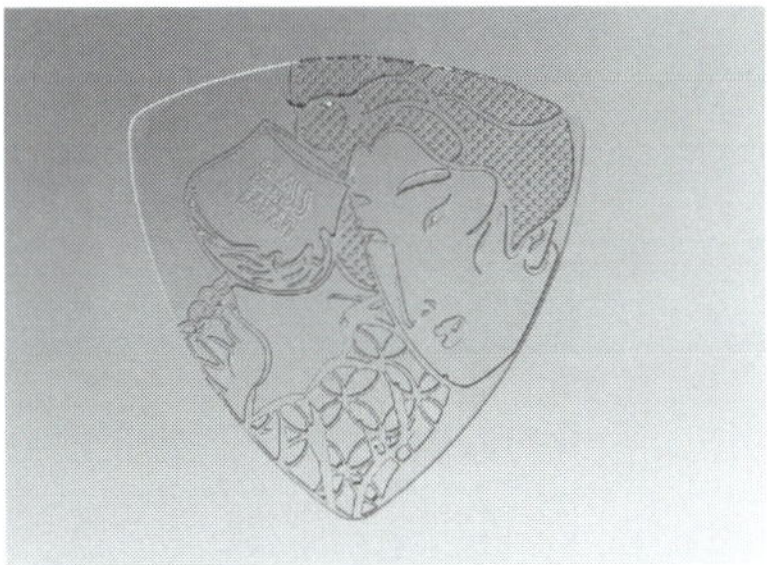

石英でできたギターピック
(写真提供:九州大学　藤野茂教)

11

“ガラスは割れる”を克服するための研究も進んでいる

前述したとおり、ガラスは思いのほか簡単に割れてしまうのが最大の欠点です。スマートフォンの普及は急速に進んでおり、スマートフォンを保有している世帯の割合は2010年では9・7%でしたが、2020年には86・8%となり、タブレット型端末も2020年に38・7%とありふれた情報端末となりました。そしておよそ3人に1人はスマートフォンの画面を割った経験があるといいます。スマートフォンは年ごとに性能向上が著しく、価格も上がっています。最上位機種は20万円を超えていますから、落として画面を割ったときの心理的ショックはガラス製品の中でも最も大きいでしょう。落としても割れないガラスの開発は、世界中のガラスの科学者にとっての難題です。

ガラスを落としてから割れるまでの一瞬で起こることを解説しましょう。ガラス表面はとても滑らかな構造をしていますが、割れの起点になるのは表面にできるキズです。ガラス表面に発生するキズは思いのほか簡単にできます。例えば、砂ぼこりを含む汚れでこするだけでキズが入ります。表面のキズはとても鋭利で、広げようと外側に引っ張る力（引張応力）がかかります。キズの先端にはG《ギガ》Paにもおよぶ、大きな力がかかり、このことを応力集中といいます。この応力がガラスを構成する分子の結合力を超えてしまうとひび割れが進んでいきます。発生したひびが簡単に進まないような仕組みがあれば割れにくくなりますが、残念ながらガラスは均質であるため、ひび割れを止めることができません。

ガラスが割れないようにするためには、まずは割れの起点となるキズが入らないようにすること。透明な保護フィルムを貼るのはキズ予防のためではあるのですが、割れの予防にもなります。また、ガラスも傷が広がらないように化学処理で強化されています。後述するガラスの結晶化を応用して割れにくいガラスの研究も進められています。

要点BOX

●ガラス表面のキズはひび割れの原因となる
●ガラスの強化で割れにくいガラスができる

通信機器の世帯保有数の推移のグラフ

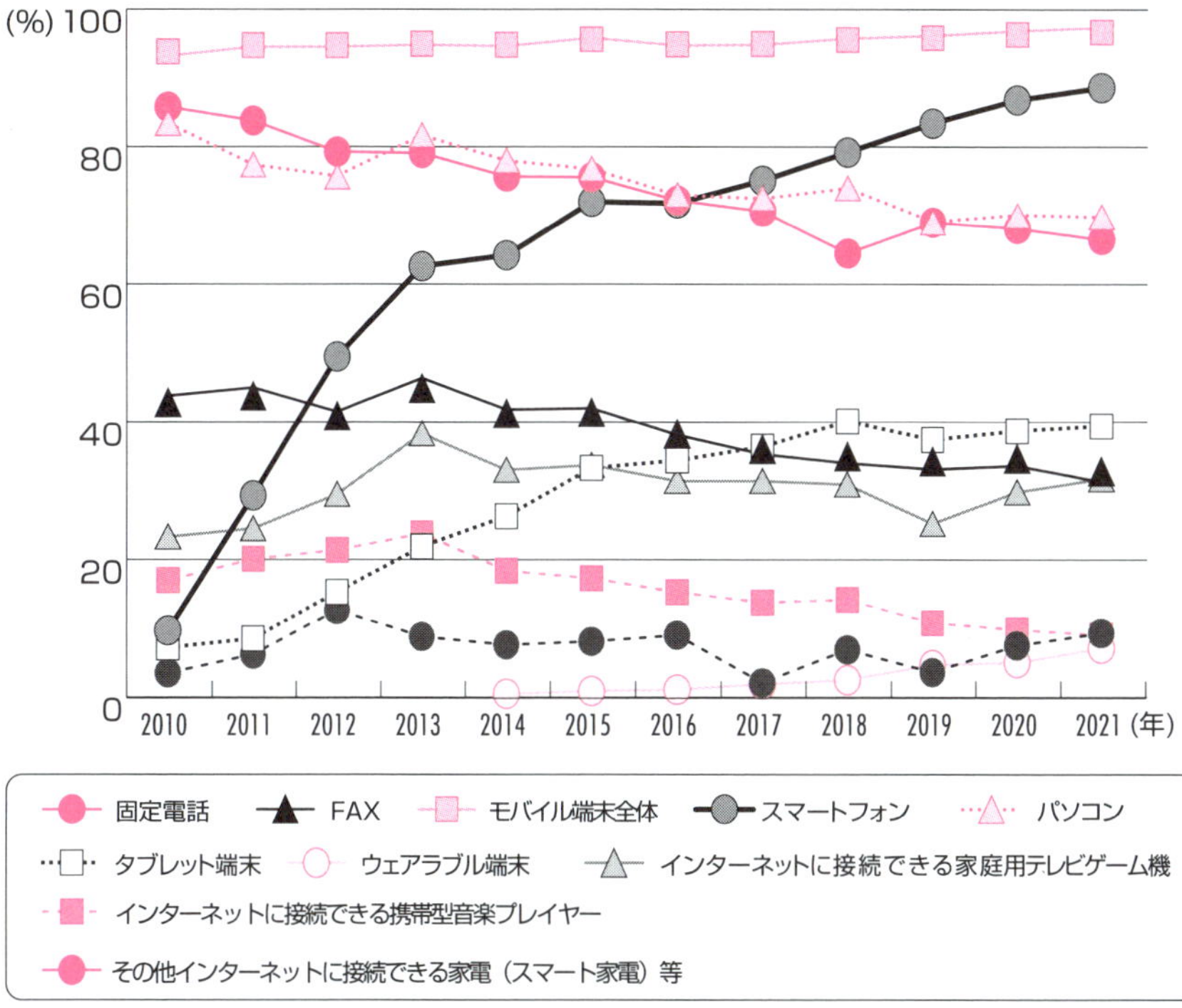

出典:総務省「通信利用動向調査」より

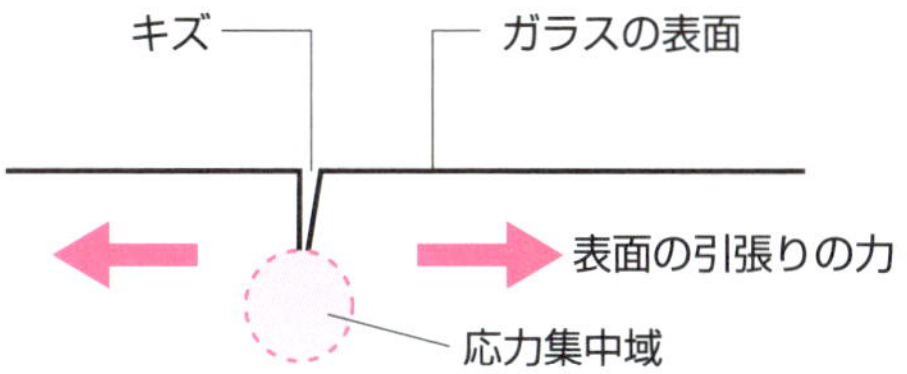

いったんキズができて、引っ張る力をかけると、
ガラスはひび割れの進行を止められない。

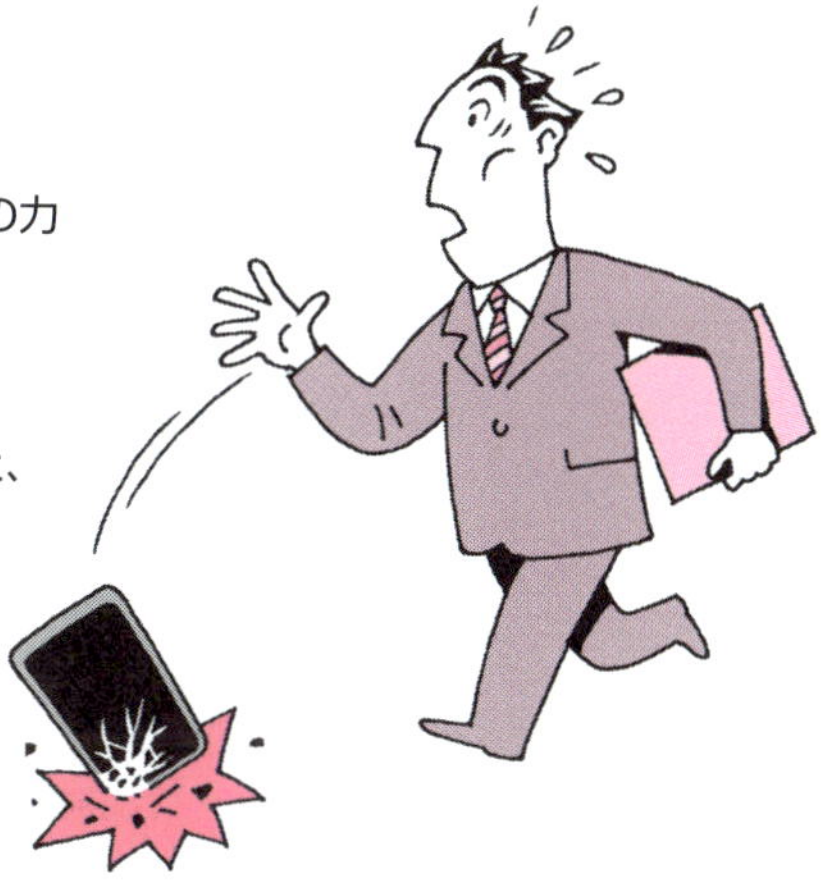

12 液体の状態から過冷却を経て固体となった物質がガラス!?

ガラスを科学の視点で見る

物質は固体、液体、気体の3つの状態をとります。一般的な物質の固体と液体と温度との関係を上図に示します。ここでいう固体とは物質を構成する原子や分子が規則正しく整列した状態の結晶を示し、加熱すると融点で液体ができ始め、固体と液体が両方とも存在している間は温度が一定に保たれます。この時固体から液体に変化すると急激な体積膨張が起こります。液体では原子が自由に動き回るので、下図のように不規則に配置しています。なお、水とその結晶である氷は例外的な物質で、融点で液体の体積が小さくなります。やがて固体がすべて溶け切ると温度は再び上昇し始めます。

この状態から今度は冷却することにします。液体を徐々に冷却すると融点（凝固点）で再び結晶に戻ろうとします。しかし、物質によっては凝固点を迎えても結晶にならずに液体のままでいます。この状態を過冷却状態と言います。過冷却のままで冷却を進めていくと、液体は粘性が高くなって動きにくくなります。ついには過冷却のまま固くなってしまうのです。この状態をガラス状態といいます。ガラス状態においても原子の配置は不規則な状態を維持しています。

さて、この図の温度と体積の関係はほぼ直線で、この傾きが熱膨張係数を表します。結晶と液体の熱膨張を比べると、液体の熱膨張が大きいです。過冷却を経てできたガラスの熱膨張は結晶の持つ傾きとほぼ同じであることがわかります。過冷却を経て傾きが徐々に変化します。この温度域をガラス転移と言います。従って、液体の状態から過冷却を経て固体となった物質がガラスなのです。過冷却状態が起こるような急激な冷却を達成できれば、あらゆる物質をガラス状態にすることができます。生活で扱うガラスはいかにも固体の特徴を示していますが、どこから見ても透き通って見えるのは、液体のような性質を持っているためです。

要点BOX

- ガラスは固体であるが、液体のような特徴も持つ
- ガラス転移状態では、固体から徐々に液体の特徴に変化する

固体と液体における温度と体積の関係

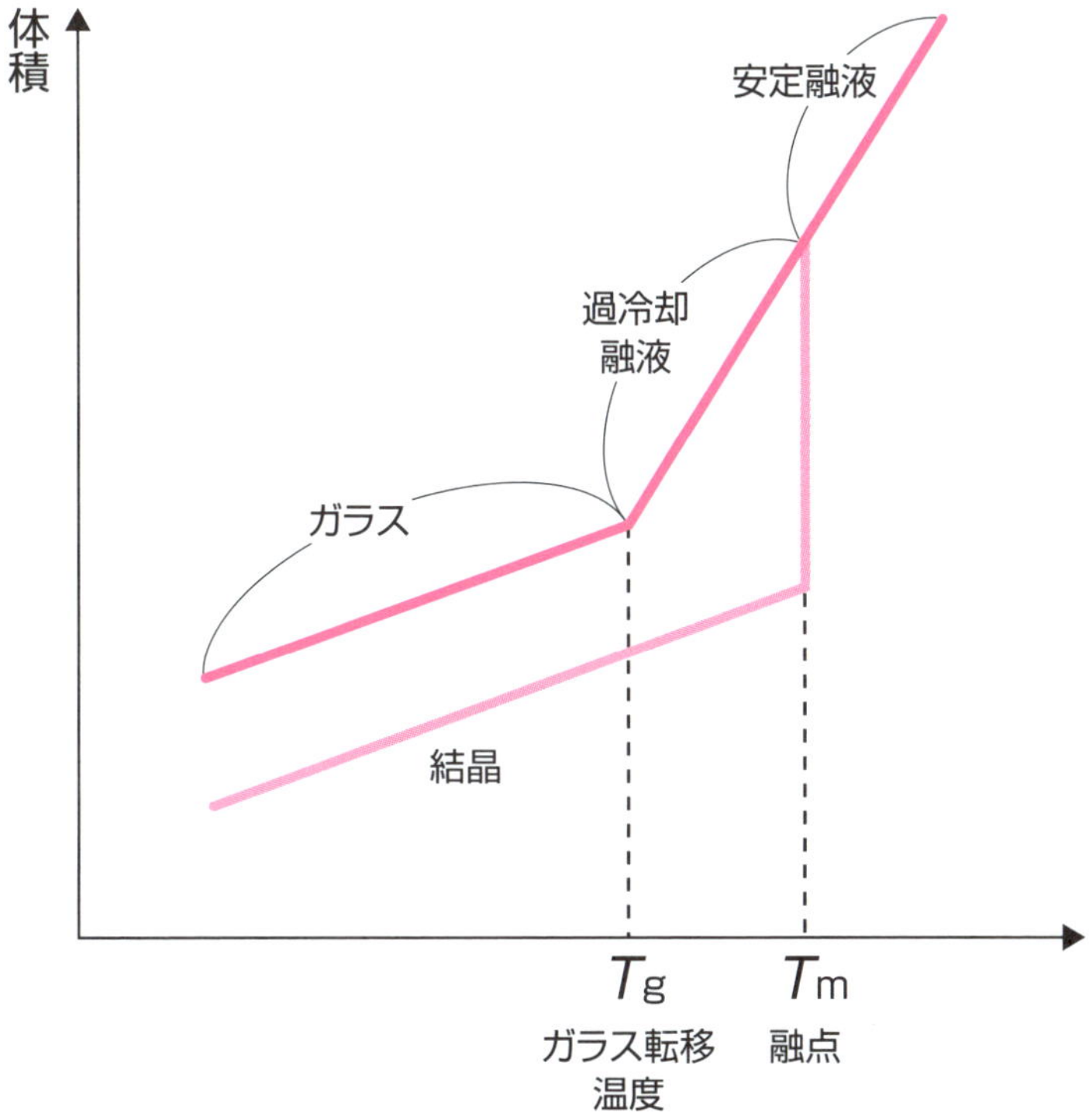

構造の違い（イメージ）

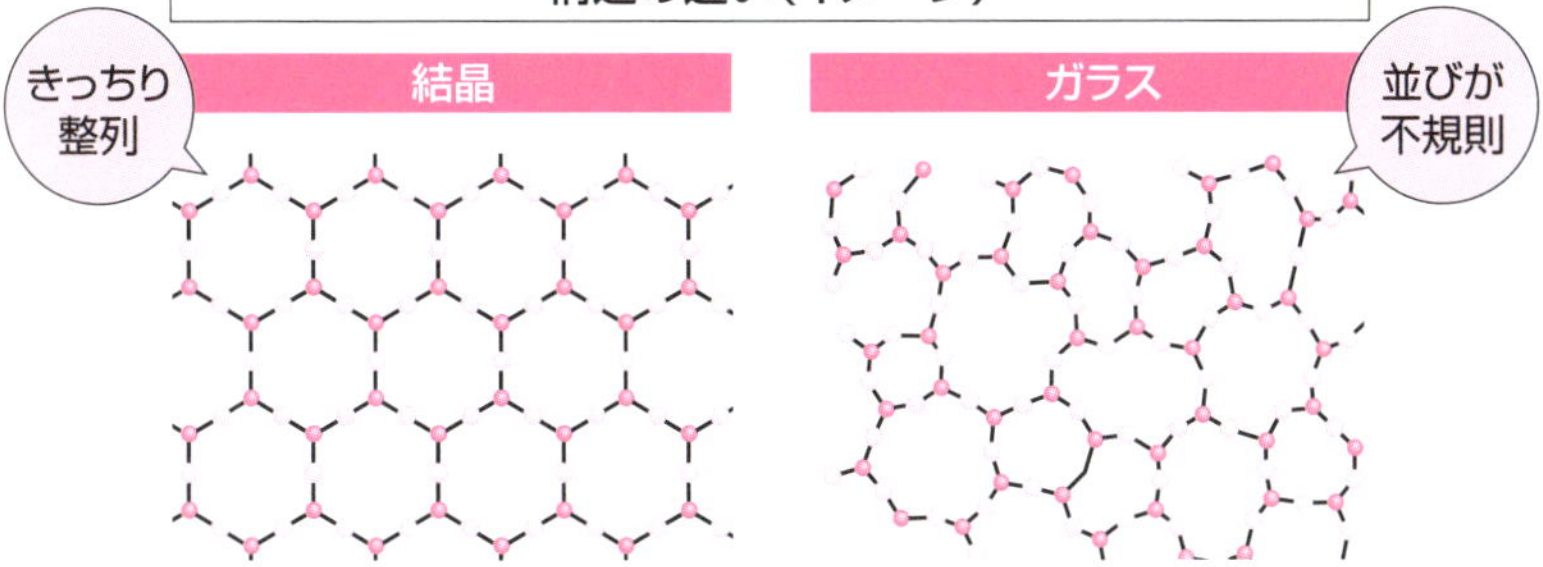

用語解説

ガラス転移温度：固体であるガラス状態から液体のような流動性が生じ始める温度。
融点：加熱すると結晶が液体になる温度で、大気中で氷なら0℃となる。

13 どんなものからガラスは作られているのか

地殻に豊富に存在する

ガラスはどんなものから作られているのでしょう。

あらゆる鉱物資源は地殻から採掘しているのですが、地殻を構成する元素の存在割合を表すのがクラーク数といいます。地殻を構成する元素はマントルの対流によって、軽い元素で構成されています。従って周期表で原子番号の小さい元素が多いのです。最もクラーク数が多いのが酸素です、次いで、ケイ素、アルミニウム、鉄、カルシウム、ナトリウムとなっています。古代から現代に至るまで、5千年の歴史があるソーダ石灰ガラスは珪砂（SiO_2）と石灰（CaO）とソーダ灰（Na_2CO_3）が原料ですから、地殻に豊富に存在している材料で作られていることがわかります。原材料のほとんどは海外からの輸入ですが、愛知県でもガラスに適した珪砂がとれます。石灰石も国内で採掘可能です。ソーダ灰はソルベー法などを用いて工業的に海水から製造されます。液晶パネルのガラスには珪砂と酸化アルミニウムが含まれています。アルミニウムはオーストラリア、ニュージーランド、UAE（アラブ首長国連邦）などから輸入しています。

ガラスを作るときに大きく分けて3つの酸化物材料を混ぜて溶融します（下表）。ガラス形成酸化物は網目形成酸化物とも呼ばれ、ガラスの基本的な成分でケイ酸、リン酸、ホウ酸などが代表的です。融液はとても粘度が高く、過冷却によってガラスを作りやすい酸化物です。中間酸化物と修飾酸化物は溶融する温度を下げ、意図する特性を調整するのに使います。例えばケイ酸に酸化ナトリウムを加えていくと、融液の粘度が低下し、溶融温度を下げるのに役立ちます。酸化鉛もまた中間酸化物として機能し、溶融温度を下げるのに加えて、ガラスの屈折率を高め、輝かしいガラスが得られますが、近年では環境に配慮して鉛の代替元素が使われています。

ガラスは地殻に豊富に存在する原料を用いているので、環境との調和性が極めて優れています。

要点BOX
- ケイ酸、ホウ酸、リン酸など、液体で高い粘性を示す物質がガラスになりやすい
- ガラスは、環境との調和性が優れている

地殻を構成する主な元素

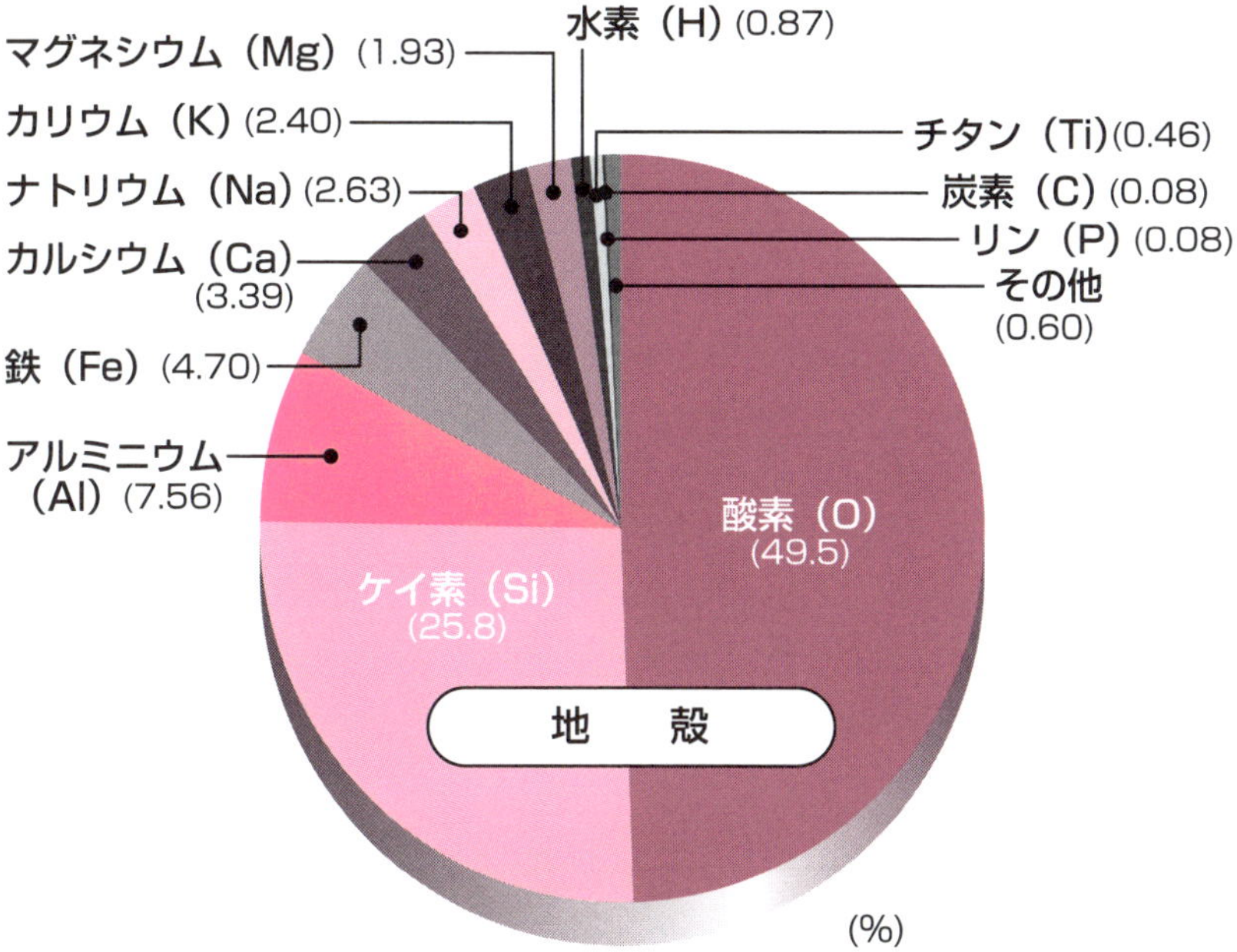

ガラスに混ぜる酸化物とその役割

ガラスを構成する酸化物材料	役割	代表的な材料
ガラス形成酸化物	それ単独でガラスを作る 溶解には高い温度を必要とする	ケイ酸、リン酸、ホウ酸、ゲルマン酸
中間酸化物	単独ではガラスにならないが、加えるとガラスになりやすい	酸化アルミニウム、酸化スズ、 酸化亜鉛、酸化チタン、酸化鉛
修飾酸化物	溶融する温度を下げる 性質を調整する	酸化ナトリウム、酸化カリウム、 酸化カルシウム、酸化マグネシウム

14 板状のガラス製品はどうやって作る？

フロート法とオーバーフロー法

板状のガラス製品を製造するには、2つの方法があります。

①フロート法：窓ガラスや建築用ガラスなどを大量生産する、現在でも世界中で最も広く使われているガラス製造技術です。溶融ガラスを溶融したスズの上に浮かべることで、非常に平坦で均一な厚さのガラスを製造します。

ガラスの原料を1500℃で溶融し、そのガラスを、溶融スズ（金属のスズが約600℃で溶けた状態）で満たされたフロート槽に流し込みます。ガラスはスズよりも軽いため、溶融スズの表面に浮かびます。このことからフロート法と呼ばれています。ガラスはスズの平坦な表面に広がり、重力と表面張力の働きによって自然に平らで滑らかな表面を持つシート状になります。その後、ガラスは徐々に冷却され（アニール）、熱による割れや歪みが生じないように調整されます。このプロセスにより、最終製品は均一で耐久性のあるガラスとなります。その後、必要に応じてエッジの仕上げやコーティングなどの追加処理が施され、最終製品として出荷されます。

②オーバーフロー法（フュージョン法）：特殊な溝付きの金属製の溶融槽（リップという）に流し込まれ、溶融ガラスは溶融槽の両側からゆっくりと溢れ出て、リップの外側を流れ落ちます。これにより、溶融ガラスはリップの外壁に沿って垂直方向に「オーバーフロー」し、溶融槽の両側から中央に向かってガラスが自然に合流し、フュージョン（融合）します。この合流点でガラスが完全に一体化し、気泡や不純物が極限まで除去された、極めて均質なガラスが形成されます。合流点は非常に安定しており、ガラスの表面が外部と直接接触することがないため、表面が極めて滑らかで傷のない状態で成形されます。研磨工程を省くことができるので、ディスプレイ用の薄板ガラスの製造に用いられます。

要点BOX
●現代において板ガラスの製作はフロート法、さらに薄いガラスはオーバーフロー法で作られる

フロート法

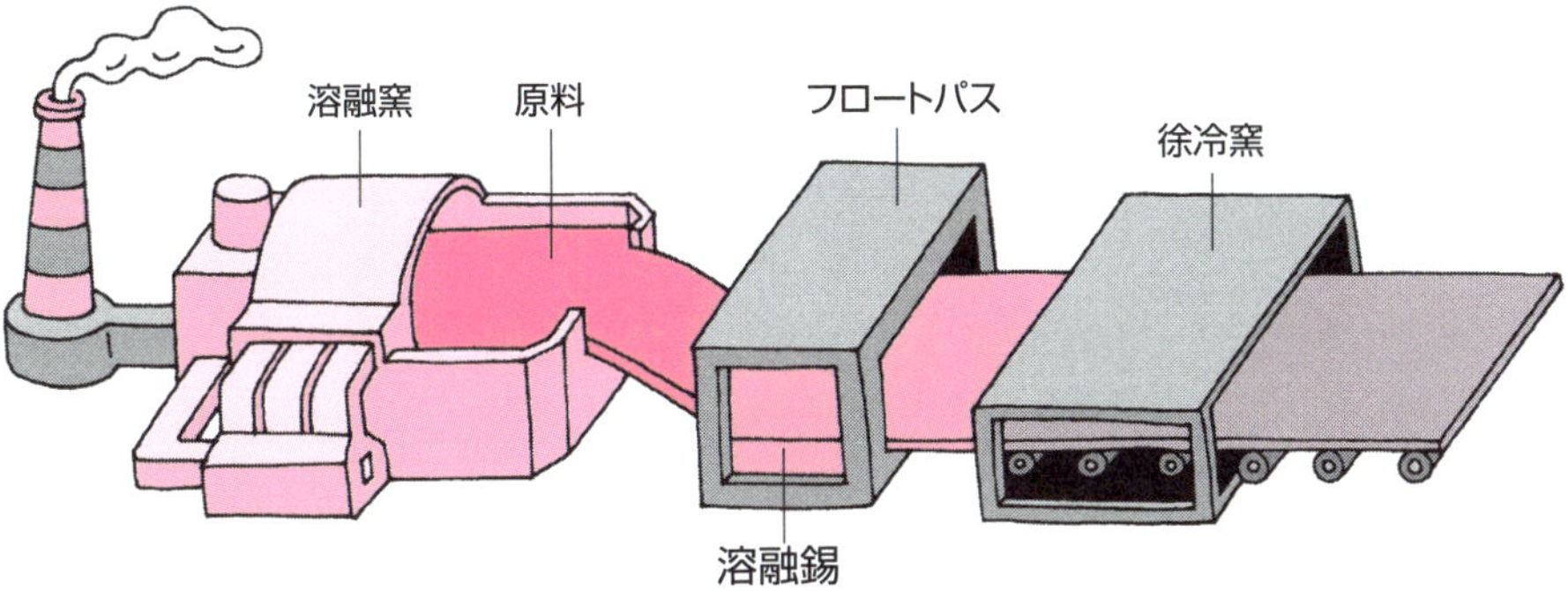

減量貯蔵 ▶	溶融 ▶	成形（フロートバス） ▶	徐冷 ▶	洗浄 ▶	切断 ▶	出荷

オーバーフロー成形

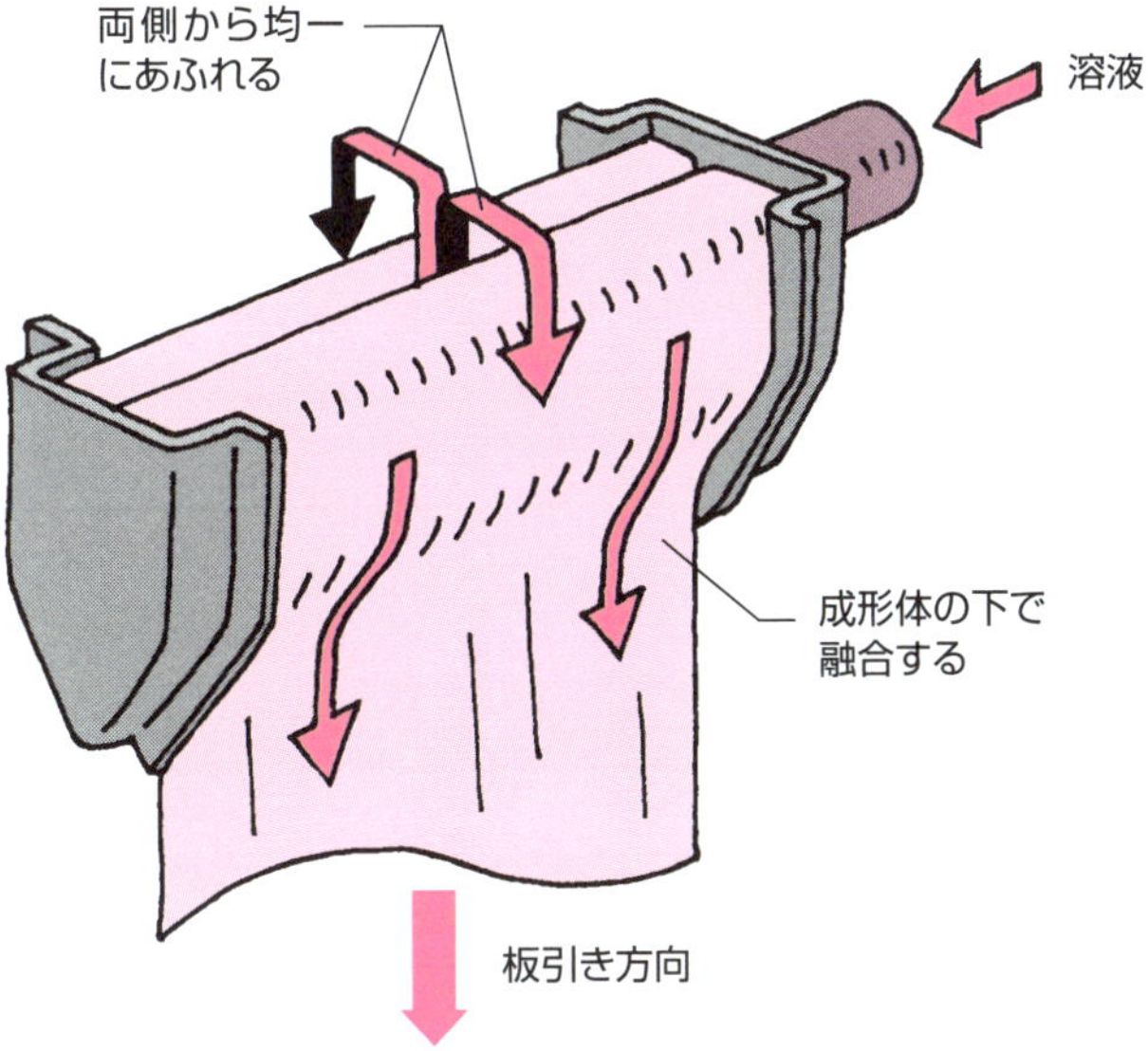

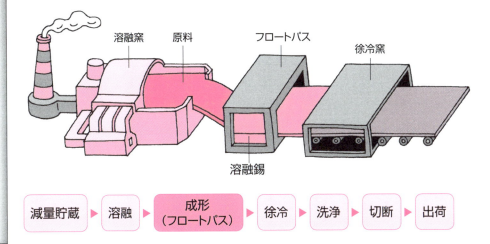

15 高温で作らないガラスには独特な特徴がある

特殊なガラスの作製方法

多くのガラスは原料を高温で加熱して、融液を冷却することで合成されますが、ここでは高温を必要としないガラスの作製方法のいくつか解説します。

ゾル－ゲル法は1960年代にドイツのショット社が反射防止のコーティングに採用したことで広く知られるようになりました。代表的な利用例としてはシリカガラスの合成が挙げられます。原料となる金属アルコキシドを、触媒を用いて加水分解を進め、重縮合反応を経て、最終的には加熱によって緻密化することでガラスが得られます。加熱しているではないかと思われるかもしれませんが、溶融する温度よりははるかに低温でガラスが得られます。ゾル－ゲル法の特徴は薄膜、バルク、ファイバーなど様々な形に成型することができることです。この手法で作成されるエアロゲルは高野豆腐みたいに隙間が高いにも関わらず形を維持している多孔質なシリカガラスで高い断熱性能を示します。

また気体からガラスを合成する手法も工業的には用いられています。スパッタリングやパルスレーザー堆積法に代表される物理気相成長法（PVD：Physical Vapor Deposition）や有機金属化学気相成長などに代表される化学気相成長（CVD：Chemical Vapor Deposition）によって、ガラスの薄膜を形成できます。

また、機械的衝撃によってガラスを合成する実験も行われています。固体物質に衝撃や摩擦などの機械的エネルギーを加えることで、その物質の性質が変化する現象をメカノケミカル、あるいはメカニカルミリングと言います。遊星ボールミルといって、小さな容器に粉状の物質と、数ミリほどの硬いボールを入れます。この容器に外から自転と公転運動をかけて、粉とボールの間に強い重力をかけます。この力が結晶を壊してガラス状態にします。

要点BOX

●溶液や気相を経由してガラスを作製する方法と、機械的衝撃を加えてガラスを作製する方法がある

ゾル－ゲル法による様々な形態のガラス作製法

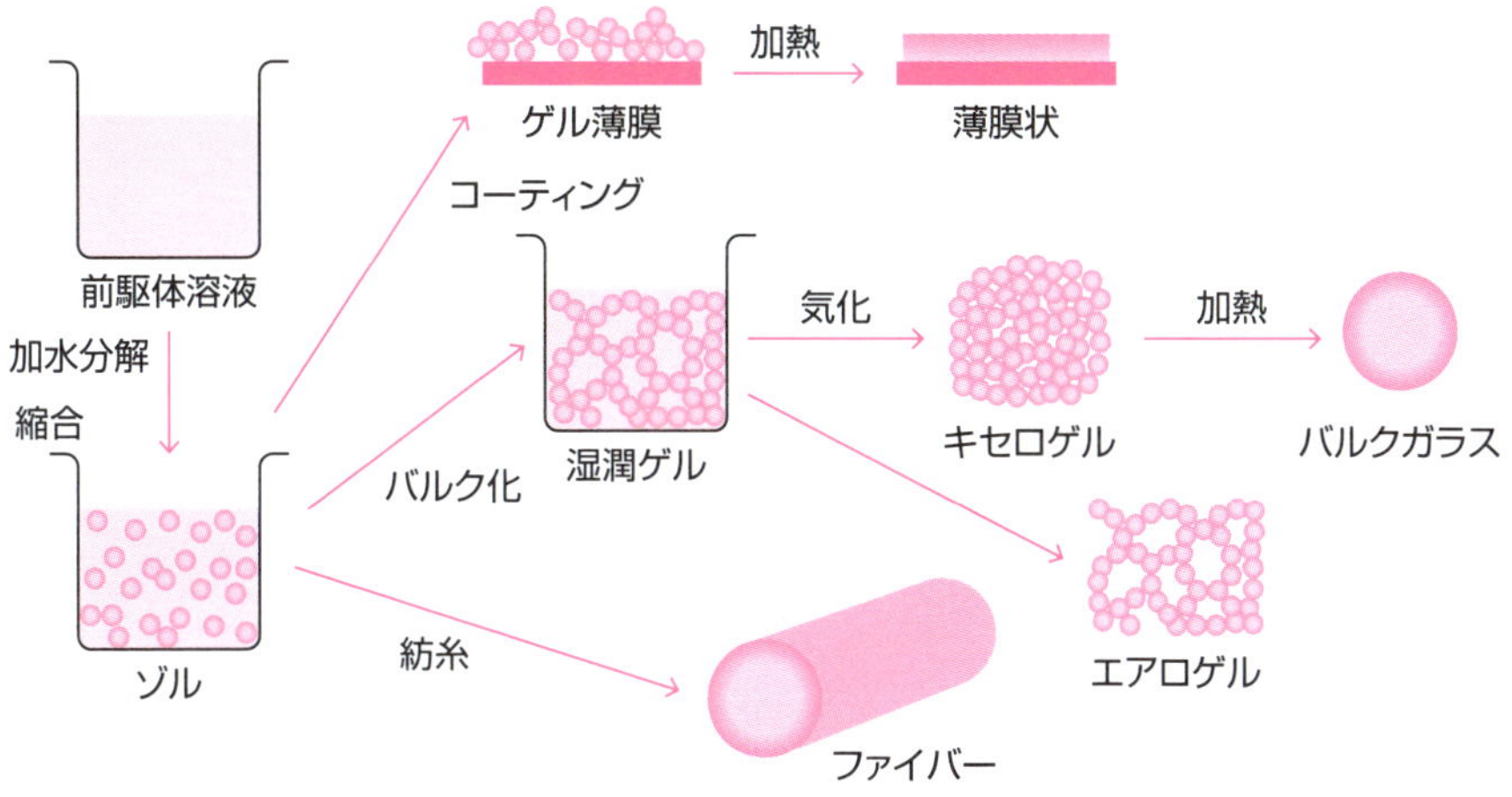

遊星ボールミルによるメカノケミカルの仕組み

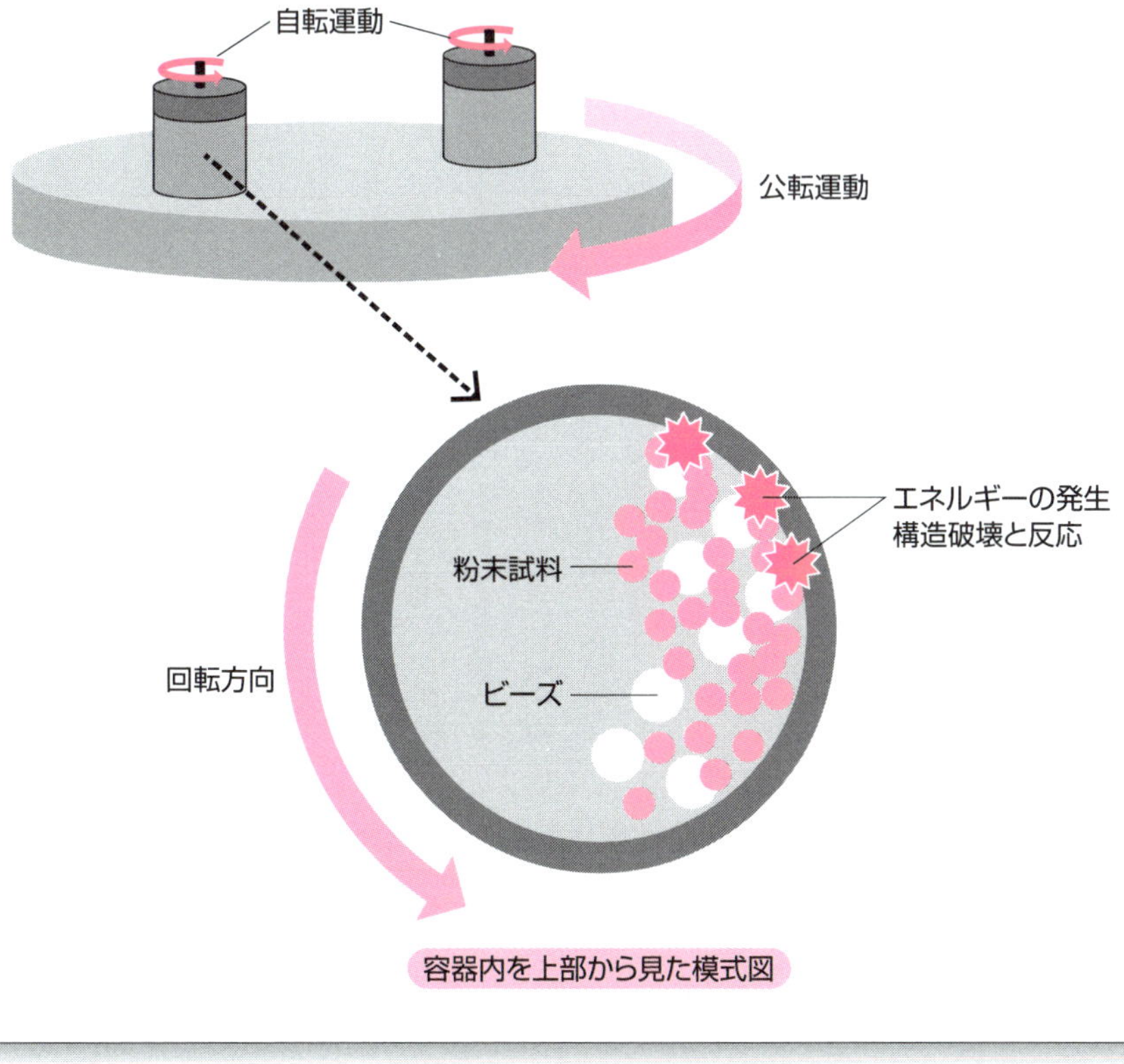

16 ガラスの長期安定性はその成分に左右される

ガラスの化学耐久性

ジャムやのりの佃煮はびん詰めで売られています。びん詰はからのガラス容器を鍋で煮込むことで殺菌し、中身を入れ、熱いうちにふたをすることで、内圧が下がって瓶の中では食材を除いた隙間は水蒸気のみで空気のない真空状態となるので、食材を長期に保存することができます。エジソンが発明した電球は京都の竹炭でできたフィラメントが燃焼せずに、長時間にわたって煌々と光り続けました。これは紛れもなくガラスの持つ気密性の高さを証明しています。ガラスは菌やウイルスだけでなく気体も通しにくい、長期的に安定性に優れた材料なのです。

ガラスの長期安定性はその成分によって変わります。ナトリウムイオンやカルシウムイオンは水に溶けやすい性質を持ち、これらを含むガラスは真水、塩水、炭酸水程度ではほとんど変わりませんが、硫酸のような強い酸だと反応するのが確認できます。酸にしばらくつけてから乾かすと白く曇ることがあります。これはガラス成分が溶け出してミネラルが固着した白焼けという現象として知られています。

ガラスから溶出しやすいイオンを原料に使わなければ極めて高い化学安定性が発現します。化学の実験で用いるガラス器具はソーダや石灰などの含有量が少ないホウケイ酸塩ガラスでできています。さらに純粋な硅砂（SiO_2）でできた石英ガラスは極めて高い化学耐久性を持ち、半導体産業に欠かせないガラスとして知られています。

ガラスの安定性はガラス組成の地道な改良によって進歩してきました。中世北西ヨーロッパにおいて、ソーダの入手が困難であったためブナやシダの灰を融剤として代替したガラス製品は成分が安定せずに、長い年月の中で勝手に崩壊するグリズリングという現象を引き起こし、ガラスの病気とも呼ばれています。現代のガラスは厳格な品質管理がなされていますので、こんな病気にかかる心配は無用です。

要点BOX

- ●ガラスは気密性に優れ、菌、ウイルスを通さない
- ●ホウケイ酸塩ガラスやシリカガラスは最強の化学耐久性を持つ

ガラスの腐食（焼け）のメカニズム

白焼け

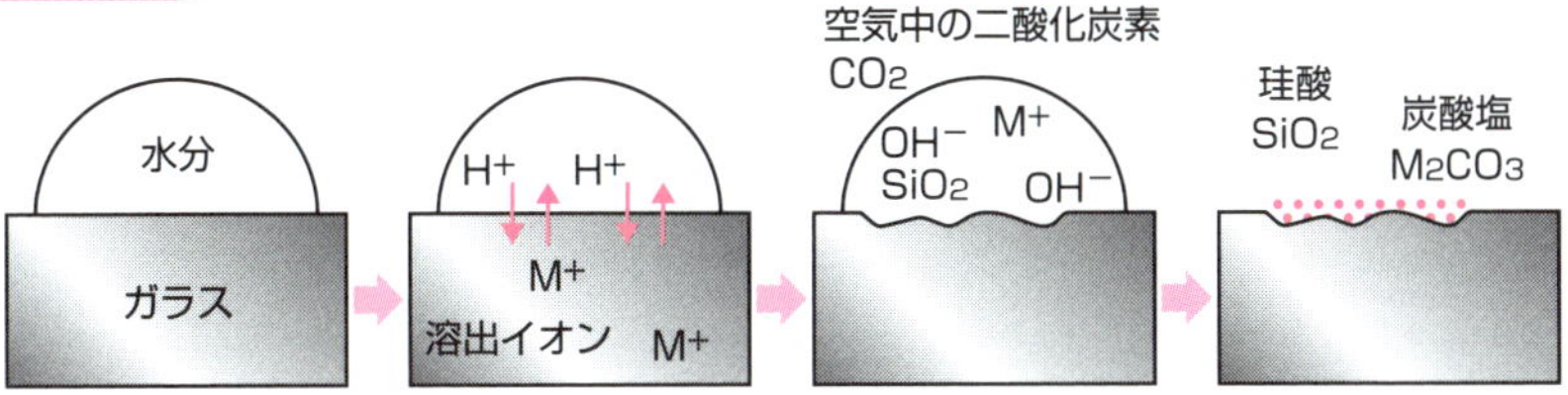

白焼けとは、ガラス中の成分と付着した水が反応して表面が侵食され、光が乱反射することで白く曇る現象

青焼け

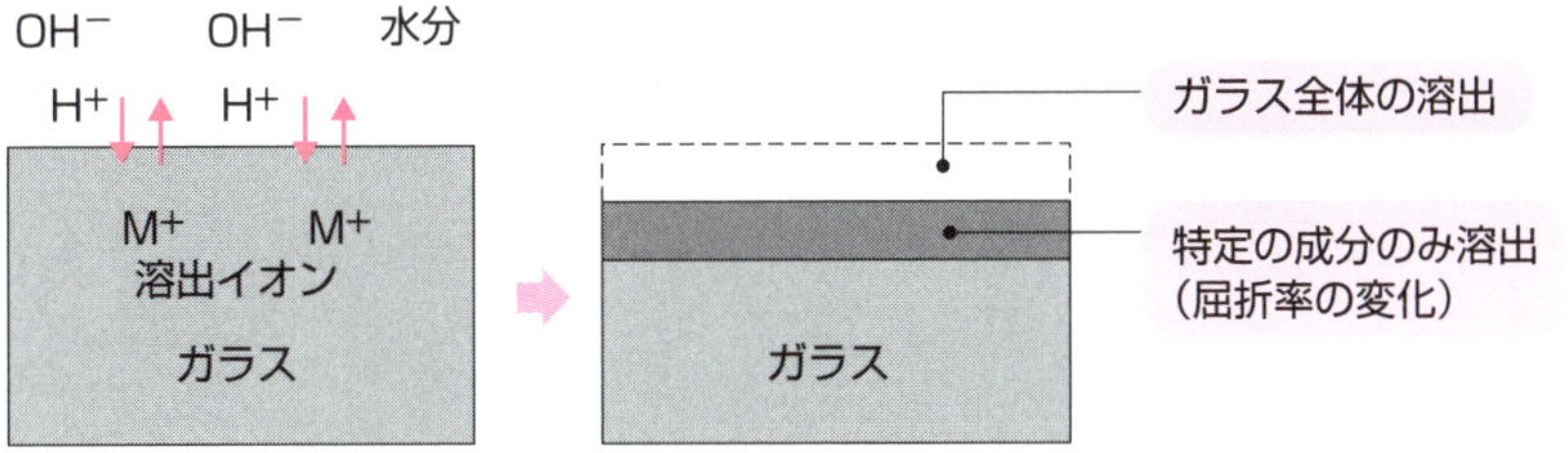

青焼けとは、ガラスの表面が同じく水分や酸などによって侵されて、表面に屈折率の違うガラスの薄膜ができて干渉で玉虫色に見えるようになる

焼けが進んだローマ時代のガラス瓶。
作業当時は透明だったのだろう。

いずれの焼けも拭き取っても取れない

出典　https://digital.sciencehistory.org/works/k35694749

17 屈折、反射、透過、光学ガラスが科学の発展に寄与

光とガラスの関係

ガラスの透明性は紛れもなくガラスを特徴づける性質です。光は電波や放射線など電磁波の一種で、波長およびその逆数の関係である周波数で分類されます。人間が光を感じることができる波長は、380nmから700nmまでです。それより短い波長は紫外線ですし、長い波長は赤外線で目に見えません。

こんな光がガラスのような透明な物質に入ったときに何が起こるのでしょう。

よく磨いたガラスに光が入ると、そのまま通り抜ける「透過」、光が減衰する「吸収」、光が進む方向が曲がる「屈折」、光が放射状に散らばる「散乱」、そして表面で鏡のように跳ね返る「反射」などが起こります。

空気中で光が進む速度はおよそ秒速30万kmですが、ガラスは空気に比べて密度が高いので、光が進む速度が遅くなり屈折が起こります。水の中に手を入れると縮んで見えますが、ガラスは光に対しては液体と同じでどこから見ても同じような見え方をし、このような物質や空間の物理的性質が変わりません。これを「等方性」と言い、ガラスは等方的な固体材料の代表です。ガラスのもつ透明性に加えて、光に対して等方的に振る舞う特徴は、レンズやプリズムなど光学部品を設計するのに適しています。

光学ガラスの透明性は、カメラレンズ、顕微鏡、天体望遠鏡など、あらゆる光学機器において、クリアで正確な画像を生成するためのカギとなっています。高い屈折率を持つガラスは、より少ない材料で同様の焦点距離を実現でき、これによりレンズはよりコンパクトかつ軽量になります。スマートフォンのカメラが小さく高精細になったのも高屈折なガラスが重要な役割を果たしています。

また、光学ガラスは組成を変えることで、紫外から赤外に広い透過域を持ち、赤外を良く通すガラスは暗視カメラ、紫外を良く通すガラスは半導体の微細加工用の窓として適しています。

要点BOX
- ●ガラスは液体のように屈折率が一様
- ●光学ガラスは科学の発展に寄与している

ガラスに光が入ったときにおこる現象

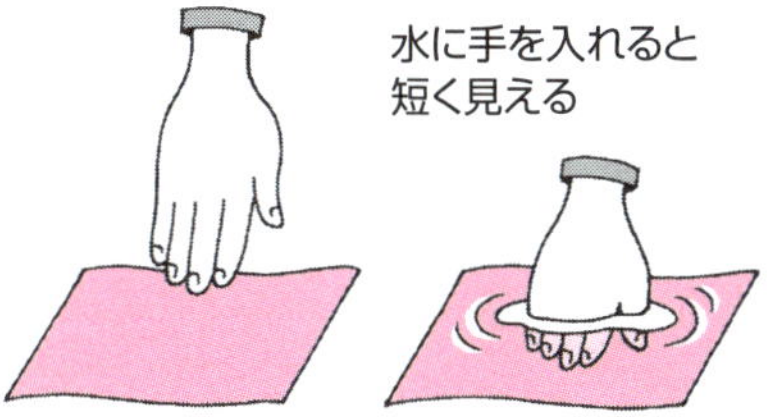

https://www.jp.nikon.com/company/corporate/sp/kids/refraction/

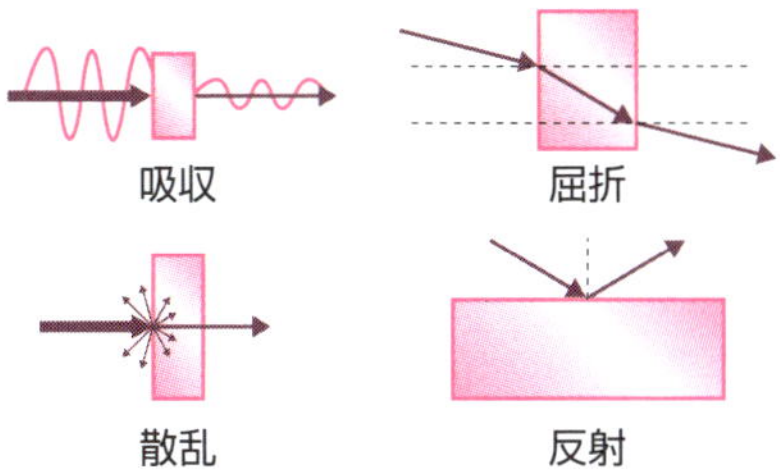

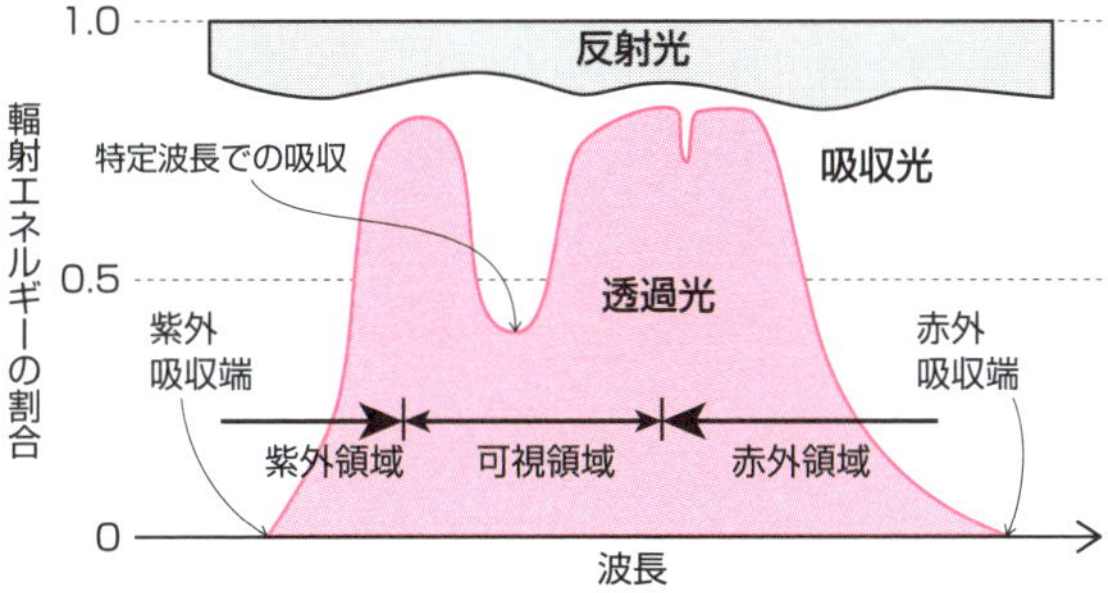

透明物質における反射光，吸収光，透過光と波長の関係

電磁波の種類と用途

	名称	周波数(Hz)	波長	用途
放射線	ガンマ線	10^{20}	10pm以下	放射線医療
	X線	10^{18}	10nm〜10pm	材料検査、X線写真
光	紫外線	10^{15}	380〜10nm	殺菌灯
	可視光線	10^{14}	800〜380nm	光学機器
	赤外線	10^{12}	100〜0.8μm	光通信、赤外線ヒーター
光/マイクロ波	サブミリ波	0.3〜3THz	1〜0.1mm	光通信システム
マイクロ波	ミリ波	30〜300GHz	10〜1mm	レーダー
	センチ波	3〜30GHz	100〜10mm	電子レンジ、衛星通信、携帯電話
電波	極超短波	0.3〜3GHz	1〜0.1m	テレビ、携帯電話、無線LAN
	超短波	30〜300MHz	10〜1m	FMラジオ、テレビ
	短波	3〜30MHz	100〜10m	アマチュア無線
	中波	0.3〜3MHz	1〜0.1km	AMラジオ放送
	長波	30〜300kHz	10〜1km	海上無線
	超長波	3kHz〜30kHz	0.1Gm〜0.1Mm	長距離通信、対潜水艦通信
電磁界	超低周波	3Hz〜3kHz	0.3〜0.1Gm	送配電線、家庭電化製品

18 ガラスの着色はどうやってするのだろう？

光とガラスの着色との関係

ステンドガラスのように鮮やかな色を発するガラスがあります。ガラス中に微量に溶けている成分で色が変わるのです。

光の3原色とは赤、緑、青の3色です。例えば赤、緑、青の3色を混ぜると、白色の光を作り、3原色の混ぜる比率を変えるとほとんどの色を作れます。白い光をガラスに当てて、ガラスが緑色になるというのは、緑は3原色の一つで、青と赤の光が不足しているから緑に見えるのです。青と赤からなる色はマゼンタですが、緑とマゼンタはそれぞれ補色の関係です。つまりガラスの着色とは透過して見える色の補色の光が吸収によって減衰する現象のことです。

それではガラスの中で光を吸収するものとはいったい何かということになります。

ガラスの色は、ガラス原料に、主として金属酸化物（硫化物や塩化物の場合もあります）を加えることで得られます。ガラス中に溶け込むとイオンが酸素イオンで取り囲まれ、イオン中の電子のつまり具合（軌道）によって着色する色が変わってきます。同じ着色剤を使っても、ガラスの成分が変わると色が変わることがあります。

イオンの吸収だけでなく、nm（10億分の1m）ととても小さな金属や半導体微粒子がガラス中に分散することで着色を示すこともあります。この現象は、（局在型）表面プラズモン共鳴と呼ばれ、金属のナノ構造が光の特定波長を吸収することで起こります。ガラスに金の微粒子が分散するときれいな赤色を示します。通常の金属状態での金では起こらない現象です。プラズモン共鳴の波長が緑の色であるため、緑の補色である赤色が発色するのです。

石灰ガラスは天然の鉱物を使っているため、わずかに青色に着色します。青色に黄色を混ぜると白になります。ガラス製品は溶融条件を制御して、着色と補色の関係で色を調整して製造されています。

要点BOX

●ガラスの着色は遷移金属イオンや、量子ドットのプラズモン共鳴による吸収でおこる

補色の関係

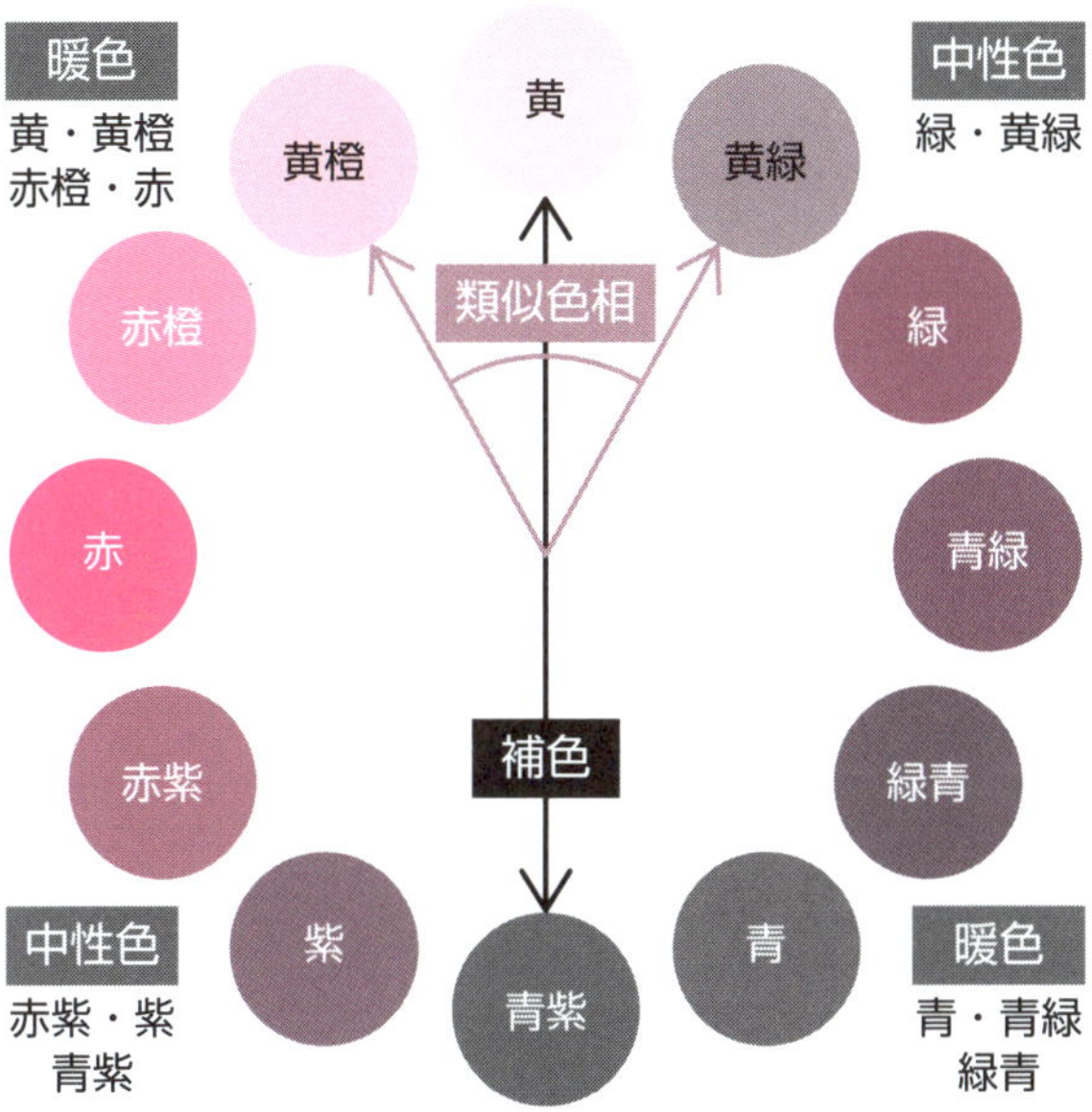

ガラスにつく色と着色剤

色	着色剤
紫	マンガン+銅、コバルト
青	コバルト、銅
緑	クロム、鉄、銅（緑茶統の色はクロムが一般的）
緑（蛍光）	ウラニウム
黄	銀、ニッケル、クロム、カドミウム
茶	鉄+硫黄（還元剤として炭素を一緒に使う）
黄赤	セレン+カドミウム
赤	金、銅、コバルト、セレン+カドミウム
赤紫	ネオジム、マンガン
黒	濃い色を出すいろいろな着色剤を混ぜ合わせる （マンガン、ニッケル、コバルト、鉄など）
乳白	ふっ化カルシウム、ふっ化ソーダ、りん酸カルシウム

19 ガラスの成分の組み合わせは無限で、唯一無二のものができる

ガラス組成の多様性

ガラスは、様々な元素を取り込むことができる素材で、取り込む元素の組み合わせによっていろいろな特性を持つガラスが作れます。ガラスの着色などは、添加する元素で異なる色ガラスになります。

製品としてよく目にするガラスに含まれている主成分で分類してみると、ソーダ石灰ガラスの他に、シリカガラス、ホウケイ酸塩ガラス、アルミノホウケイ酸塩ガラス、無アルカリガラスなどがあります。これらはあくまで主要成分としてガラスに含まれているということで、微量成分も考慮すると、ガラスの種類はまさに無限大にあるのです。

住宅の窓ガラスを例にしてみても主な組成はソーダと石灰と硅砂であっても、含まれている不純物と添加剤の量は異なります。ガラス製品に泡が残ると不良品として扱われるので、ガラスを融かすときになるべく短時間で泡を消すため清澄剤という微量元素を加え、色を消すための消色剤を加えることもあります。

これらの微量元素はガラス製品が出来上がった後も、酸化物としてガラス内部に安定的に残ります。ガラス製品は天然の鉱物が原料ですし、製造工程で使う微量元素の成分も、会社によって違いますし、融かす時間帯でも変わります。つまり同じように見える透明なガラス製品でも、微量成分を含む組成は唯一無二なのです。

このガラス組成の多様性は犯罪の解決に役立っています。窃盗で割れた窓や、自動車事故で割れたミラーや窓など、犯罪の過程で割れたガラスは、犯罪現場と、犯人の衣服などに付着することがあります。今日では、シンクロトロン放射光蛍光X線分析やマイクロ蛍光X線分析などの技術の進歩によって、砂粒1つくらいのガラス片であっても、微量元素を含む正確なガラス組成を決定することができます。つまり証拠品のガラス粒子が、犯罪現場に残っていたガラスかどうか識別することができるのです。

要点BOX

- 無限の組み合わせがあるガラス組成は、人間でいう指紋のようなもの
- 組成の組み合わせは用途と性質に応じて調整

代表的なガラス系

呼称	組成系	用途	特徴
シリカガラス	SiO_2	半導体プロセス用部材など	高純度、高耐熱性、低膨張
ソーダライムガラス	SiO_2-CaO-Na_2O	窓ガラス、びんガラス、蛍光管ガラスなど多数	安価、大量生産
ボロシリケートガラス	SiO_2-B_2O_3-Na_2O	理化学機器、耐熱食器など	高化学耐久性、低膨張
アルミノボロシリケートガラス、無アルカリガラス	SiO_2-Al_2O_3-B_2O_3-RO	TFT液晶パネル用基板	TFT液晶用に最適化、低膨張
アルミノシリケートガラス、高歪点ガラス	SiO_2-Al_2O_3-RO-R_2O	プラズマディスプレイ用基板・化学強化ガラス	ソーダライムより高耐熱、イオン交換容易

RO:アルカリ土類金属酸化物
R_2O:アルカリ金属酸化物

出典:ガラスの科学 p17より

ガラスの製造工程で加える主な微量元素

薬剤	主要成分	役割
清澄剤	Na_2SO_4 SnO_2 $NaCl$	ガラス融液から気泡を消す
消色剤	$NaNO_3$ $CoCl_2$ Nd_2O_3	化学変化と補色を使ってガラスを無色透明にする

出典:NEWGLASS29,112,20-25(2014)

20 水や金属もガラスになることがある!?

アモルファスとは?

「ガラス」という用語は特定の物質に限らず、結晶構造を持たずに固化した物質を指します。つまり、物質が液体から冷却された際に規則正しい結晶構造を形成せず、ランダムな配置のまま固まる状態がガラスです。厳密には、結晶ではない物質をアモルファス(非晶質)と呼んで、その中でもガラス転移を示す物質のことを「ガラス」と呼んでいるのですが、今日では非晶質状態を総称してガラス状態ということが一般的になっています。そして、水や金属も、特定の条件下ではガラス状態(アモルファス状態)になることが可能です。

通常、水は冷却すると氷(結晶性固体)になりますが、急速に冷却すると水分子が結晶構造を形成する時間がなく、ランダムな配置のまま固化します。このアモルファスアイスは、宇宙や非常に低温の条件下(マイナス130℃以下)で見られることがあり、地球上では自然には発生しにくいですが、特殊な実験環境で作ることができます。

アモルファスアイスには「低密度アモルファス氷(LDA)」や「高密度アモルファス氷(HAD)」などがあり、作り方や条件によって異なる性質を持ちます。そして、高密度アモルファス氷は水よりも密度が高いので、原理的には水に沈みます。最近では水とまったく同じ密度の中密度アモルファス氷も確認されています。

金属もガラス状態になることがあります。これを金属ガラスまたはアモルファス金属と呼びます。通常、金属は冷却すると規則的な結晶構造を持つ固体になりますが、冷却速度が非常に速い場合、結晶化が間に合わず、アモルファス状態で固化することがあります。この金属ガラスは、独特の性質を持っており、例えば①結晶粒界(結晶同士の境界)がない、②腐食に対する抵抗力が高い、③磁気を良く通す(高透磁率)というような特徴から時計やモーターなどの工業製品に使われています。

要点BOX

●「ガラス」という用語は結晶構造を持たず固化した物質(アモルファス)として使われている。特殊環境下ではあらゆるものがガラスになる

水の温度と圧力の変化による相変化の関係

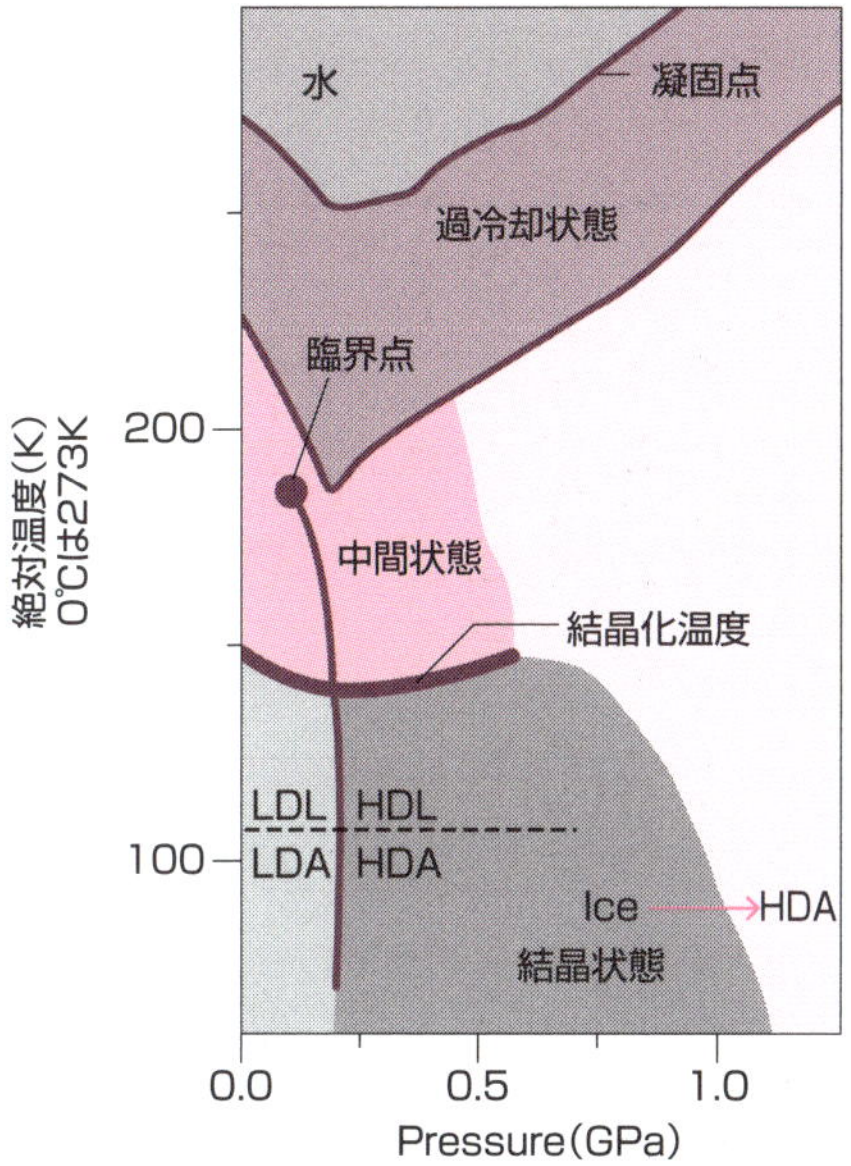

HDA:高密度アモルファス氷　HDL:高密度液体
LDA:低密度アモルファス氷　LDL:低密度液体

出典:https://www.nature.com/articles/s41586-019-1204-5/figures/1

結晶状態の金属とアモルファス状態の金属の微構造の違い

金属構造

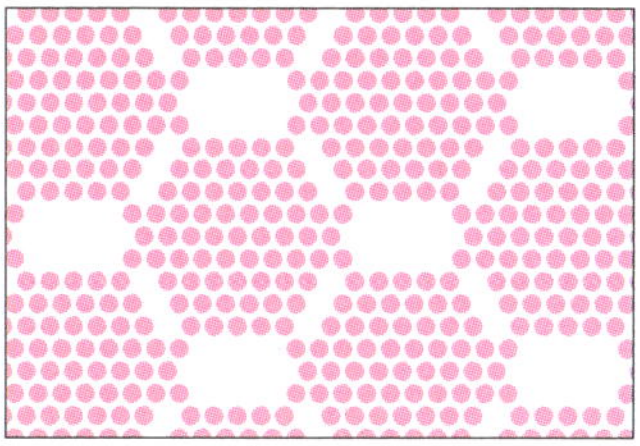

構成する原子が規則正しく配置している

アモルファス構造

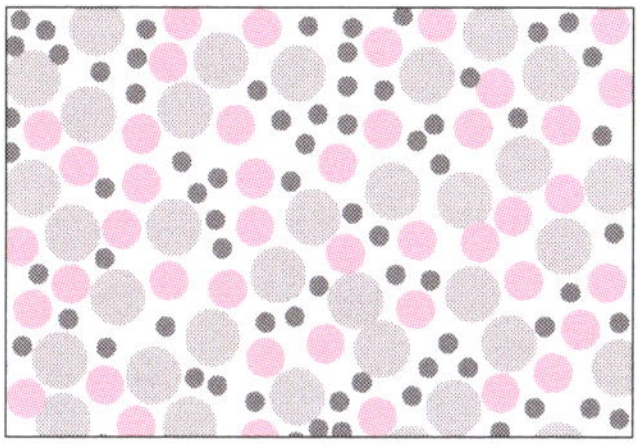

多成分の合金元素で構成され、元素が不規則に配置している

アモルファス金属の製造方法

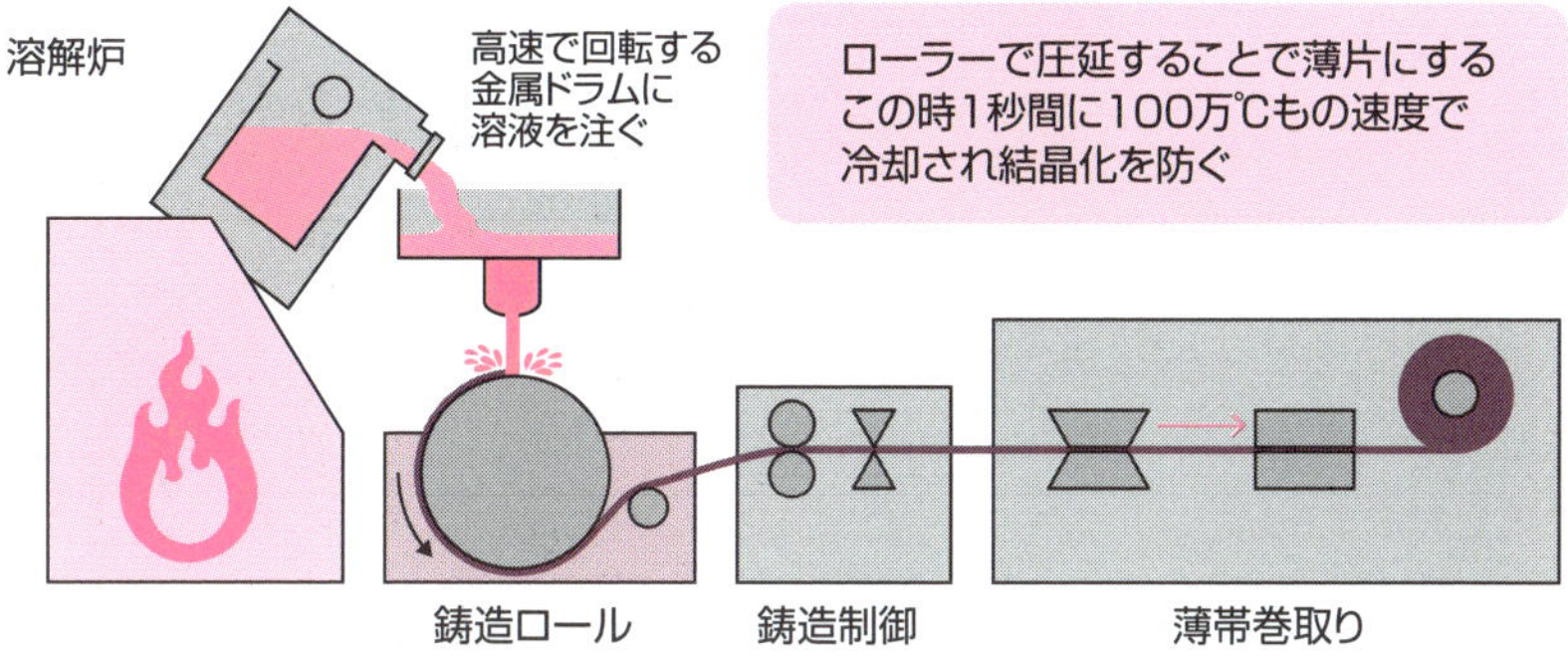

(株)プロテリアル
出典:https://www.proterial.com/products/soft_magnetism/metglas.html

Column

サンドブラストという彫刻技法

サンドブラストとは、研磨剤（酸化アルミニウムなど）を加工する対象物へ吹き付けてその表面を削る加工方法です。錆や塗装の除去といった表面処理、部品のバリ取りなど、現代の工業用途でも広く利用されている手法ですが、ガラス工芸品の彫刻技法としても使われていることはご存じでしょうか。

諸説ありますが、現在ガラス工芸に用いられるサンドブラスト技法は、19世紀を代表する工芸作家エミール・ガレが酸処理によってガラス表面に曇り模様をつける技法を編み出したことに由来しているともいわれています。大掛かりな設備を要し、作業時に危険が伴う酸処理法に対して、安全性が高く、小規模な設備でも実施できるサンドブラスト技法が注目され、日本や米国などが中心となってガラス工芸用の加工技法として展開していったと考えられています。

サンドブラスト技法によって制作された作品には、被（き）せガラスを使ったものが数多くあります。被せガラスとは、下地となるガラスの上に着色されたガラスを薄く被せ、多層構造にした工芸用のガラスのことです。彫刻の際には、ガラスに貼ったマスキングシートをデザインに合わせてカットし、露出するガラス表層をサンドブラストで削り取っていきます。加工された面は白い擦りガラス状になりますので、被せガラスを使うとマスキングされた面に色を残すことができます。

また、サンドブラスト技法には、段差をつけて彫刻していく多段彫りという技術があります。これによって描画領域に立体的表現が可能になります。多段彫りはその段数が増えるほど高度で繊細な技術が必要になりますが、その分、作品に写実感や柔らかさを表現できるようになります。中には、数十段という段彫りを行う工芸作家もいらっしゃるというから驚きです。繊細な描画を行うために、あえてブラスト時の噴射圧を下げ、時間をかけて彫刻していくこともあります。このような非常に緻密で繊細な作業を経て、世界で一つしかない美しいガラス工芸品が生み出されていくのです。

雪の華ランプ
（提供:田邉玲子氏）

第3章

今の時代のIT、DXに欠かせないガラス

21 液晶ディスプレイには、大きくて薄い無アルカリガラス基板が不可欠

大画面化、高精細化に対応

身の回りの情報機器には液晶ディスプレイ（LCD：Liquid Crystal Display）が広く用いられています。LCDは図のように、0・5㎜以下の薄い、2枚のガラス板を数㎛の間隔で平行に並べ、その隙間に有機物の液晶を充填した構造を持ちます。画面となるガラスにはR（赤）、G（緑）、B（青）の3色で構成された50〜300㎛角の画素が規則正しく配置され、各色に薄膜トランジスタ（TFT：Thin Film Transistor）で作られたスイッチが設けられます。RGBの各スイッチから対向するガラス面の透明電極にかける電圧を制御し液晶の透過率を制御することで、フルカラー表示をおこないます。高精細の動画を表示するためには、最大数百万個の画素をガラス基板上に形成します。

LCD用ガラス基板には、ナトリウム（Na）などのアルカリ金属をほとんど含まない「無アルカリガラス」が用いられます。また、無色で光を良く通し、製造工程での熱処理や化学薬品処理に耐え、さらに平坦で均一な厚みを持つと同時に、キズや汚れもないなど、高い性能・品質のガラス基板が求められます。

近年LCDは大画面化、高精細化が進んでいます。液晶テレビの主要サイズは32インチでしたが、今では40〜55インチとなりました。大画面化に合わせ、ガラス基板も大型化しており、厚みは0・5㎜で、最大約3m角のG10・5と呼ばれるサイズにまで拡大しました。

またスマートフォンでは、小さい画面に動画等を表示する、超高精細のLCDが求められます。この用途には、高性能の低温ポリシリコン（LTPS：Low Temperature Poly-Silicon）TFTが使われます。LTPSの製造工程は高温となるため、熱工程での基板の微小な寸法変化による不具合が懸念されます。そのため、より高耐熱の無アルカリガラス基板が実用化されています。

要点BOX

●LCDには高耐熱、高化学耐久性で平坦な無アルカリガラス基板が必要。高精細LCD用途にはさらなる高耐熱ガラスも実用化

液晶ディスプレイとその構造

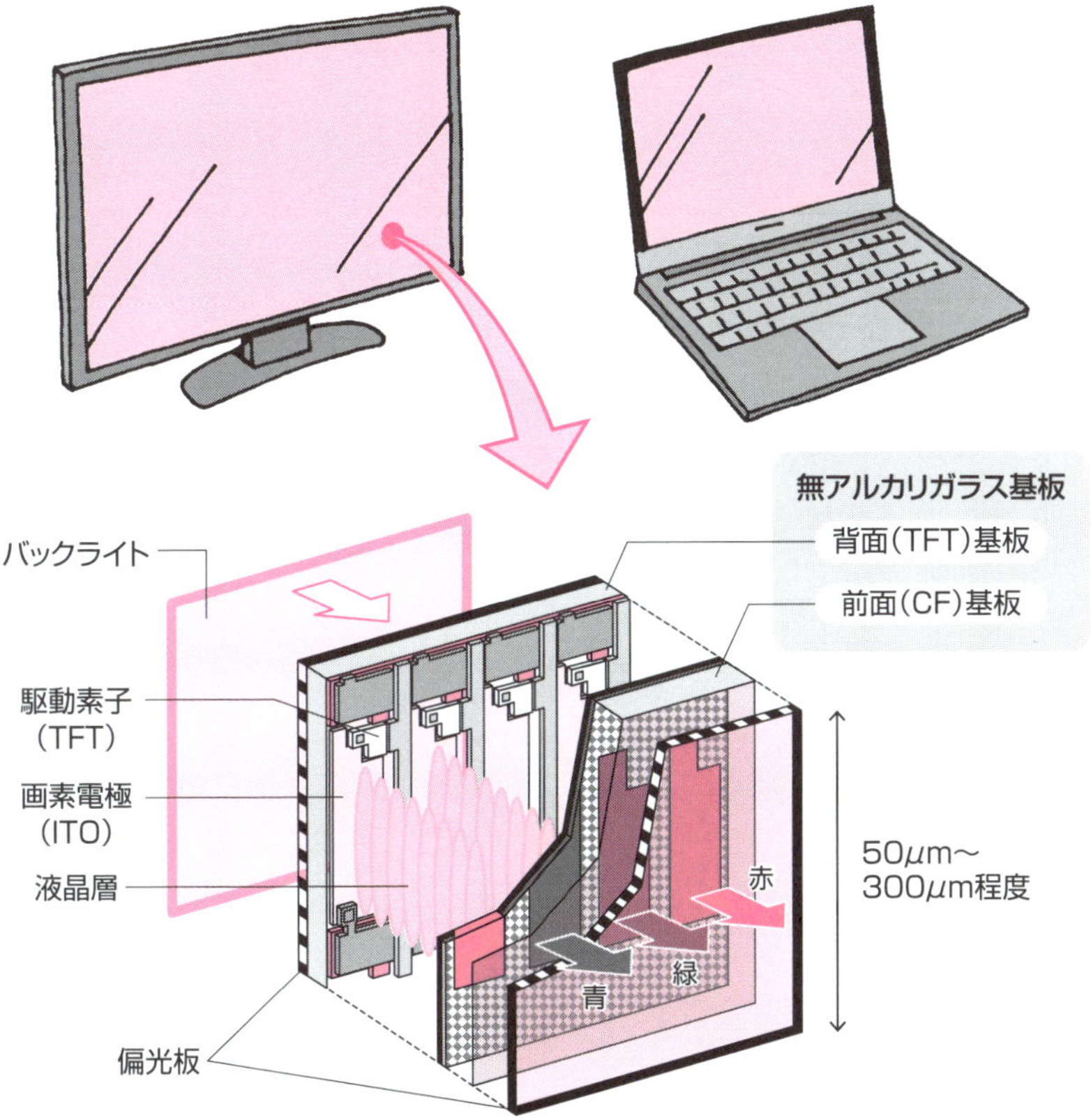

液晶ディスプレイに用いるガラス基板

ガラス基板材料	歪点(℃)	ヤング率(GPa)	用途
無アルカリガラス	650-700	70-80	LCD全般 大画面
無アルカリ(高耐熱)	700-750	80-90	超高精細 スマホなど
ソーダガラス(Na含有)	540	68	白黒 電卓・時計

G10.5サイズの基板

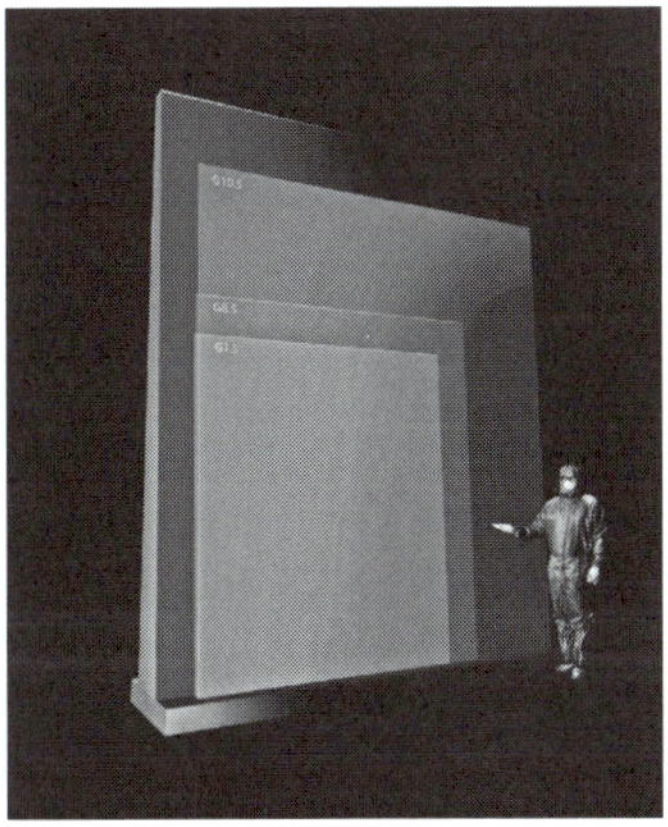

22 透明な電気伝導性ガラスも作られている

電子が移動するガラス

電気を流す物質は一般に金属や半導体などで、これらは結晶性の物質が多く、透明ではありません。一方でガラスやプラスチックは透明なものが多く、これらは電気を通さない絶縁体として知られています。でも、世の中には電気を流す結晶があり、さらに電気を流すガラスまであります。物質内で電気を通すためには電気を運ぶ役目を担う電子や正孔（ホール）あるいは、イオンが比較的自由に動ける（移動度をもつ）ことが必要です。これらはキャリアーと言います。電子とホールはイオンに比べてとても小さいのが特徴です。ここでは電子と正孔を流すガラスに絞って説明します。

初めて報告された電子伝導性ガラスは、1950年頃のバナジウムリン酸塩ガラスです。電子は、ガラスを構成する分子内の電子の通り道（電子軌道や波動関数といいます）を移動しますが、高濃度にキャリアーが存在して、ガラス中で軌道が3次元的につながっていると電気が流れます。

近年最もインパクトがある透明な電子伝導性ガラスは、IGZOと呼ばれるアモルファス構造を有した薄膜です。厳密に言うと、アモルファス薄膜ではガラス転移を示さないのでガラス状態ではないのですが、原子の配列はガラスと同様に、長距離秩序のないランダムな構造を有しているので、ガラスと同義と考えて結構です。アモルファスIGZOは、対応する結晶構造の特徴を活かしながら、独自の設計指針でデザインされた、まったく新しい透明な電子伝導材料です。IGZOの分子内で球対称な電子軌道が三次元に連続していているため、原子配置がランダムなアモルファス物質でも電子が移動できます。そこで、IGZOでは三価のインジウムおよびガリウムイオン、二価の亜鉛イオンを選択しています。これらの遷移金属イオンは、可視光線に吸収がありません。透明な電子伝導材料として一石二鳥です。現在は、透明で電気をよく流す材料としてディスプレイの電極に使われています。

要点BOX

- 構成する元素の電子軌道がつながると電気が流れやすくなり、可視光を吸収しなければ透明になる

電子が流れるガラスの仕組み

ホッピング伝導

バナジウムとリン酸からなるガラスには価数の異なるバナジウムイオンが存在し、酸素イオンに囲まれている。固体中では原子(イオン)数個分の範囲でさえ、電気的に中性なので、異なるバナジウムイオンが存在すると、足りないマイナスの電荷を補うように電子が生じる。この電子がバナジウムイオンの間を飛び越えて移動(ホッピング)することで電気が流れるようになる。

バンド伝導

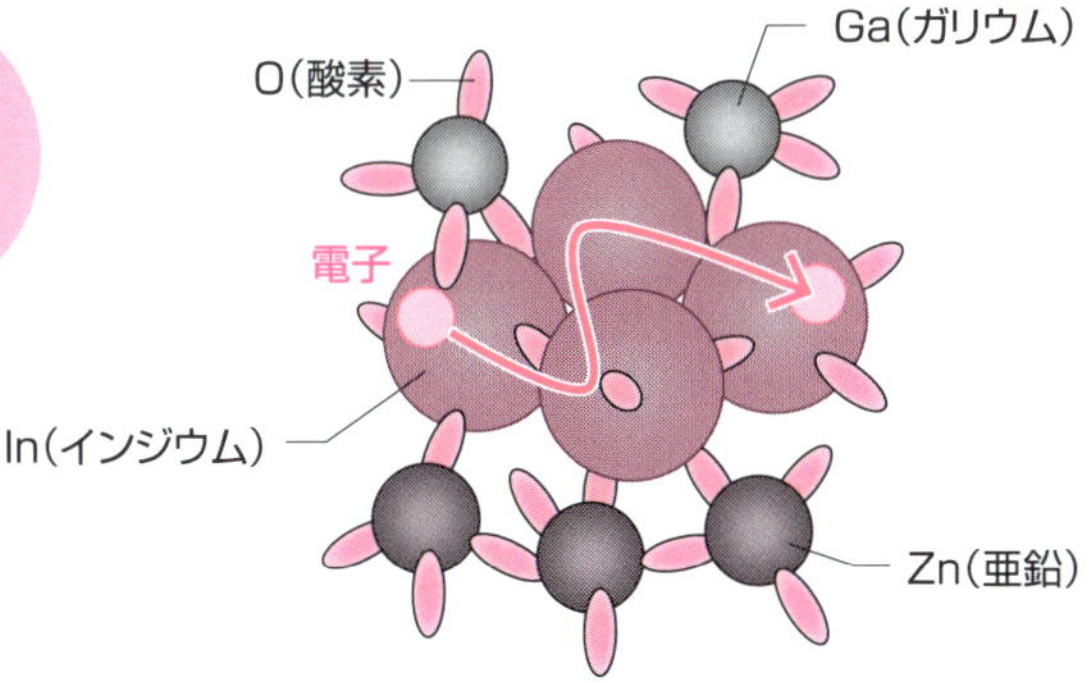

ホッピング伝導するバナジウムイオン間の距離はとても離れているので、可視光線を吸収してしまい、着色する。一方でIGZOでは構成するガリウムイオン、インジウムイオン、亜鉛イオンのいずれも可視光線の吸収がなく、しかもインジウムイオンで構成する球対称な電子軌道の連結性が良いのでよく電子を運ぶ。

用語解説

電子軌道：電子軌道は元素の種類によってその数と空間に違いがある。インジウムイオンの周りの電子軌道は球対称な形をとっており、s軌道と言う。一方で酸素の電子軌道はp軌道といい楕円状の形をして、ピラミッドのように4方向に延びている。よく電気が流れるにはこれらの軌道が連結している必要がある。

23 有機ELディスプレイにも無アルカリガラス基板は欠かせない

次世代ディスプレイにも使用

有機ＥＬ（OLED：Organic Light Emitting Diode）ディスプレイは２０１０年頃から急速に発展した新しい電子ディスプレイです。導電性をもつ有機半導体薄膜に電流を流すことで発光する原理を利用し、Ｒ（赤）、Ｇ（緑）、Ｂ（青）の３色に発光する有機半導体材料が用いられます。液晶ディスプレイ（ＬＣＤ）と異なり、有機半導体自身が発光するためバックライトを必要とせず、黒を表示する際には光を発しないためコントラストに優れます。また、各画素のＯＮ／ＯＦＦは高速で反応するため、動画表示性能に優れ、本質的に視野角が広いなどの特長があります。また、部品点数が少ないため、より薄く軽量のディスプレイを作ることができます。当初、スマートフォン用途の小型ディスプレイから実用化され、現在では有機ＥＬテレビなどの大型ディスプレイにも展開されています。

有機半導体の発光には液晶よりも大きな電流が必要となるため、画素を駆動するスイッチには低温ポリシリコンなど高性能のＴＦＴが必要です。また、ＬＣＤより高精細の用途を目的として開発されたため、高温の製造工程を通しても基板寸法の変化を小さく抑える必要があり、基板には通常のＬＣＤ用途よりも、熱処理による寸法変化の小さいガラスが必要とされます。

最新のトレンドとして、フォルダブルスマートフォンなどに用いられる、折り畳み可能なフレキシブルディスプレイが登場しています。基板には薄いポリイミドのフィルムが用いられますが、製造工程でのフィルムの軟化変形や寸法変化を抑制するため、ガラス基板表面にポリイミドを薄く塗布し、焼成した基板を用います。ポリイミド上にディスプレイを形成した後にガラス基板から、ディスプレイ部を剥離させることにより、極めて薄いフィルム状のディスプレイが製造できます。このような最先端の有機ＥＬディスプレイにおいても、高機能な無アルカリガラス基板が活躍しています。

要点BOX

- 有機ELディスプレイには無アルカリガラス基板が使われる。最新のフレキシブル有機ELディスプレイはガラス基板上に製造し剥離する

有機ELディスプレイと液晶ディスプレイの比較

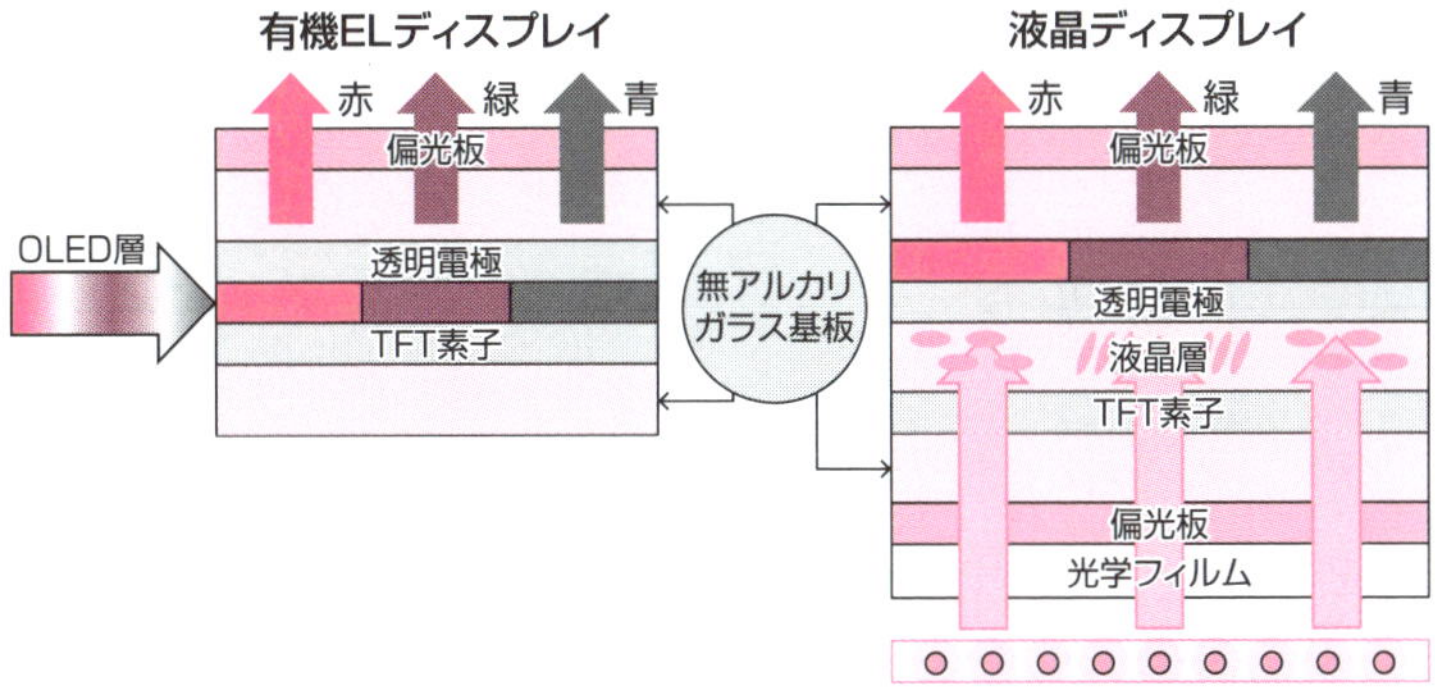

	有機ELディスプレイ	液晶ディスプレイ
発光	OLED素子が発光(自発光)	**バックライトが必要**
画質	**コントラストや黒の再現性が高い** 応答速度が速く動画再生に優れる	明るい表示が得意 高精細に向いている
視野角	◎	○
コスト	△	○
消費電力	○~△	○
寿命	△	○
厚み重量	◎ 極めて薄く軽いディスプレイも可能	△

フレキシブル有機ELディスプレイとその製造方法

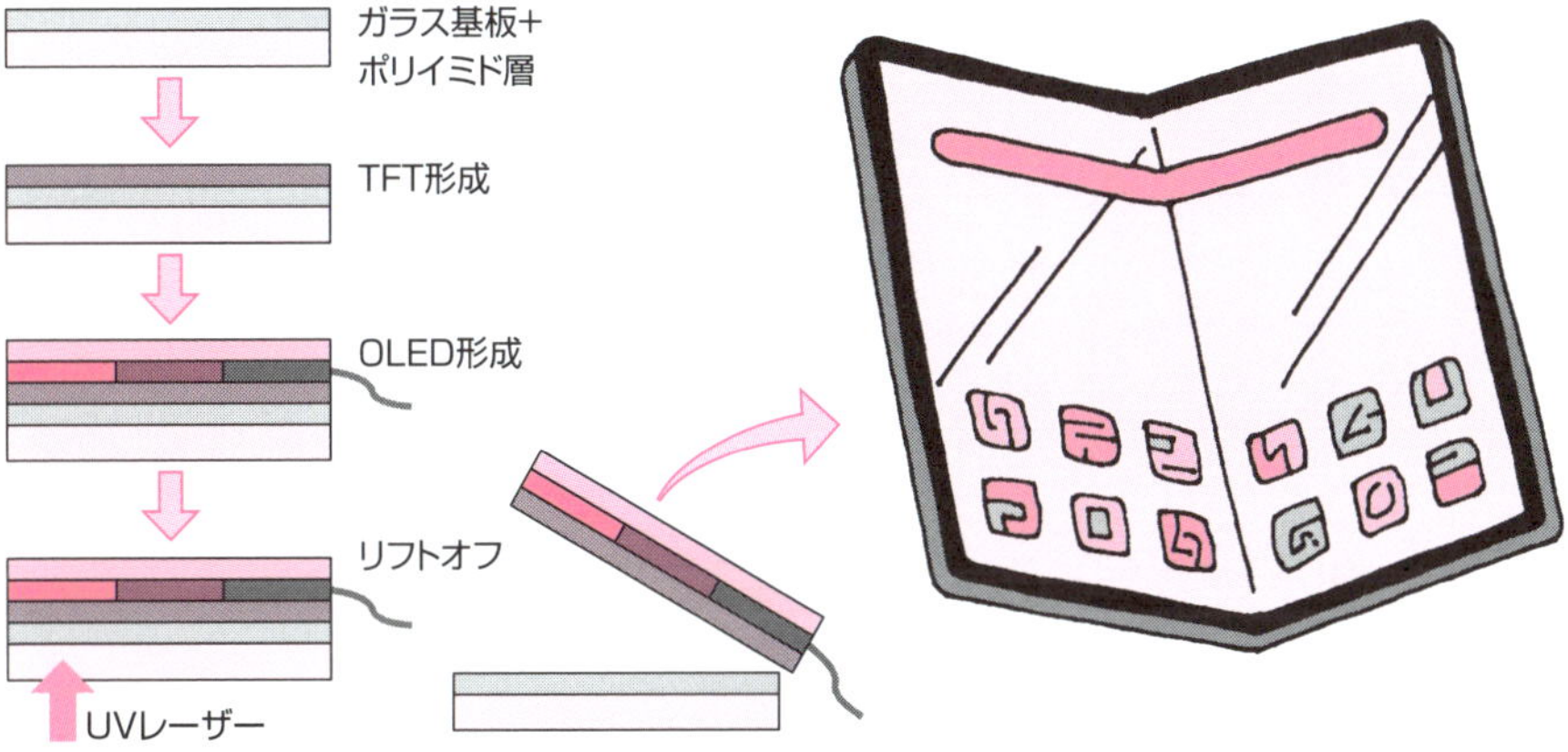

24 意匠性、空間デザイン性を活かすガラス

デジタルサイネージ

デジタルサイネージは、デジタル技術を使用してディスプレイやモニタに情報や広告を表示する情報広告媒体です。従来の看板や紙のポスターと違い、動画、イラスト、音声案内などにより、見えやすいタイムリーな情報提供が可能となります。公共交通施設をはじめ、商業施設、病院、銀行などに加え、ビルの外壁への設置例もあります。そして、色々なガラスがこのデジタルサイネージで活躍しています。

デジタルサイネージの基本構成は、ディスプレイなどの表示装置、各種情報の表示制御部などであり、これらの構成品は筐体と呼ばれる箱の中に収められています。導電性を有する薄膜が成膜された薄いガラスが、ディスプレイなどの表示装置に従来から使用されています。これ以外にも、デジタルサイネージの特徴や意匠性、空間デザイン性などをさらに高める機能を有するガラスが、ディスプレイをカバーする形で筐体の前面に使用されています。

例えば、デジタルサイネージの高い視認性を得るため、ガラス成分を調整し着色を低減した透明ガラス、反射映像のぎらつき感を低減した防眩機能付きガラス、反射映像の映り込みを低減した低反射膜付きガラスなどが挙げられます。

また、鏡とディスプレイの両方の機能を備えたものとして、ハーフミラーガラスの仕組みを利用したデジタルサイネージがあります。ハーフミラーガラスは、片側（明るい室内側など）からは普通の鏡、反対側（暗い室内側など）からは向こう側が見えるガラスで、ガラスの片面に金属などの高い反射率の薄膜が成膜されているのです。このハーフミラーガラスを使用すると、筐体内のディスプレイが動作してない時は鏡であり、ディスプレイが動作すると映しだされた映像などを見ることができます。適用例として、浴室、飲食店、美容室などで必要に応じて映像や情報の提供ができます。

要点BOX

●デジタルサイネージには、視認性や空間デザイン性を高める各種機能ガラスが前面に使用されている

デジタルサイネージの使用例

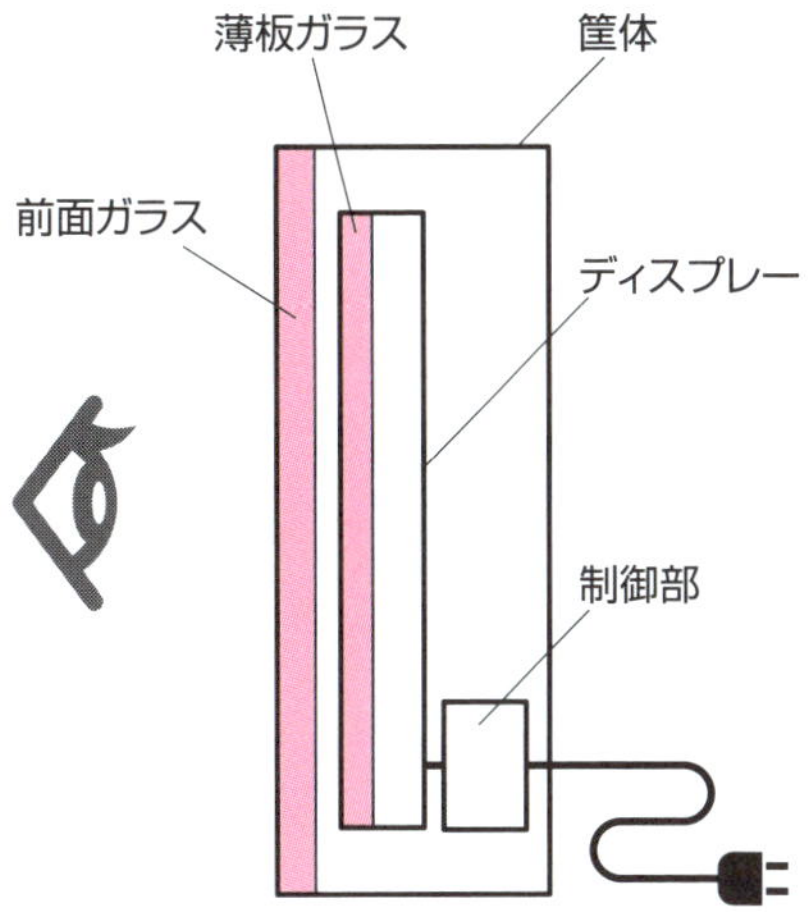

デジタルサイネージ基本構造

ハーフミラーを利用した例（浴室）

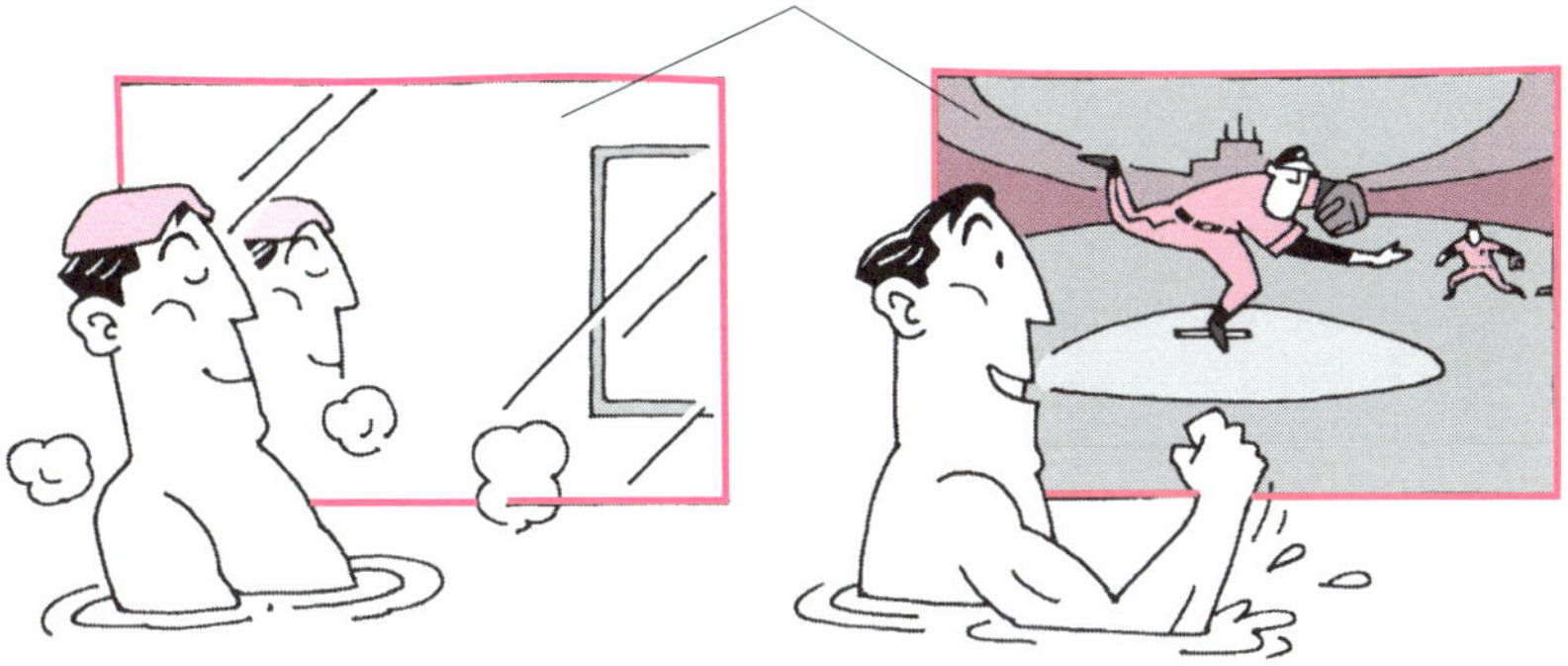

ディスプレイOFF：鏡

ディスプレイON：動画視聴

25 強度を数倍に高めて割れにくくしたガラス

スマホカバー用ガラス

スマートフォンやタブレットPCのディスプレイの表面はガラスで保護されており、艶のある美しい外観を見せています。でも、ガラスは割れやすいものの代表のように思われています。大丈夫なのでしょうか?

実は、ガラスは本来高い強度を持っているのです。それにもかかわらず割れやすいのは、ガラスの表面に微小な傷がついているためです。これは、ちょうど切れ目の入った紙を引っ張ると、切れ目のない紙と比べて、破れやすくなるのに似ています。

スマートフォンの場合には、どうしても小さな傷がカバーガラスについてしまったり、落とした時に路上の砂などで傷がついたりすることで、割れやすくなってしまうのです。しかし、カバーガラスは、化学強化という方法で、落下などで発生する割れをもたらす力に抵抗する力(圧縮応力)をガラスの表面付近に蓄えさせることで、落としたとしても割れにくい工夫がなされています。

化学強化は、ガラスを400℃程度の溶けた無機塩に浸すことで行われます。ガラス中のアルカリイオンが、それよりもイオン半径の大きな別のイオンが交換されることで、ガラスの表面付近に圧縮応力が発生し、その結果、強度が数倍に高められます。

アルカリイオンは、ガラスを構成する網目構造の隙間に存在し、ガラス中を拡散しやすいため、数時間で強化が可能になります。

化学強化は、ガラスの構造や特性を活かした非常に巧妙な方法と言えます。

さらに、カバーガラスには、より大きな圧縮応力やより深い圧縮応力層が得られるように、窓ガラスとは異なる化学組成を持つようなガラスが用いられています。

最近では、透明性を維持したまま、あえて結晶化させることによって、高強度化させたカバーガラスも開発されています。

要点BOX

- ●スマートフォンのカバーガラスは、化学強化処理によって表面に圧縮応力を与えることで、割れにくくさせている

化学強化処理ガラスの作り方

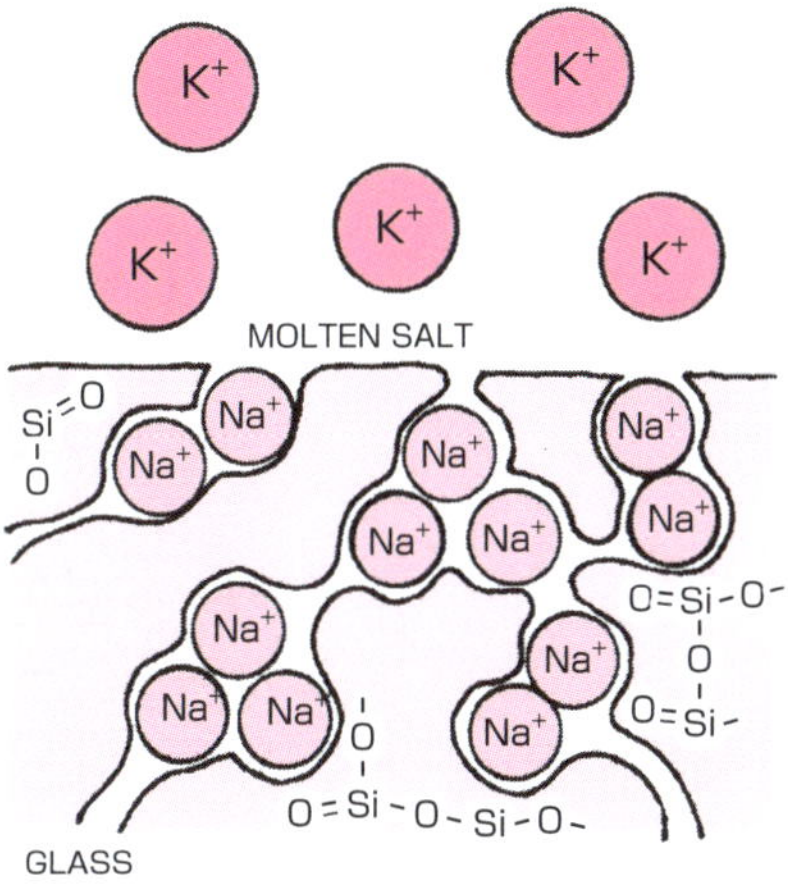

イオン交換前

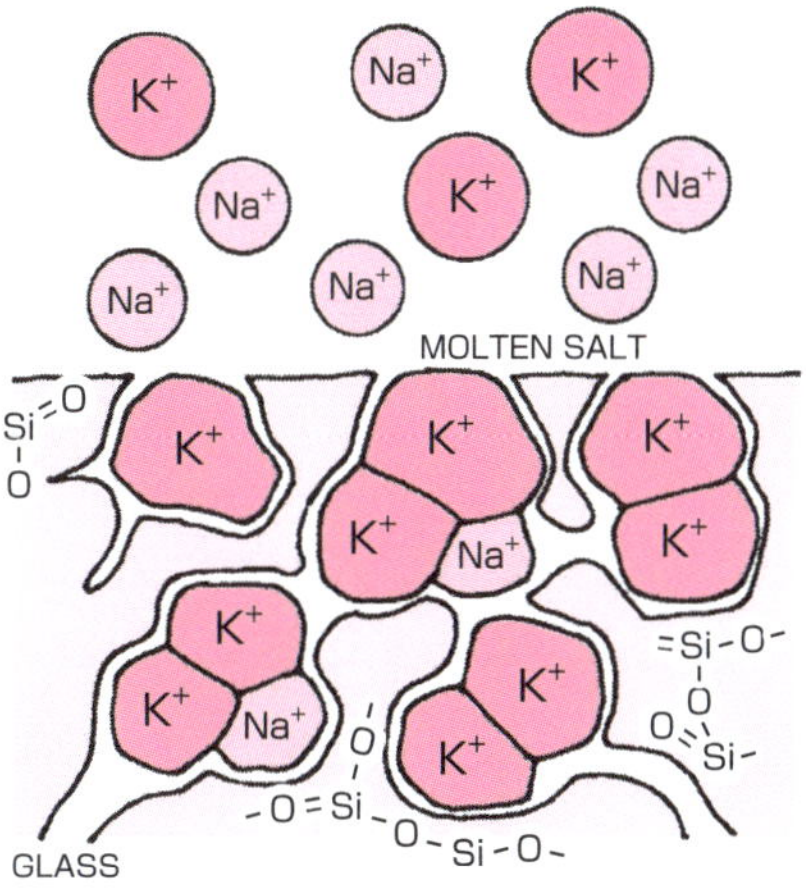

イオン交換後

Naイオンの代りに大きいカリウムイオンがガラス中に入るとガラスの体積は大きくなろうとする。大きくなろうとするガラスの表面層を内部層がもとのままにとどめようとするので表面層に圧縮応力が生じ、ガラスは強化される。

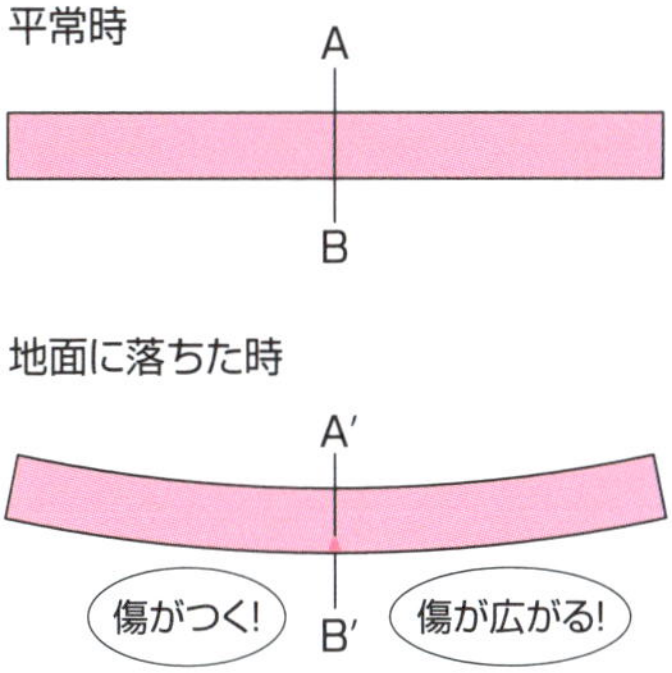

ガラスを落とした時に…

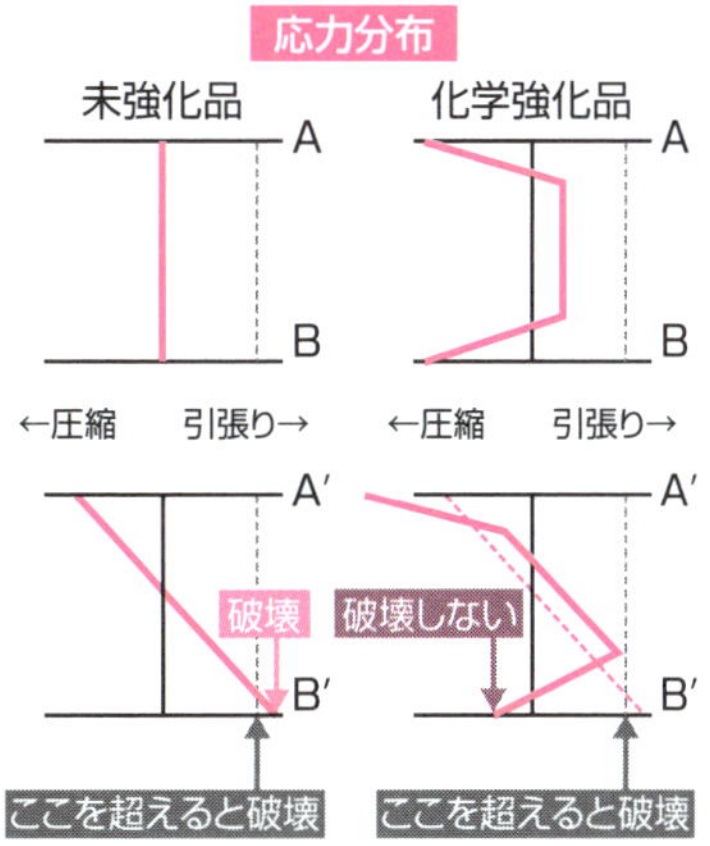

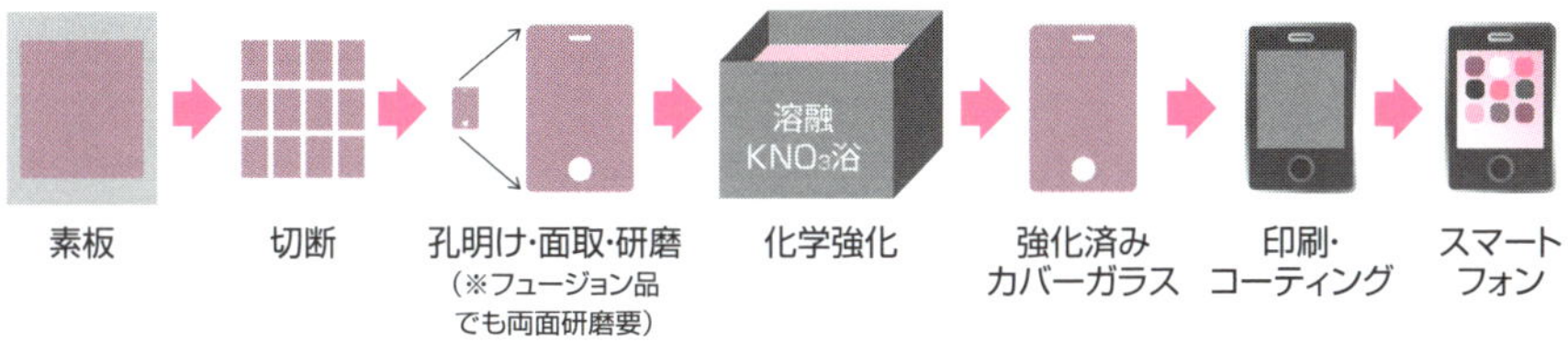

26 ロール巻きが可能で、折り畳むことができるガラス

薄くして折り曲げる

ガラスは窓ガラスやガラス食器に代表されるように重くて硬く変形し難いものというのが一般的な印象でしょう。軽くて柔らかいプラスチック・樹脂とは対極的なものであり、その特性を活かした製品がこれまで多く生まれて来ました。しかし、近年のフレキシブルな電子機器の登場により、極薄のフレキシブルなガラスシートの需要が生まれ、ロール状に巻かれたガラスが世に登場しています。

厚みが150㎛以下の極薄ガラスは非常に柔軟で無理なくロール状に巻けるようになりますが、特に100㎛以下での用途の開発が盛んで、極めて薄いものでは30㎛での製品化も進んでいます。

極薄ガラスには様々な組成のガラス材料が用いられます。ディスプレイ・照明・太陽電池といった電子機器の基板用途では無アルカリガラスが、またディスプレイ端末などのカバーガラス用途では化学強化が可能なアルカリ含有材質が使われるなど様々です。つまり、ガラスには元来フレキシブルに成り得る素性があり、薄くなればその素性が顔を出すのです。ガラスは金属と比較するとアルミニウムに近い密度とヤング率（剛性）を持ちますが、アルミニウムに近い特性を持つとなるとガラスは決して重く硬いだけのものではないことがイメージできると思います。

近年の注目の用途はフォルダブル（折り畳み）スマートフォンのディスプレイカバーであり、曲げ半径が1・5㎜以下といった究極の曲げ耐性が求められ、1000MPaを超える曲げ強度（破壊応力）が必要となります。フォルダブル用途では化学強化された極薄ガラスが使用されますが、さらに曲げ耐性を向上させるため表面の微小欠陥を除去する特殊な表面処理が行われます。極薄ガラスのフレキシブル性と特殊な加工処理との相乗効果で破壊応力が数千MPaといった極めて高い強度域での製品化が実現し、これまで無かった用途にガラスが用いられるようになっています。

要点BOX
- ●ガラスも薄くなるとフレキシブル性が顔を出す
- ●強度アップの加工処理で折り畳みも可能に

折り曲げられるガラス

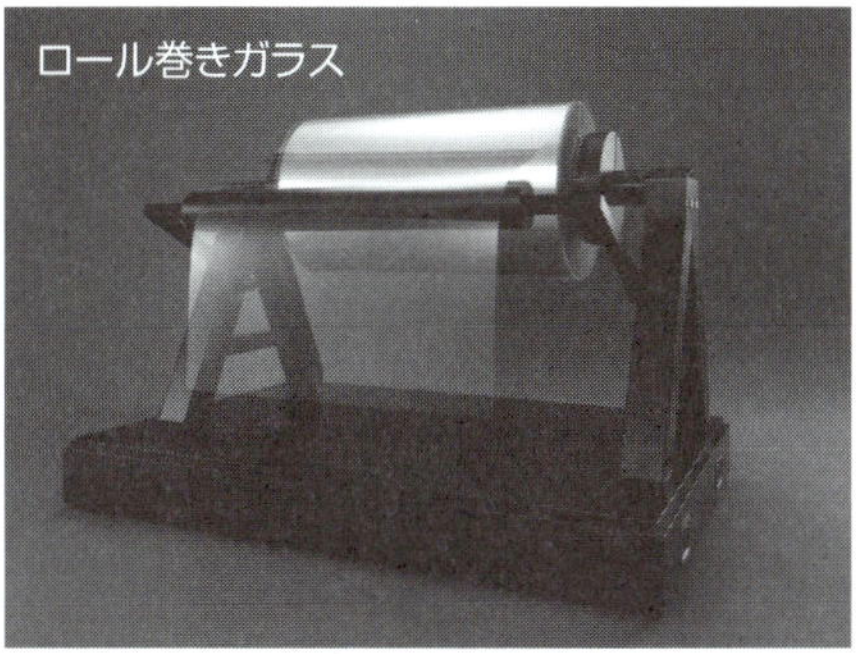

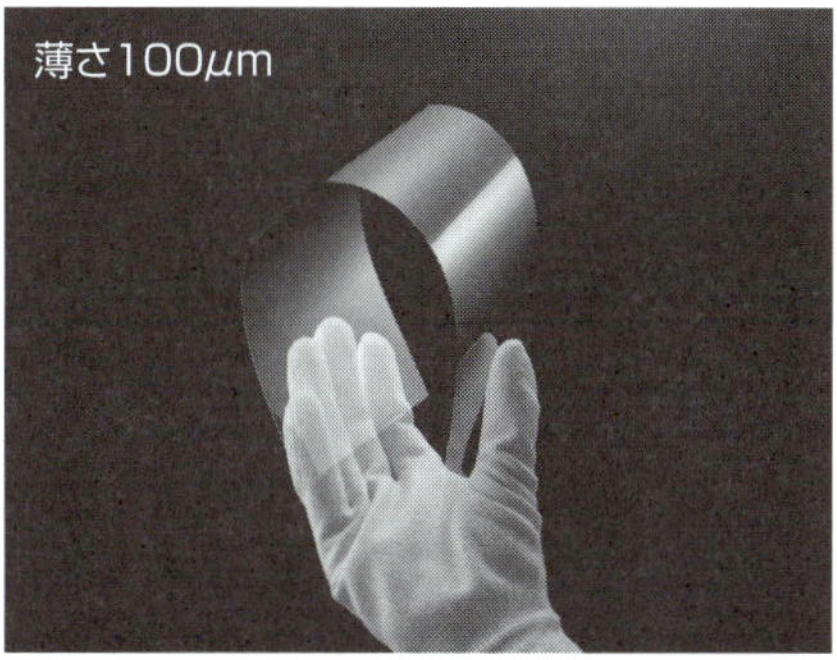

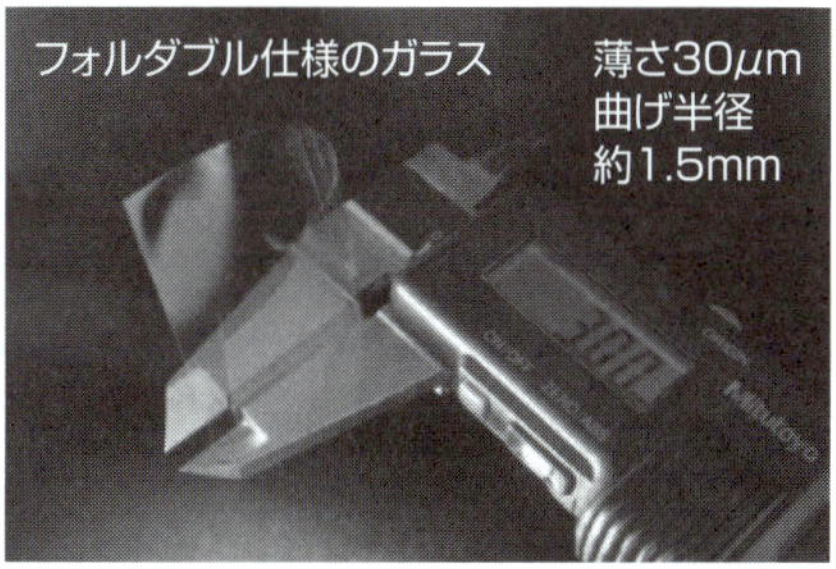

フォルダブルガラスに求められる強度域

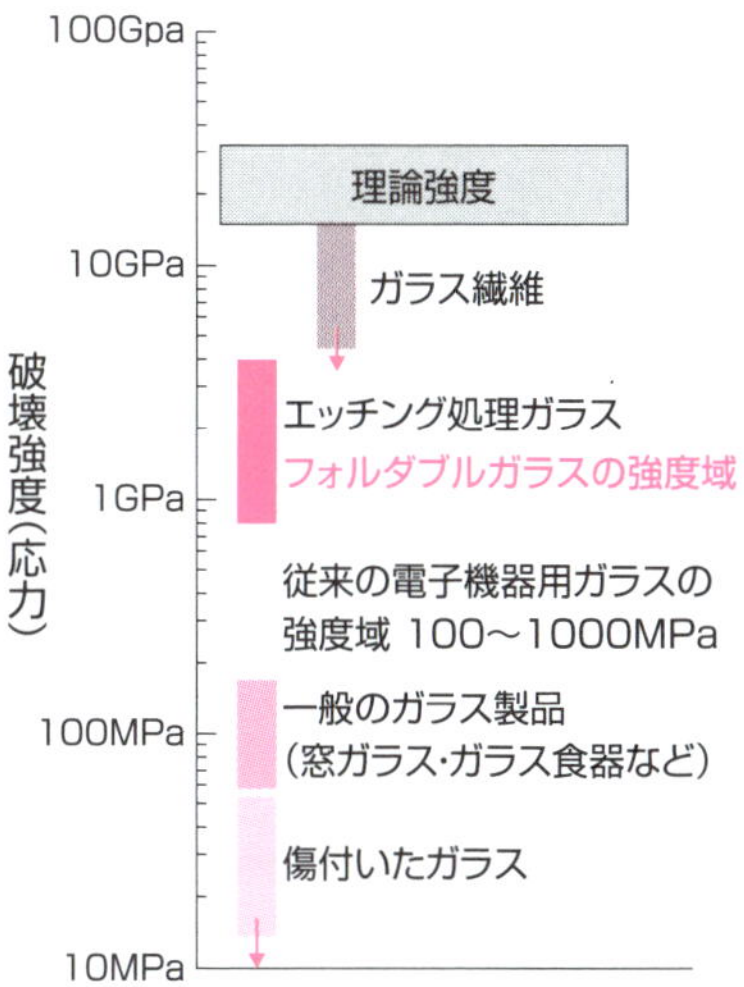

ガラスと金属の物性比較

	窓板ガラス	アルミニウム	純鉄
密度 g/cm^3	2.5	2.7	7.9
ヤング率 GPa	72	70	210
モース硬度(表面硬さ)	6	2.9	4.5

Pa=N/m^2
MPa=10^{6}Pa
GPa=10^{9}Pa

27 変わった形の小さいレンズはスキャナーなどの光学系に使われる

小型レンズの1つに円柱形状をしたGRIN（Gradient Indexの略）レンズがあります。代表的な製品として日本板硝子のSelfoc®がありますが、これらは円柱の中心から側面に向かってガラスの屈折率が低くなるような屈折率分布をもち、円柱の端面から入射した光に対してレンズの働きをします。円柱の直径は大きいものは4㎜、小さいものは125㎛といった極細径のファイバー状のものがあります。

GRINレンズは均一な屈折率をもつ円柱形状のガラスにイオン交換処理を施して作られます。これは、屈折率が高いイオンを含むガラスを高温で溶融した液体（例えば硝酸ナトリウム）中に浸すと、ガラス中のイオンが液体に出て、代わりに液体中にある屈折率が低いイオンがガラスの中に入ります。これによって屈折率が高いイオンはガラスの中心に多く、ガラスの側面に向かうにつれて少なくなるという濃度分布ができます。すなわちガラスの中心は屈折率が高く、側面が低いという屈折率分布ができるのです。

レンズ作用はGRINレンズの長さによって変化するため、予め設計した長さに切断することで目的のレンズにすることができます。特長は①小型で円柱形状のため多数並べることが可能、②レンズの長さを変えるだけで、内部や端面で焦点を結ぶなどレンズ作用を変えられる、③レンズ端面が平面なので他の部品と接続しやすい、などが挙げられます。

GRINレンズの用途は、単レンズであれば、光通信用デバイスや内視鏡の対物レンズに使われていますが、今後は小型を活かし、125㎛のレンズを同径の光ファイバーと組み合わせることで、光ファイバー同士や、光ファイバーとさらに微小なシリコンフォトニクスの接続に使用されることが期待されています。また複数並べたレンズは、ラインセンサと組み合わせ、コンパクトな構造で広範囲を読み取れ、プリンタのスキャナー部分や自動光学検査機の光学系にも用いられています。

要点BOX

●GRINレンズは、ガラスの中心は屈折率が高く、側面が低いという屈折率分布ができ、光ファイバーや光学系に使われる

GRINレンズ製法（イオン交換処理）

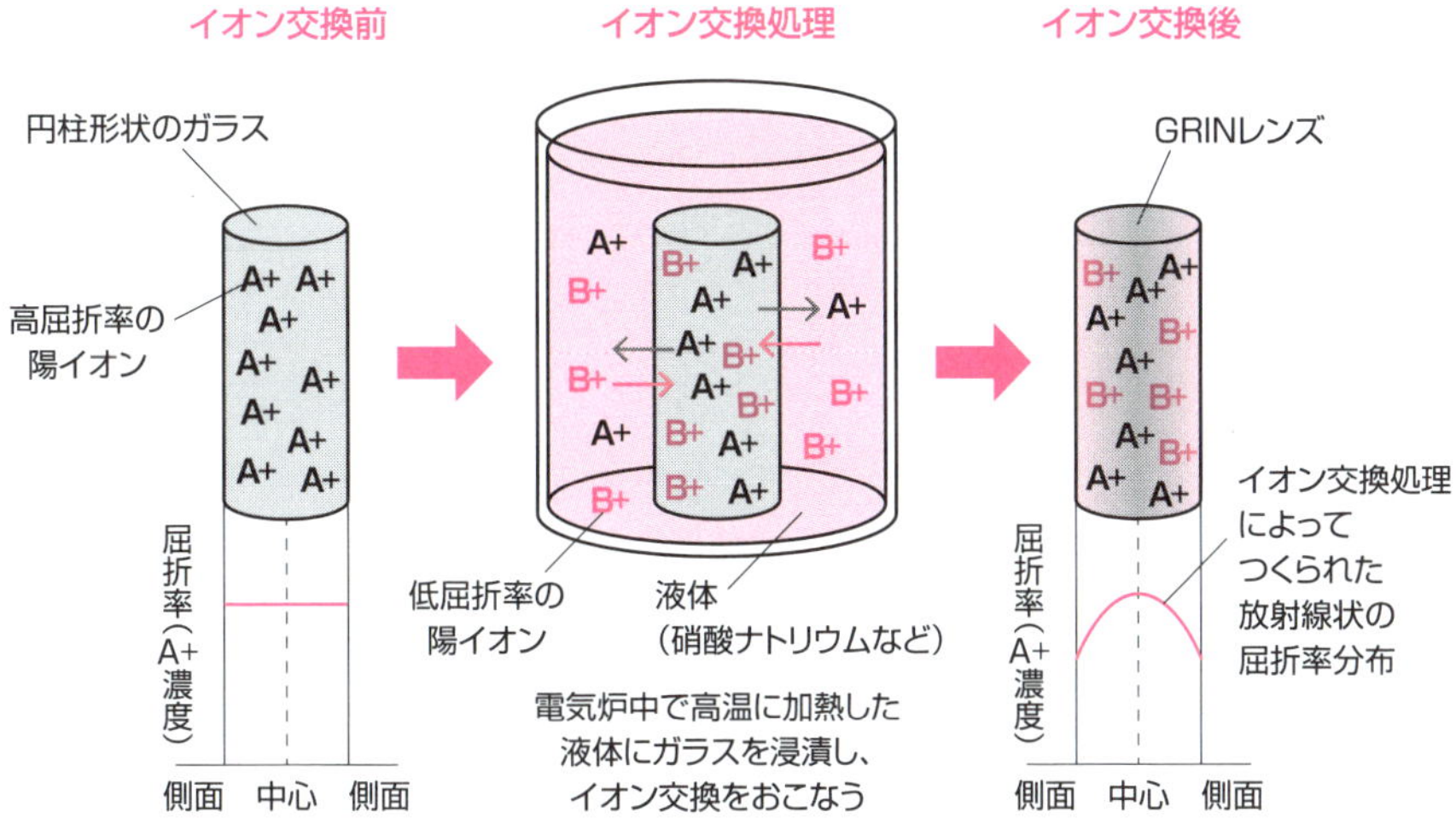

GRINレンズの働き

コリメート系

光を平行な光に変える

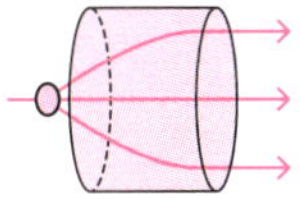

応用

光ファイバー同士の接続

光ファイバー同士を接触させることなく、接続させることが可能になる

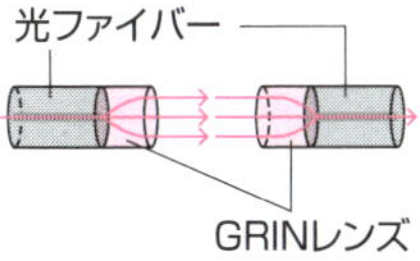

フォーカス系

光の大きさを変える

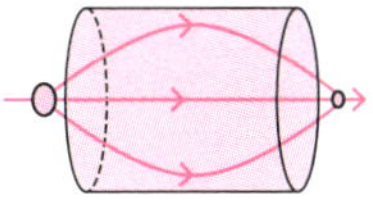

応用

光ファイバーとシリコンフォトニクスの接続

微小な光ファイバーの光を集光することでさらに微小なシリコンフォトニクスに導く

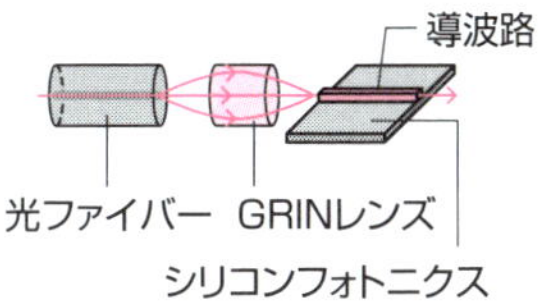

正立等倍系

光を変えずに伝送する

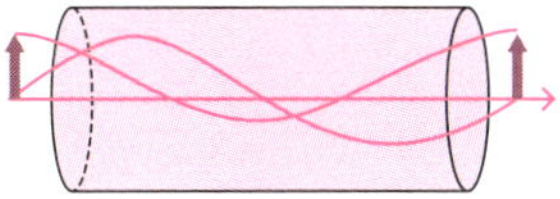

応用

自動工学検査機の検出器

複数並べると薄く大きレンズとなり、コンパクトな構造ながら広範囲を撮影できる

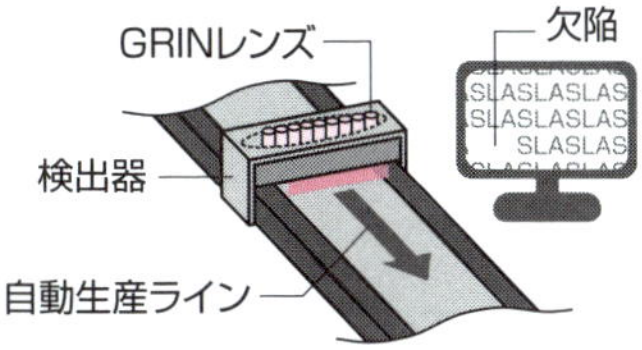

用語解説

イオン交換処理：ガラスを高温の液体に浸漬し、ガラス中のイオンを液体中のイオンで置換する処理。

28 大容量・長距離通信を支えるため、光に載せて情報を確実に伝える

光ファイバーの構造と特徴

光ファイバーは、家庭や無線基地局など通信ネットワークの基盤となっていて、上図に示すように、屈折率の高いコアと、低いクラッドを持つ構造を持ち、光の全反射現象を用いて、コア部を光が通っていく構造となっています。コアの大きさにより、光が通る経路が複数あるマルチモード光ファイバー（MMF）と、光を通す経路がたった一つになる単一モード光ファイバー（SMF）があり、一般家庭に敷設されている通信用光ファイバーは後者のSMFです。

光ファイバーの特徴の最たるものが、損失の低さです。標準的なSMFでも最低損失は波長1・55㎛で、1㎞当たり0・2dB（1㎞で95・5%の透過）以下にまで低減できています。

光ファイバーの損失要因を中図に示します。固有損失には散乱損失と物質固有の紫外&赤外吸収があり、外因性損失として、不純物（金属イオンや水酸基）構造乱れ（コアクラッド界面凹凸）があります。光ファイバーは、主原料としてシリカガラスを用い、徹底的に高純度化することで、外因損失を下げてきました。さらに組成の改良による散乱損失の低減が精力的に進められています。

光ファイバーは高純度化した屈折率分布を持つガラス棒を高温で溶融させ糸状に引張り、ガラスに傷がつく前に表面に保護樹脂被覆するプロセスで製造されます。

近年、光ファイバーは、世界で毎年5億㎞以上製造されています。これは太陽と地球の距離の1往復半超える長さです。AIなどの情報必要量の増加が原因で、一部では現行の光ファイバーの伝送限界を超えた容量が必要になってきています。そのため、下図に示すような新しい光ファイバーとして1本の光ファイバーの中に、コアが多数含まれるマルチコア光ファイバーや、新しい光伝送原理に基づく、中空コア光ファイバーの研究開発が進められています。

要点BOX

●光ファイバーは不純物を極限まで減らした高純度シリカガラスでできている

光ファイバーの構造

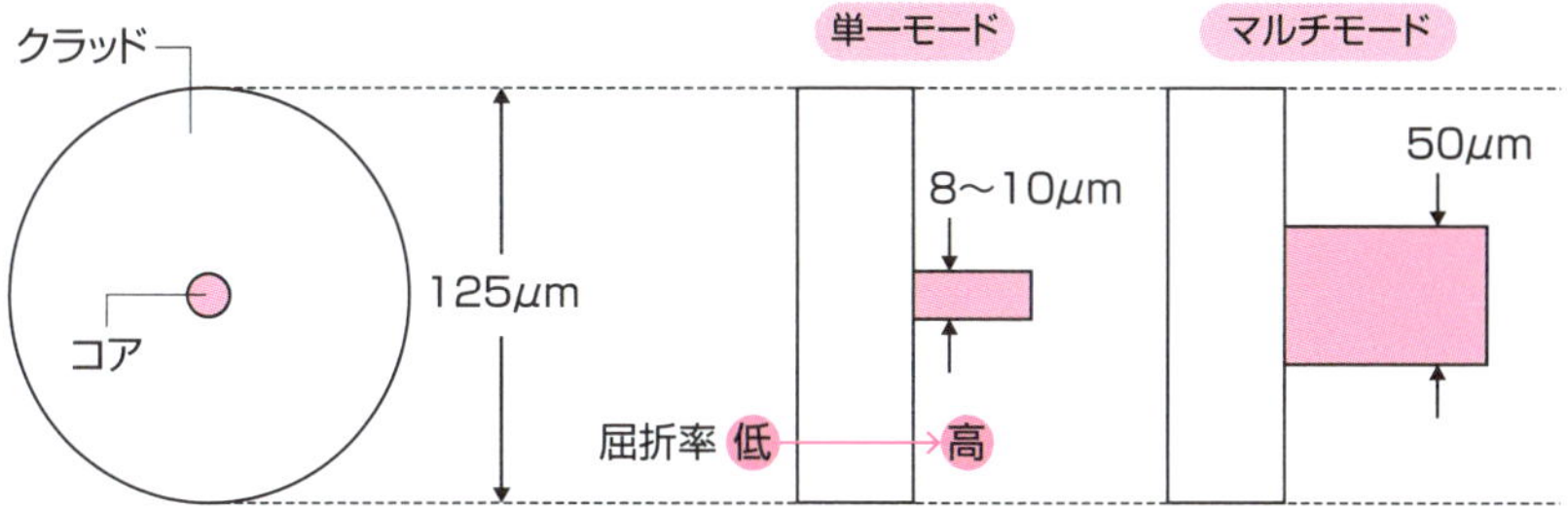

光ファイバーの損失要因と割合

	要因	割合 (%1.55μm)
固有	紫外吸収	0
	赤外吸収	6〜8
	散乱	85〜90
外因	不純物	0〜5
	構造不整	3〜5

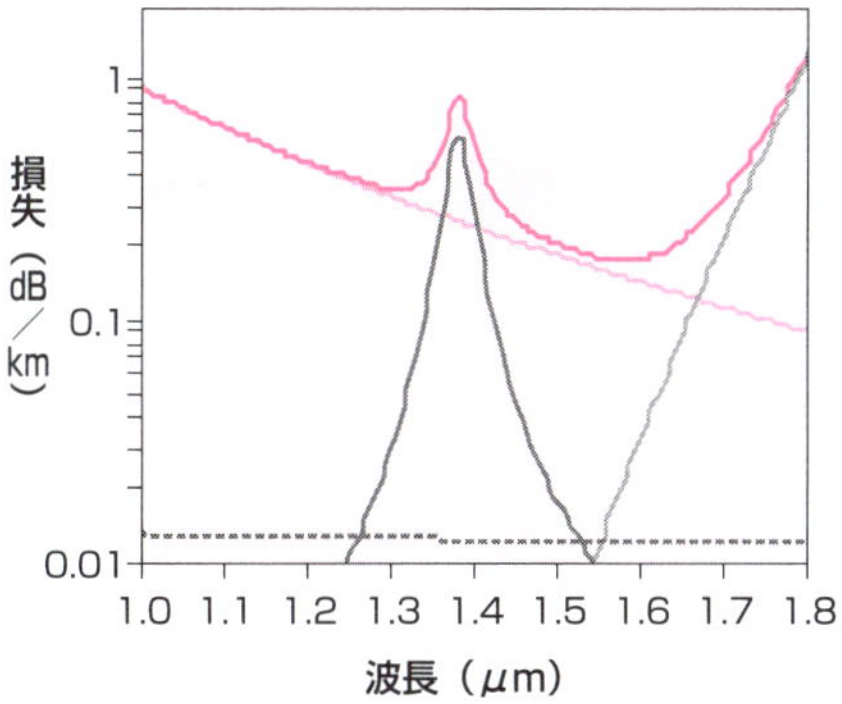

新しい光ファイバーの構造例

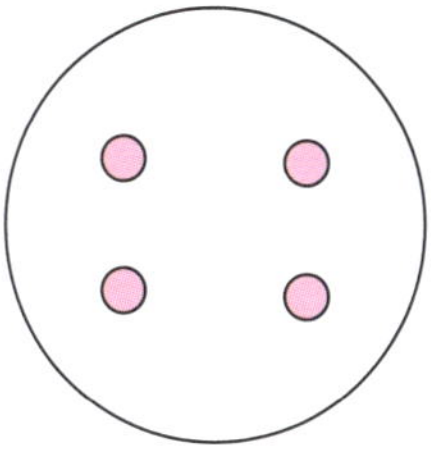

マルチコア光ファイバー

中空コア光ファイバー
（白い部分がガラスで、
中央の空隙を光が通る）

光ファイバーの開発経緯を詳しく読みたい方にお勧め。
産業技術史資料情報センター
"石英系光ファイバ技術発展の系統化調査"
https://sts.kahaku.go.jp/diversity/document/system/pdf/106.pdf

29 光信号を分ける、合わせる、制御する

光導波回路
シリコンフォトニクス

光通信を効率的に行うためには、光源、受光素子、光増幅器との接続、波長を分ける分波、波長を合わせる合波などの光回路が必要になります。光回路を形成するために、光ファイバーを加工したり、プリズムやレンズなどの空間光素子を組み合わせる方法もありますが、回路の小型化ができないため、電気回路でいうところのプリント基板にあたる平面光導波回路が実用化されています。

代表的な光導波回路である、石英系ガラス導波路は次のように半導体製造技術を応用して作られます。シリカガラスウェハなどの耐熱性基板の上にクラッドと厚み約10㎛のコアとなるガラス膜を層状に形成します。次に光回路をリソグラフィーによってパターン転写し、反応性イオンエッチングプロセスでコア部を所定の回路構造に形成します。最後にクラッド部を再度積層してコアを埋め込んで、2次元の回路パターンが転写された光回路となります。回路を部品ごとに分割したのち、光ファイバーを配列したファイバーレイと接続して光部品となります。

光回路に求められる機能が高度化してくると、集積度を高める必要が出てきています。前記ガラス導波路では曲げ半径を数㎜以下にすると光が外に漏れるため、回路サイズが巨大化するという課題があります。

半導体のシリコンは屈折率が3を超えシリカガラスの1・45とは50%以上の屈折率差がとれることと1㎛以上の波長で透明である利点があります。この屈折率差の大きさにより、コア径を1㎛以下に、曲げ半径を100㎚以下にまで縮小できます。プロセスは数十㎛まで加工ができる半導体製造技術が適用可能なので、半導体製造ファブメーカーによる委託製造も可能になってきています。今後コンピュータの高速化と省エネルギーを両立させる切り札として光回路と電子回路との集積による光電子融合に向けた開発が進められているところです。

要点BOX
- 半導体の製造技術が光回路形成技術に応用。光電融合技術による高速&省電力を両立するコンピュータ技術への適用が期待される

光集積回路例（32分岐）

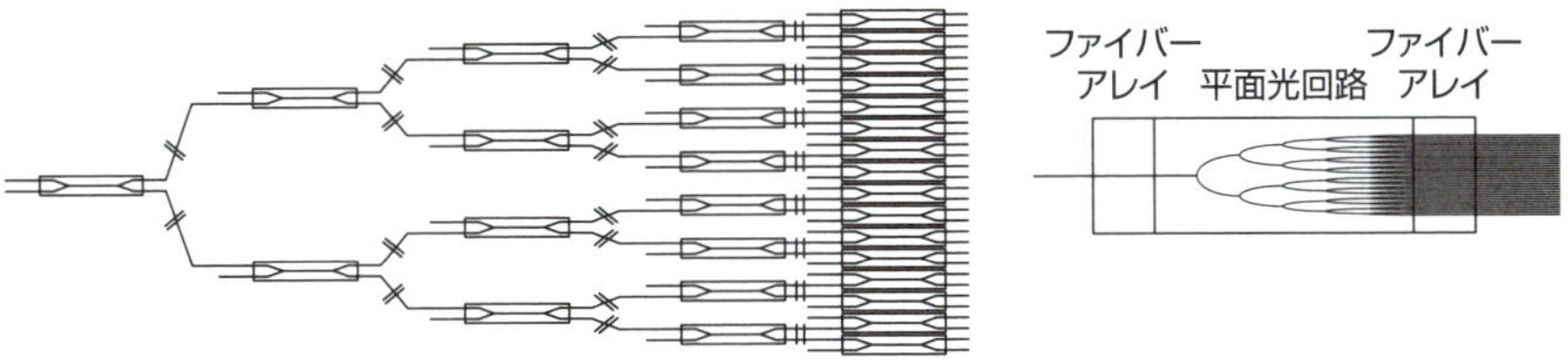

光集積回路例（32分岐）ファイバー型では31個の部品接続が必要だが、
平面光回路だと2カ所の接続で構成可能

光平面導波回路製造プロセス

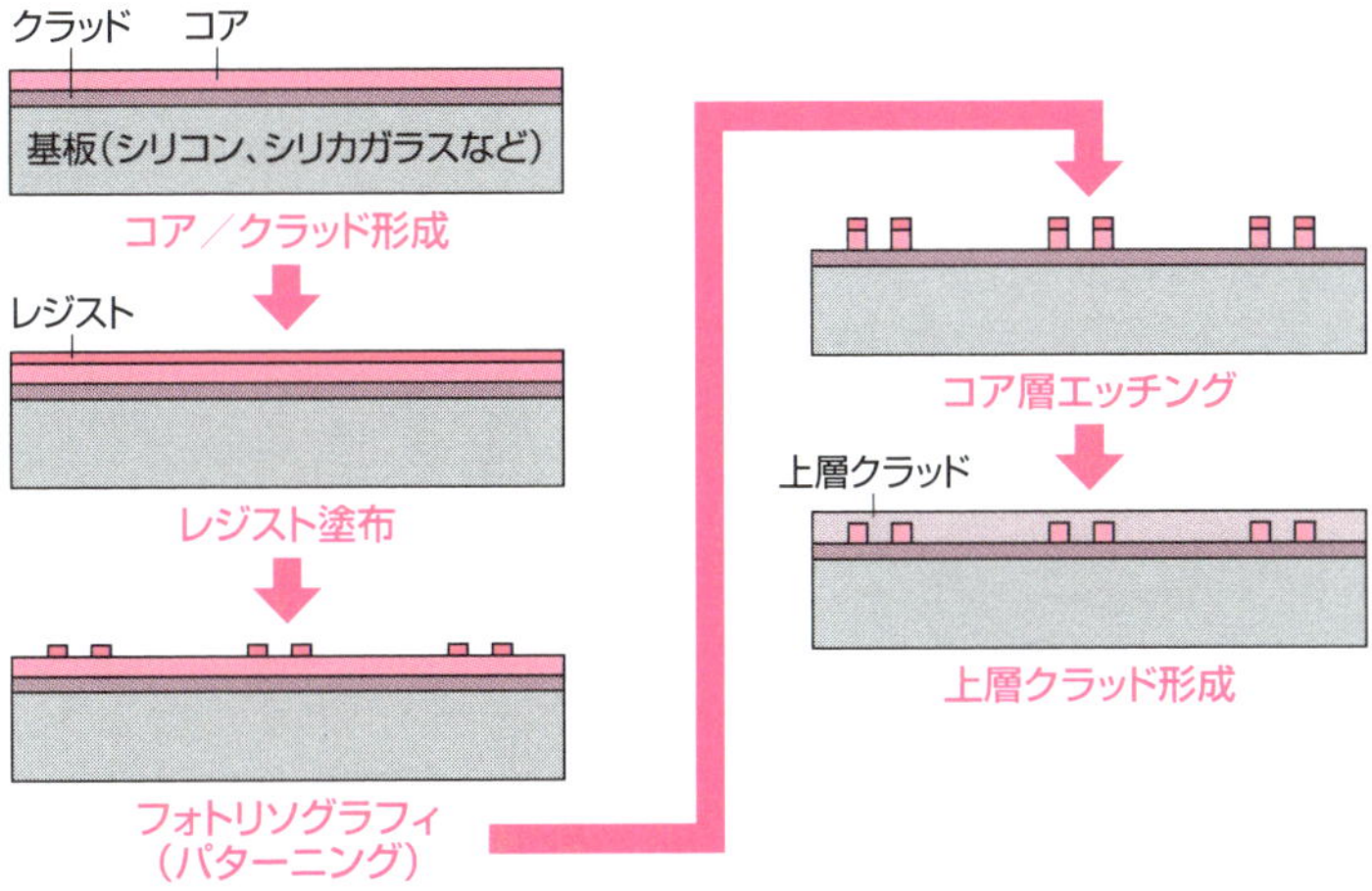

ガラス導波路とシリコンフォトニクスの違い

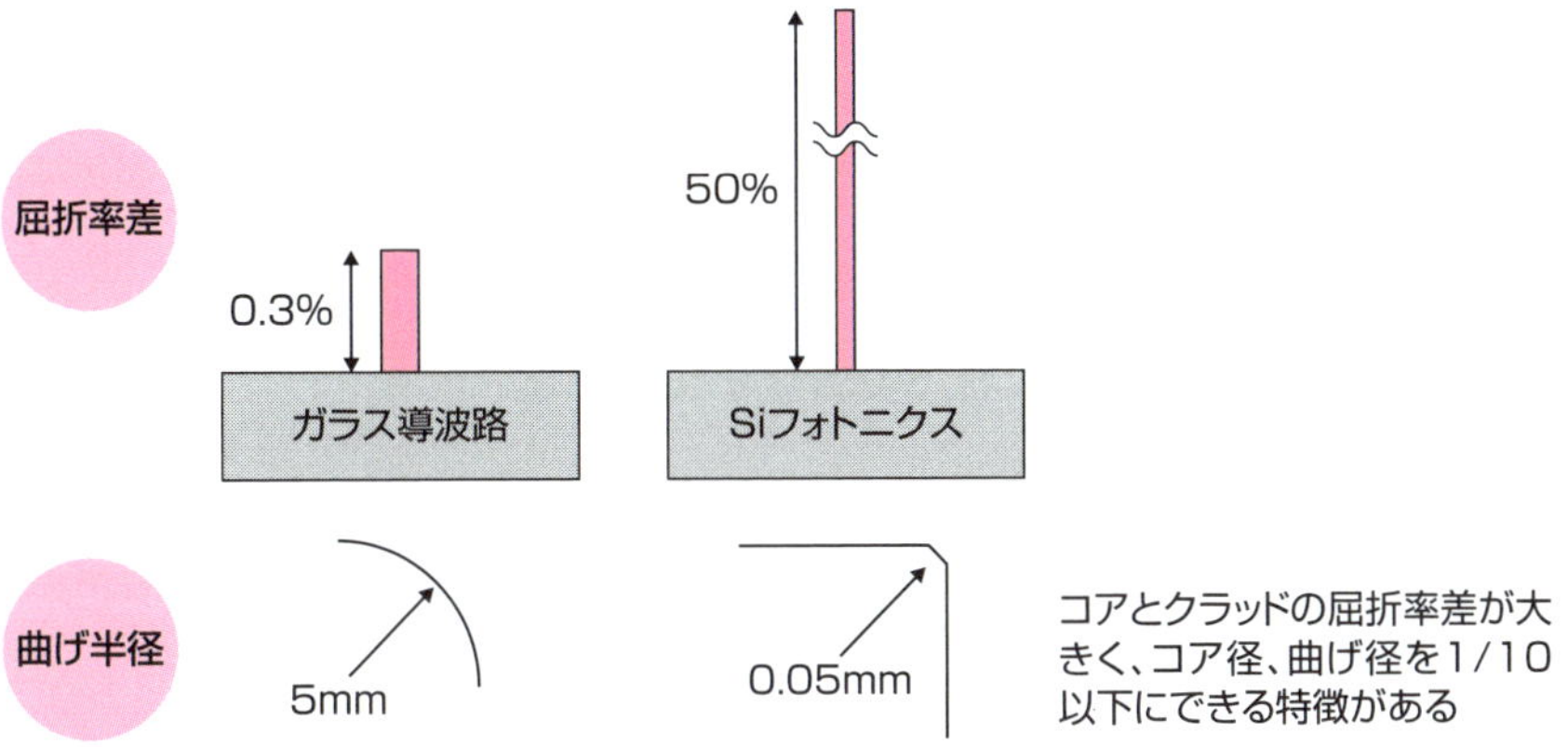

コアとクラッドの屈折率差が大きく、コア径、曲げ径を1/10以下にできる特徴がある

30 光信号を直接増幅。そして高出力レーザーへの展開

光ファイバー増幅
光ファイバーレーザー

光ファイバーは損失が低いとはいえ、長い距離を伝送すると光信号が弱まります（100㎞で約百分の一）。そのため光信号を途中で増幅させる必要があります。

光の直接増幅には、コア内に増幅用のイオンが添加された光ファイバーを用います。

増幅の原理は、レーザー発振と同じで、強力な励起光をイオンに照射して反転分布を形成し、信号光を入れることで信号光と位相の揃った光が誘導放出されて増幅が行われます。

増幅器は、図のように、励起光と信号光を合波して数十メートルの増幅イオン添加ファイバーを通過する構成です。数十から数百倍に光強度が回復します。

希土類イオンの中でエルビウムが光ファイバーの最低損失波長帯である1・55μ帯で発光することと、ガラス中ではイオンがさまざまな配位をとるため発光波長帯が広がり、多くの波長を一括して増幅する波長多重増幅が可能になりました。これにより、1本の光ファイバーで1秒当たり100万ギガビットを超える速度の信号を大陸間直野長距離伝送ができるまで通信速度が高まりました。最近では衛星間の通信にも適用が進められています。

この技術を応用したものが、光ファイバーレーザーです。増幅器前後に反射鏡を置いて、発光波長帯で発振し位相のそろったレーザー光が得られます。得られたレーザー光をさらに増幅することにより、数十から数千ワットの強力な光が得られて加工用途に用いることができます。

ファイバーレーザーでは、エネルギー変換効率が高いイッテルビウム添加ファイバーが用いられ、ビーム品質が他のレーザーに比べ良好であるという特長から、金属の加工や溶接に活用されています。

要点BOX

●希土類イオン添加光ファイバーにより光の直接増幅が可能になり、長距離大容量伝送が可能になった

増幅用光ファイバーおよび増幅器の構成

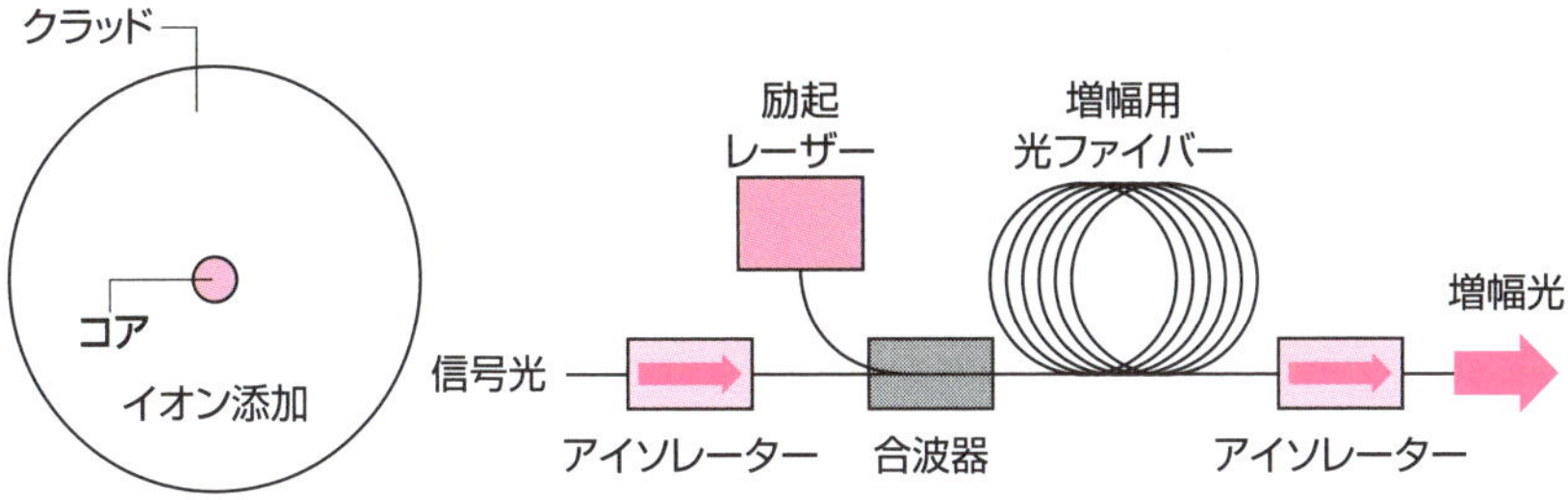

光増幅器の構成：コアに発光イオンを添加した光ファイバーに
信号光と励起光を導入し増幅用光ファイバー内で信号光が増幅される。
アイソレータは、信号光以外の光が発信しないように設置されている。

希土類イオンのエネルギー準位

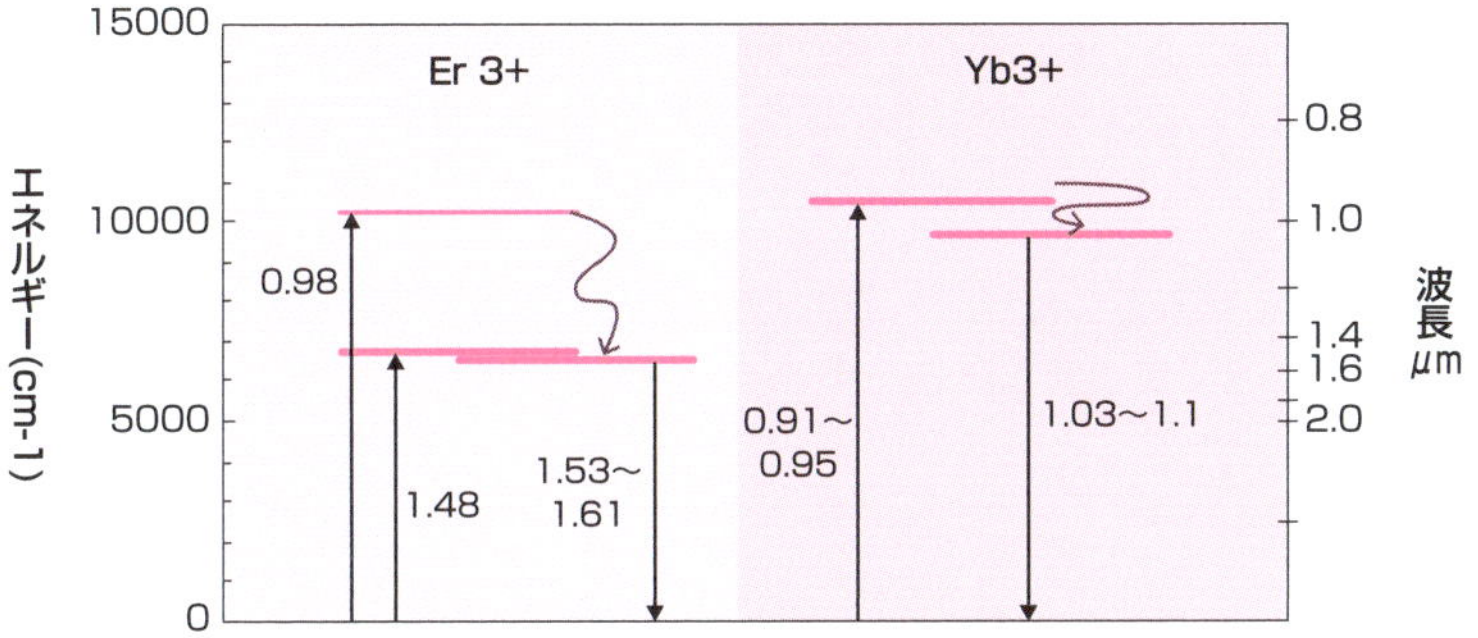

代表的な希土類イオンのエネルギー準位図
光通信用に1.5ミクロン発光するエルビウム
加工用の1ミクロン耐発光のイッテルビウム
図中の数値は、励起波長（↑）、増幅or発振波長（↓）

ファイバーレーザーの構成例

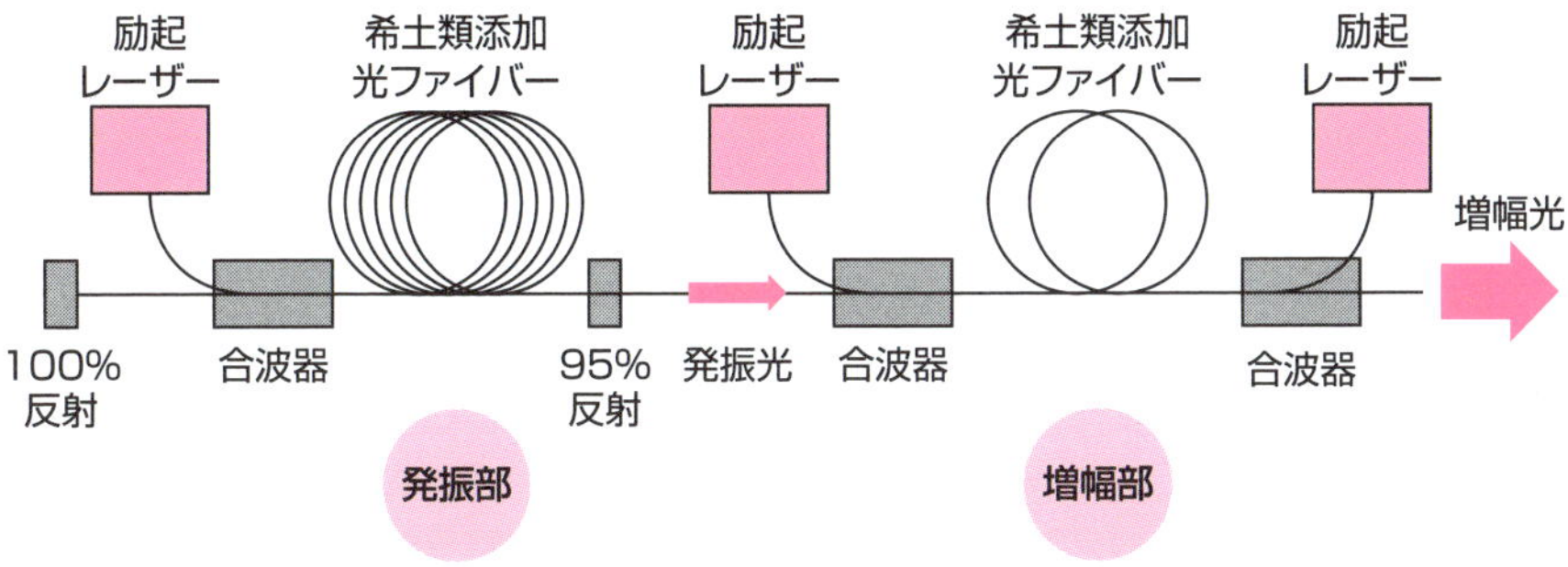

ファイバーレーザーの構成例：前段でレーザー発振させて
後段で増幅して高出力のレーザー光を得る。

31 情報の保存にカルコゲナイドガラスが活躍

相変化メモリ

高度情報化社会の発展につれて、世界を飛び交う情報量は急増しています。この膨大な情報を記録するメモリデバイス分野で、相変化材料、カルコゲナイドが活躍しています。

相変化材料は、原子配置が無秩序なガラス相（アモルファス相とも言います）と、原子が整然と配列した結晶相の二つの相状態を持つことができ、かつ、その二相間を熱制御により行き来させることが可能です。一般に、相変化材料のガラス相は高い電気抵抗を持つ一方、結晶相は低い電気抵抗を持ち、その抵抗差は二桁以上と極めて大きい特徴を持ちます。この大きな抵抗差を利用して、例えば、抵抗の高いガラス相を0、抵抗の低い結晶相を1としてデジタル情報を不揮発的に記録したり書き換えたりできます。

この相変化材料を利用した不揮発性メモリは相変化メモリと呼ばれます。相変化メモリ素子は相変化材料を電極で挟み込んだ単純な構造です。情報の記録や書き換え、即ち、相変化にはジュール加熱を利用します。例えば、中程度の強度で長い時間幅（数百ナノ秒）の電気パルスを利用してガラスの結晶化温度以上まで加熱することで結晶相へと変化させます。一方、高強度かつ短い時間幅（数十ナノ秒）の電気パルスを利用して相変化材料を局所的に融点以上まで加熱し急冷することでガラス相へと変化させます。また、相変化が生じない電気パルスを用いて抵抗を測定してデジタル情報を読み取ります。このように相変化メモリは原理が単純である故に構造もシンプルなため、高速動作や高集積化（大容量化）が可能な不揮発性メモリとして注目されています。最近では、メインメモリとストレージの中間の役割を担う新メモリとして注目されているストレージクラスメモリに相変化メモリ技術が利用されています。相変化メモリのさらなる性能向上を目指して、今もなお世界中で新しい相変化材料に関する研究開発が行われています。

要点BOX

●情報記録デバイスのメモリ材料にはカルコゲナイドが使われていて、ガラス相と結晶相との相変化を利用して情報を記録している

相変化メモリ素子の模式図

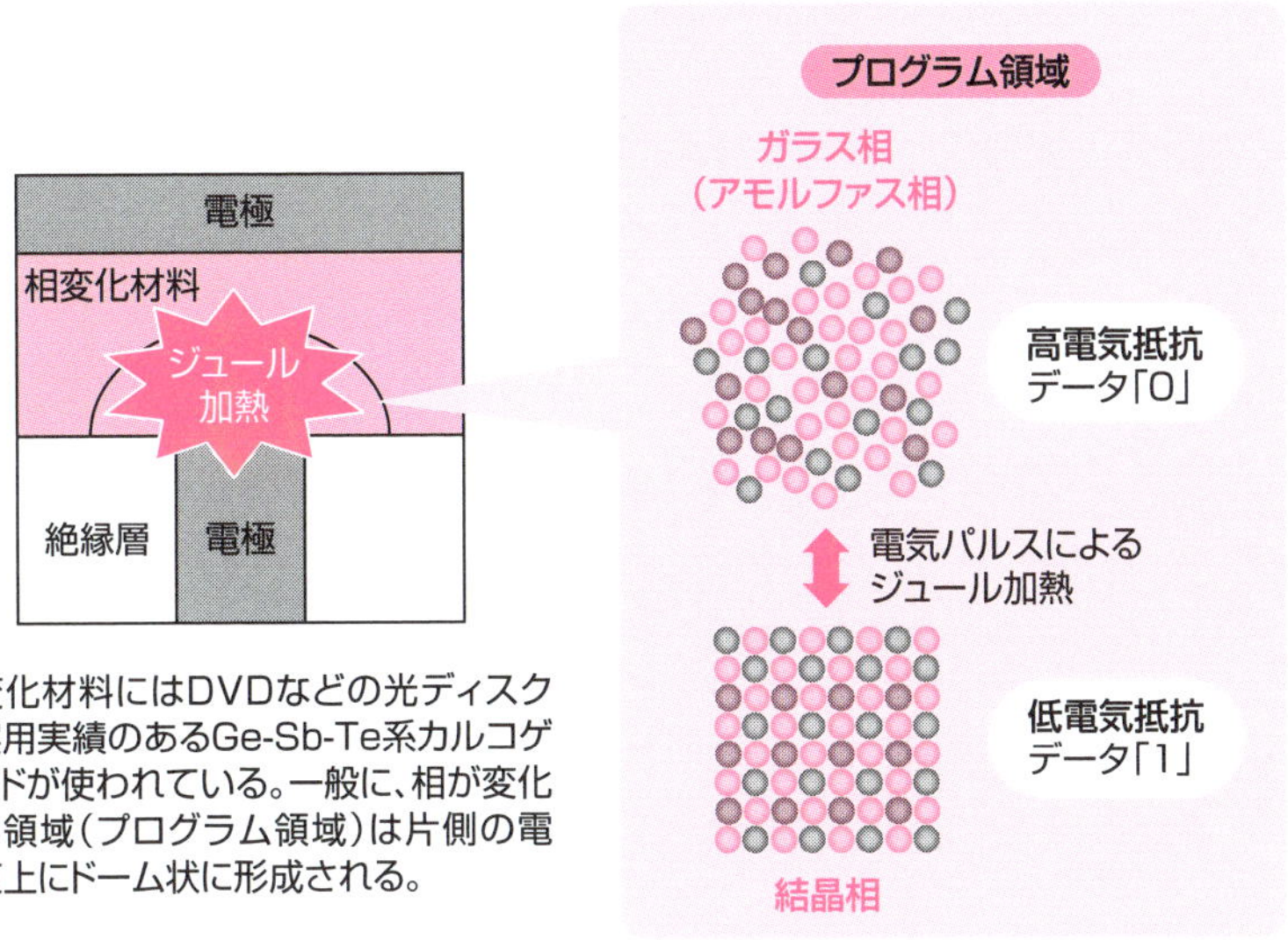

相変化材料にはDVDなどの光ディスクで実用実績のあるGe-Sb-Te系カルコゲナイドが使われている。一般に、相が変化する領域（プログラム領域）は片側の電極直上にドーム状に形成される。

データ（相）を書き換える時の電気パルスによるジュール加熱

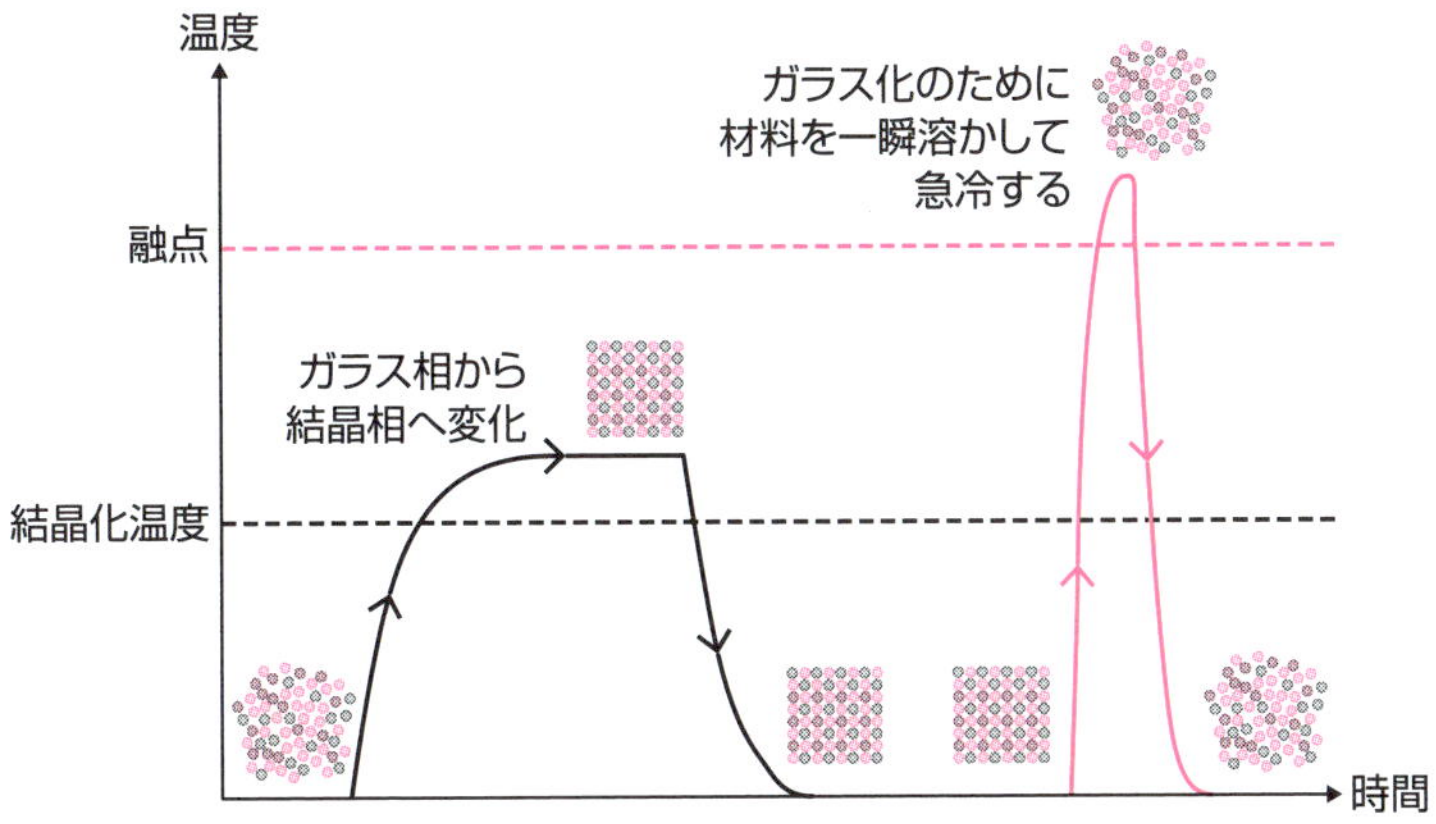

用語解説

カルコゲナイド：周期表の第16族に属している元素からなる化合物の総称。相変化材料の分野では、TeやSeを主成分とするカルコゲナイドが有名。
不揮発：情報が不揮発的とは、電子機器の電源を切ってもデジタル情報が消えないことを指す。そのようなメモリを不揮発性メモリと呼ぶ。これに対し、電源を切るとデジタル情報が消えてしまうメモリを揮発性メモリと呼ぶ。
ナノ秒：1秒の10億分の1（10^{-9}）。

32 大記憶容量化のために進む薄板化とたわみにくさ

ハードディスク基板

現代の情報化社会を支えるAI（人工知能）技術の進化、IoT（モノのインターネット）の普及、そして5G通信技術の導入により、私たちが扱うデータ量は急速に増加しています。AIは、大量のデータを使って分析や予測を行い、IoTではデジタル機器が常にデータを生成・送信し5Gにより大容量データの高速通信が可能になりました。このような状況では、データを効率的に保存・管理する技術が不可欠です。

私たちの社会で使われるメモリデバイスには、SSD（ソリッドステートドライブ）、HDD（ハードディスクドライブ）、そして磁気テープなどがあります。特に、データ転送速度は遅いものの、大容量データを低コストで保存できるニアラインHDDは、SSDよりもコストパフォーマンスが高いため、効率的なデータ保存が必要なクラウドデータセンターで広く使用されています。

ニアラインHDDは、磁性体が基板に成膜された磁気ディスクをできるだけ多く搭載し、記憶容量を増やすために薄板化が進んでいます。使用される基板には、振動や衝撃に強く、薄板化してもたわみにくいという特性が求められ、ガラスはそれに適しています。

また、磁気記録媒体自体の記録密度を向上させるために、「HAMR（熱アシスト磁気記録）」技術が実用化され、さらに高記録密度が期待されています。ナノレベルの微細な磁石を安定してガラス基板上に配置するため、FePtという材料を600〜700℃の高温下で成膜する技術が採用されています。このため、高温でも変形しないガラス基板が必要となります。

ニアラインHDDは、今後のAI技術や通信技術の革新によって増え続ける膨大なデータを保存するために欠かせない存在です。これらの要件を満たす素材として、ガラスの持つポテンシャルは高いです。特に、記憶容量の向上に伴う高剛性や高耐熱性を備えた多機能ガラス基板の開発が重要になっています。

要点BOX

- ●ガラス基板には薄板化と耐熱性を実現できる強みがある

ニアラインHDDはSDDと磁気テープの中間階層という重要な役割を担う

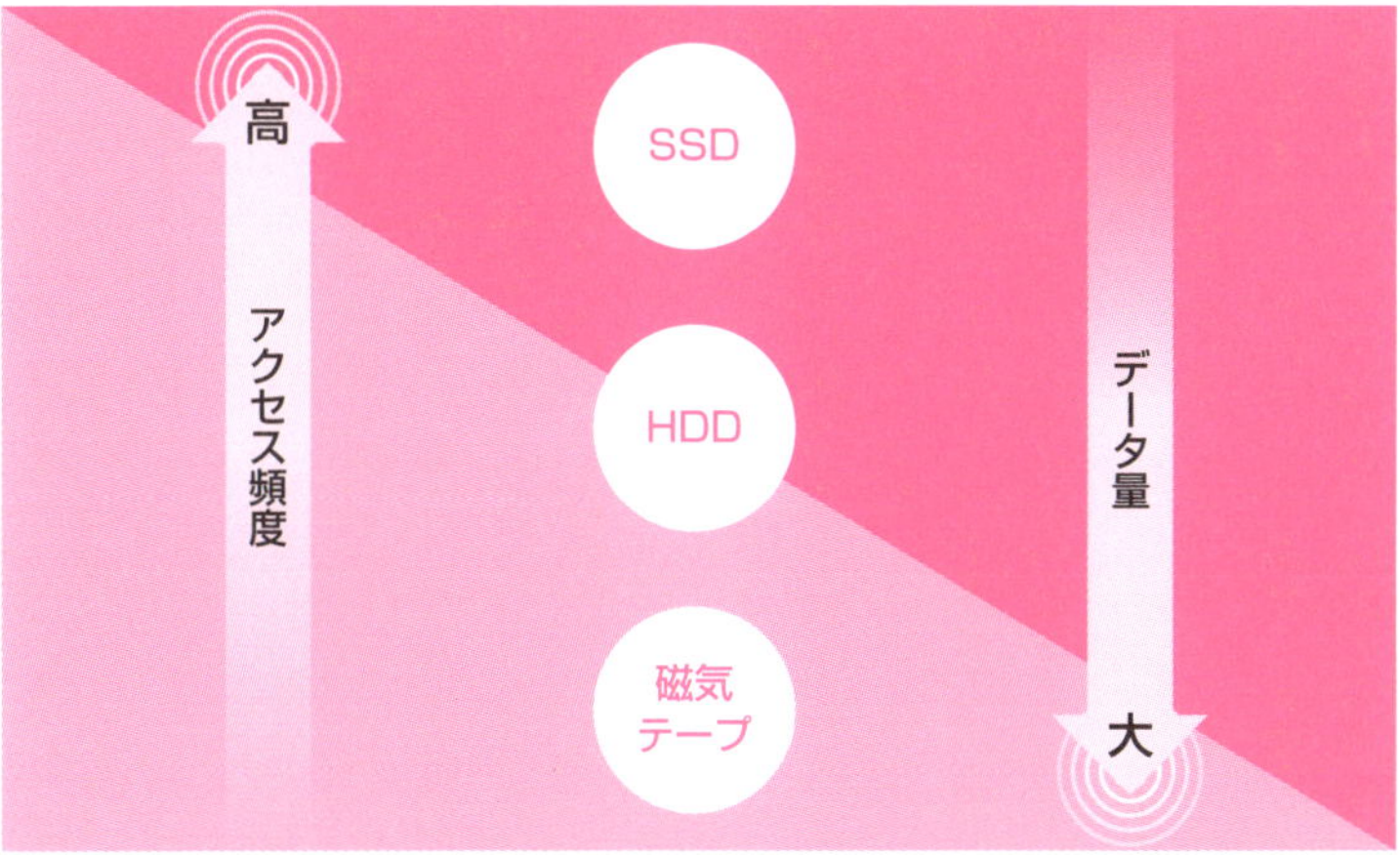

出典:日経産業新聞「SSD・HDD・テープのメモリー3媒体、揺らぐ境界」

大容量HDDには振動衝撃や高温に強いガラス基板が求められる

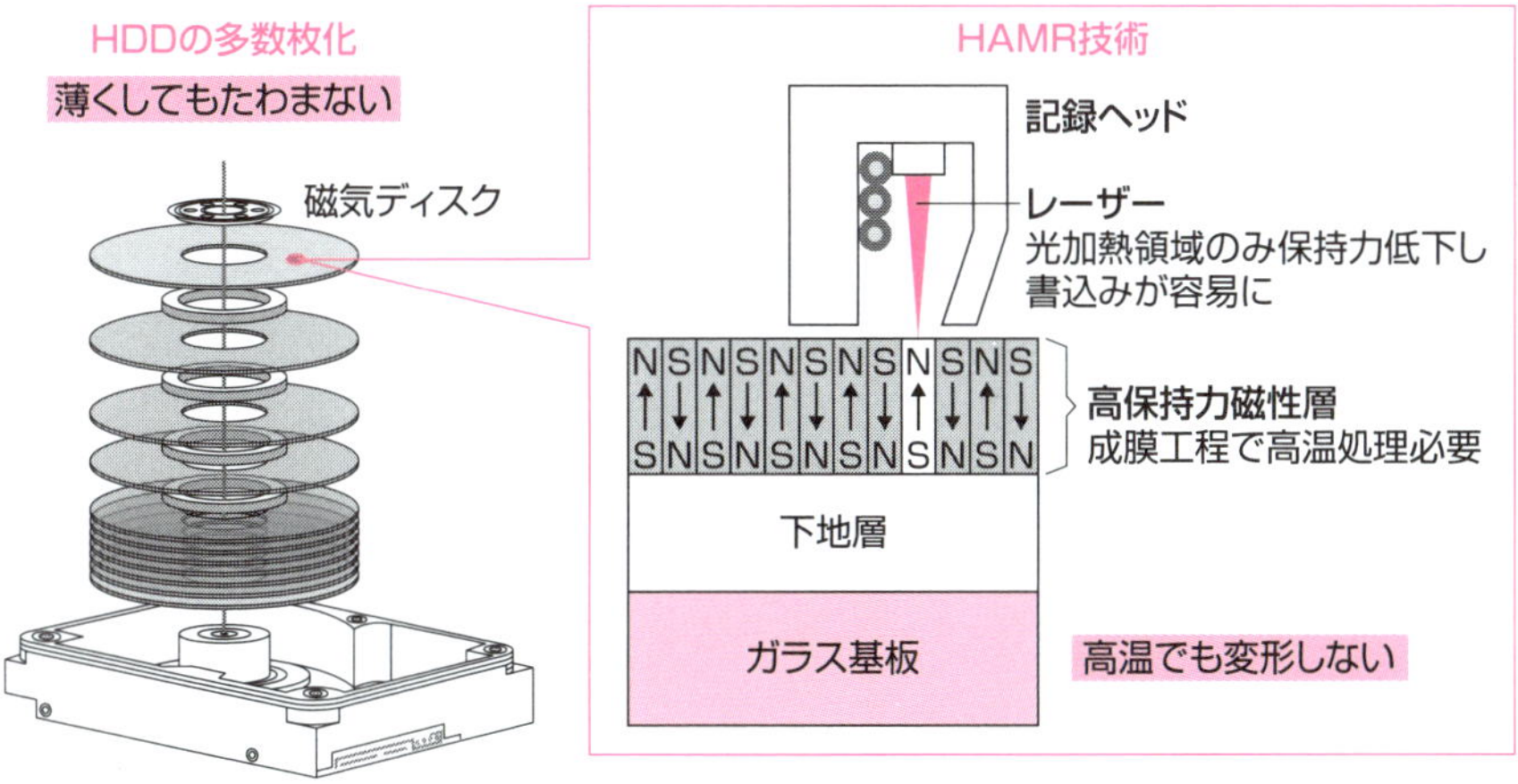

用語解説

ニアラインHDD:アクセス頻度が低いが、必要なときにすぐ使えるデータを保存するのに最適。クラウドデータセンターのバックアップ層・長期保存層として重要な役割を果たしている。

33 光を制御してDMDを均質に照明する光学系ガラス

プロジェクター

プレゼンテーションや映画鑑賞に使われてきたプロジェクターですが、大きな建物をスクリーンにした「プロジェクションマッピング」など、ますます用途が広がってきています。ここでは、構造がシンプルなDLPプロジェクターを例に挙げてしくみを紹介します。

DLPプロジェクターには、DMD（デジタル・マイクロミラー・デバイス）と呼ばれる微細な可動式ミラーをたくさん並べた映像表示装置が使われていて、この小さなミラーの集合体で「ドット絵」を描く事で映像をつくり出しています。1枚のミラーが再生映像の1ピクセルを構成していて、各ミラーの向きをON・OFFで切り替える事で「ONのミラーで反射した光」だけを投影レンズに向かわせます。

DMDを照明する一般的な光学系は、まずリフレクターで反射されたランプの光が、回転するカラーホイールを通過してライトパイプに導かれます。ライトパイプは万華鏡と同じ構造をしており、入口から入った光が内部を反射しながら進んでいきます。そしてライトパイプの入口では明るさのムラ（中心が明るくて外側が暗い）があったものが内部で繰り返し反射されるうちに出口では均質な明るさになるのです。この均質になった光をレンズやミラーを介して投影する事でDMDを均質に照明しています。カラーホイールの回転に合わせて赤・緑・青の光で繰り返し照明されるDMDは色の切り替わりに合わせて「ONのミラーで描くドット絵」を切り替えています。スクリーンに投影される映像も赤・緑・青の映像が順番に切り替わっているのですが、あまりにも速いので、人間の目には3色の映像が重なってフルカラー映像に見えるのです。

近年ではレーザーやLEDを光源にしたDLPプロジェクターも増えてきていますが、いずれも光を制御してDMDを均質に照明する光学系が必要です。そこには強い光や熱に耐えられるように、透明で耐久性が高いガラス製の光学部品が広く使われています。

要点BOX
- ●DMDは微細な可動式ミラーの集合体
- ●プロジェクターには、熱や光に強いガラス製の光学部品が使われている

プロジェクターの仕組み

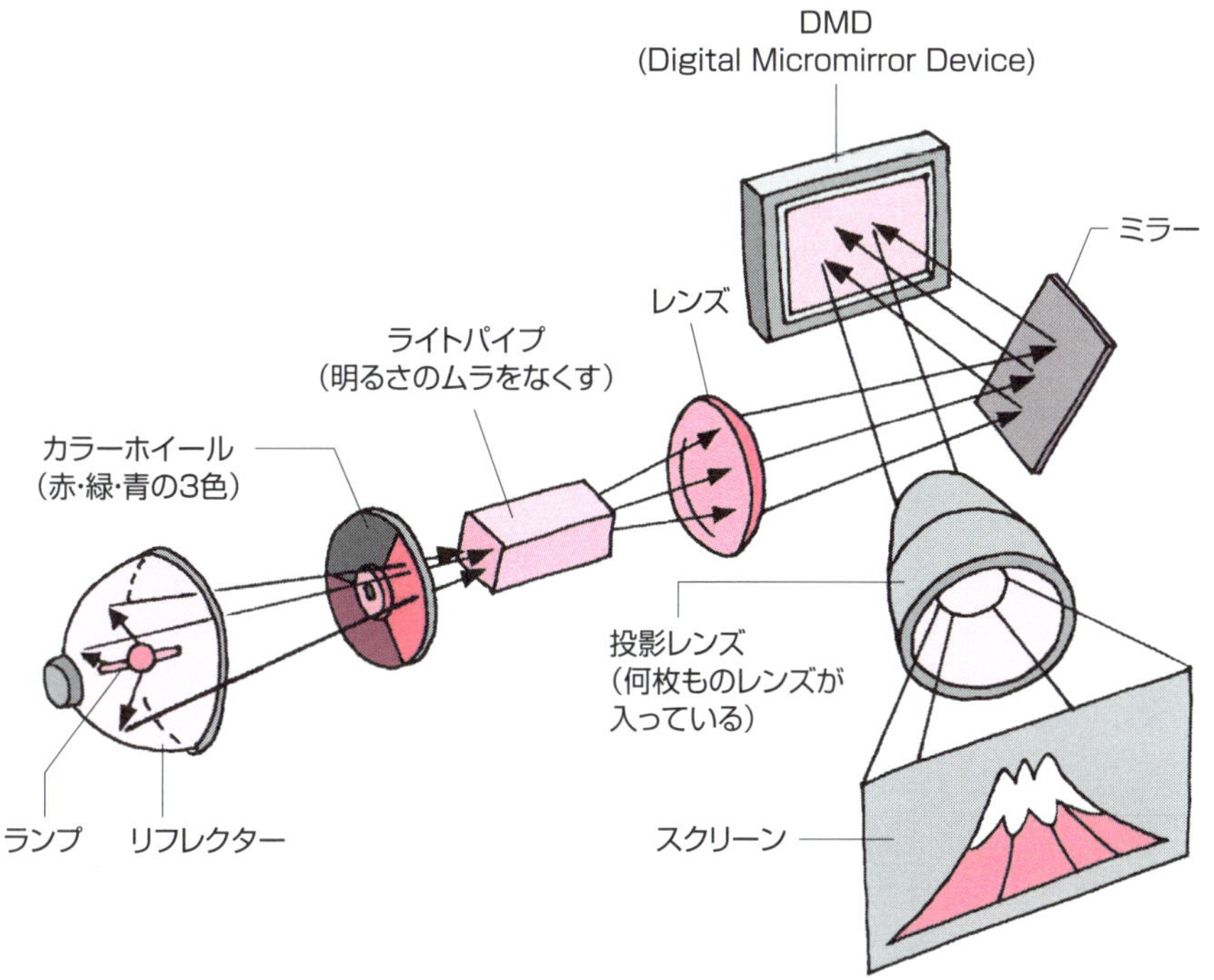

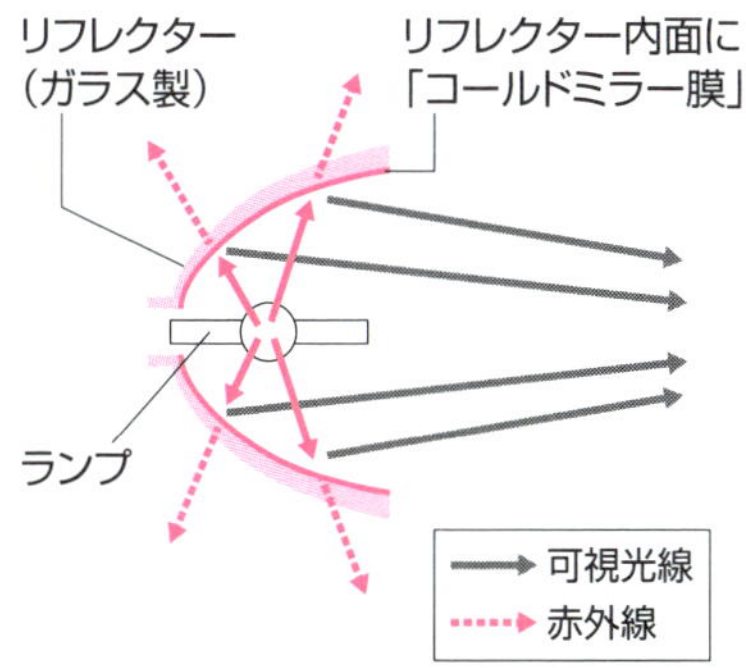

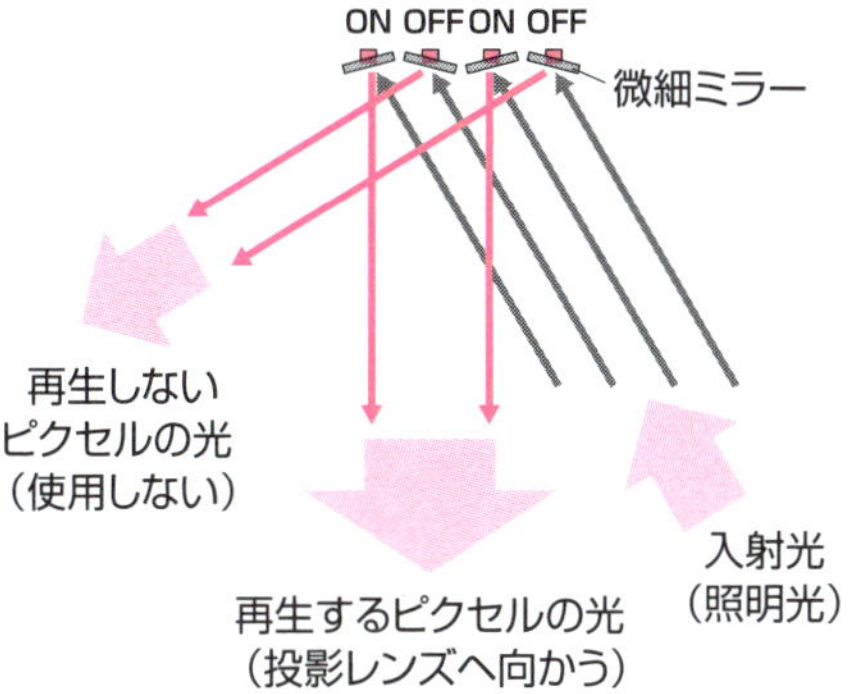

コールドミラー膜は赤外線を透過させて可視光のみ反射し、この先の光学系に可視光だけが向かうようにしている。
ランプの熱に耐え、変形しにくく、赤外線を透過するガラス製のリフレクターが使用されている。

DMDは個別に動く事ができる微細ミラーの集合体。1枚のミラーは映像の1ピクセルに対応していて、フルハイビジョンなら1920×1080=207万3600枚で構成されている。
DMDのミラーが描く像（どのピクセルをONにするか）は入射光の色によって異なり、カラーホイールによって照明光が赤・緑・青に切り替わるのと同期して変化する。

34 超精密な光学系を構成するレンズ材料に使われるガラス

要求をすべて満たすガラス

パソコン等の高度なデジタル機器はもちろん、冷蔵庫等の生活家電にも半導体LSI（大規模集積回路）が使われています。LSIは、様々な電子部品を一つの小さなチップに集積したもので、わずか数㎝角のチップに数百万個以上の大量の電子部品が組み込まれています。そのため、一つ一つの部品はとても小さくなります。例えば、最先端のLSIでは2㎚の線幅の実現を目指した開発が行われています。

それを実現するプロセスが「フォトリソグラフィー」です。読んで字のごとく、光で版画します。

そしてフォトマスクに描かれた電子回路の絵を、光を使ってウェハ上に縮小投影するのが「露光装置」になります。

投影される像は周辺まで歪がなく、光の強度が均等でなければなりません。数㎚という極小サイズの歪みまで抑制されたレンズを作ることがどれだけ大変なのかは想像に難くないでしょう。

レンズ材料に求められる物理的特性は、深紫外線を通し、強い光に対して劣化せず、歪みがなく高均質であることなどです。付け加え、化学的に安定で、大口径・大量生産ができ、加工がしやすいことも求められます。

それらの要求をすべて満たす光学材料はガラスしかありません。特に、現在主流のArFエキシマレーザー（193㎚）の投影レンズには石英（SiO_2）ガラスが用いられます。

LSIの高精細化は、光源の波長を短くすることで進化してきました。線幅2㎚といった最先端LSIでは、波長13・5㎚のEUV（極端紫外線）光が用いられます。EUV光を通すレンズ材料はないので、露光装置はミラーで構成される反射光学系に置き換わります。しかし、反射光学系になっても、用いられる主要な材料はガラスです。温度変化に対しても変形しないゼロ膨張ガラスが用いられます。

要点BOX

- ●露光装置の進歩とともに最も主要な材料としてガラスも一緒に進化してきた。今後もそれは変わらない

露光装置に使われるガラス

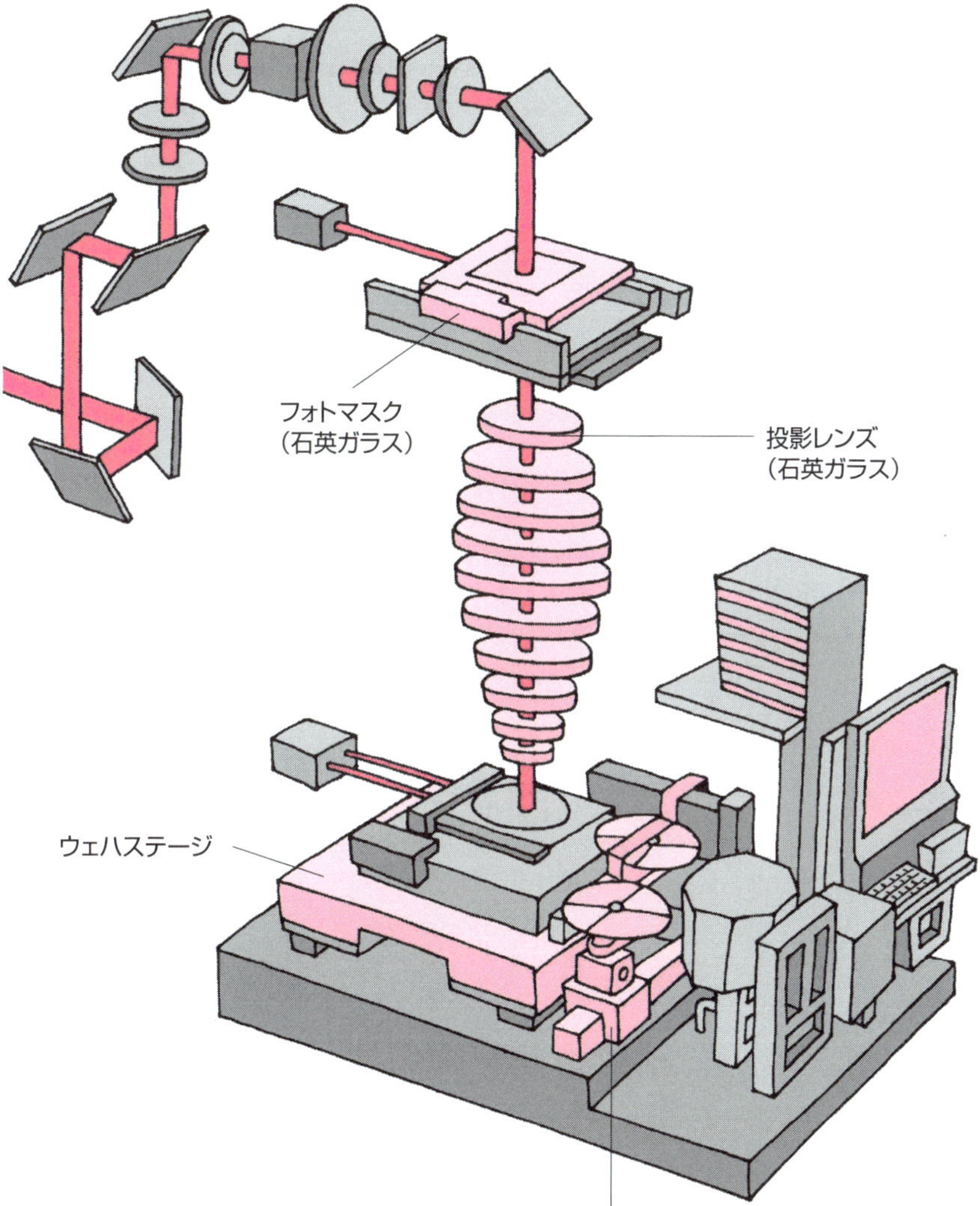

35 半導体を支える合成石英ガラス

不純物がなく、高い透過率

ここ数年の間に日常的に触れるようになった「半導体」という言葉。それ自体を直接目にする機会は少ないものの、私たちの生活の中には想像以上の半導体があふれています。スマートフォンやタブレット、パソコンなど様々なデジタル家電製品の使用が当たり前になっている現代において、半導体は最も重要な存在のひとつだと言えます。

数百工程にも及ぶとされる半導体の製造工程の中でも重要な「リソグラフィー工程」で使用されるフォトマスクは、ガラスの上に回路パターンを転写した原版です。半導体の機能は回路パターンによって決まるため、フォトマスクは半導体製造において非常に重要な役割を担っていると言えます。一般的にフォトマスク基板の原材料は石英ガラスで、優れた光学特性や寸法精度が要求されるフォトマスクでは合成石英ガラスが採用されます。なぜでしょう？

その製造方法により金属不純物を極めて低いレベルにコントロールできることが、不純物を嫌う半導体製造工程で採用される理由のひとつです。また、半導体の高精度化に伴う回路パターンの高精細化を実現するための条件である波長の短い光（紫外光）による露光を実現するためには、紫外領域までの広範囲の波長に対して高い透過率を示す合成石英ガラスは必要不可欠な材料です。熱に強いことも合成石英ガラスの優位な点です。金属不純物が少ないため高温でも構造が安定しており、熱に強く変形しにくい特徴を有します。半導体製造工程や部材の使用環境における温度変化を許容して優れた寸法精度を示す合成石英ガラスは欠かすことのできない材料だと言えます。

半導体技術は日々進化し、それを実現させるためその製造に関わるすべての材料が高機能であることが求められます。合成石英ガラスは、前述のような稀有な特性をもって、これからも半導体を支え続けます。

要点BOX
- 金属不純物を極めて低いレベルにコントロールできる
- 広範囲の波長に高い透過率

フォトマスクの製造

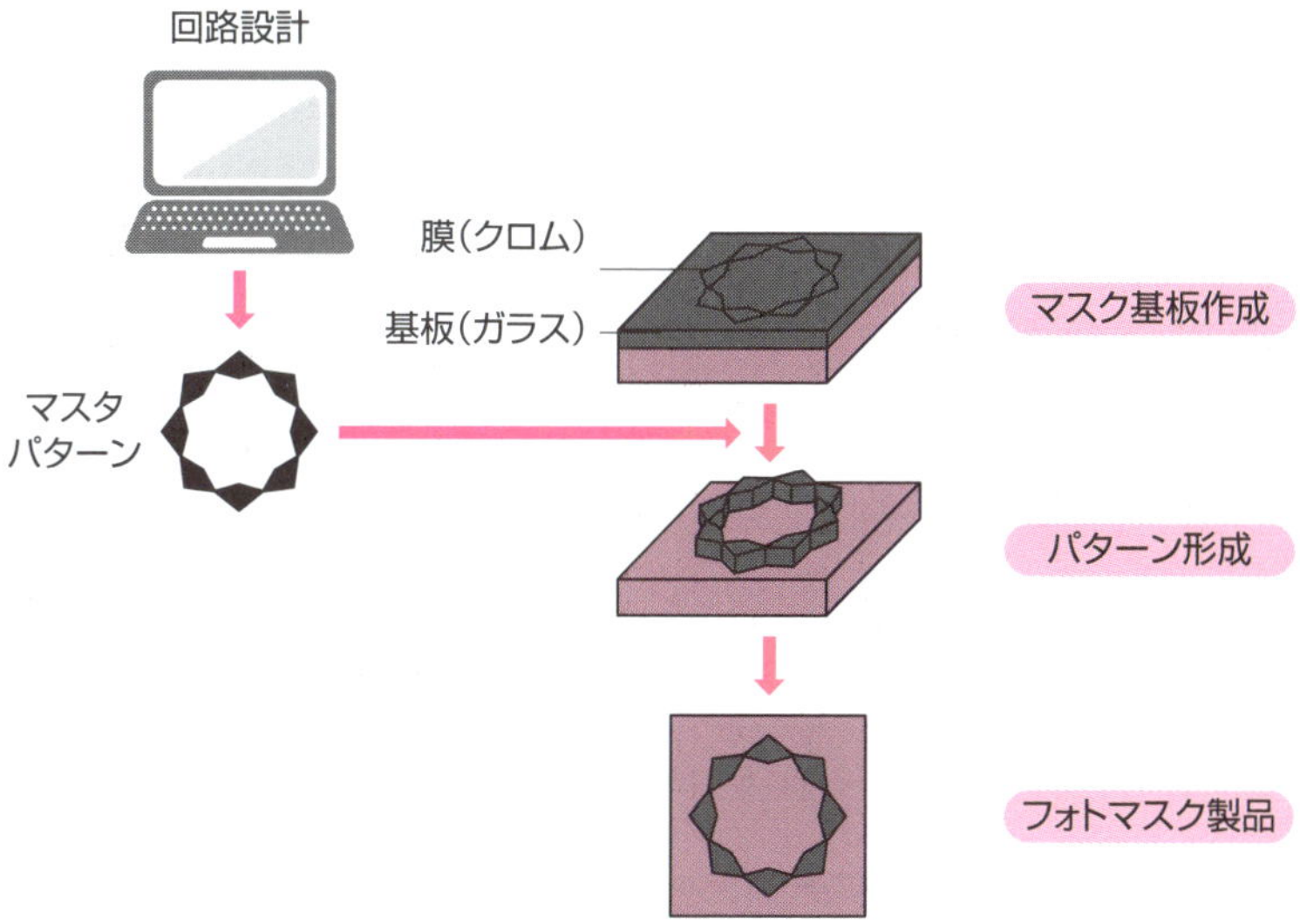

フォトマスクから半導体回路の製造

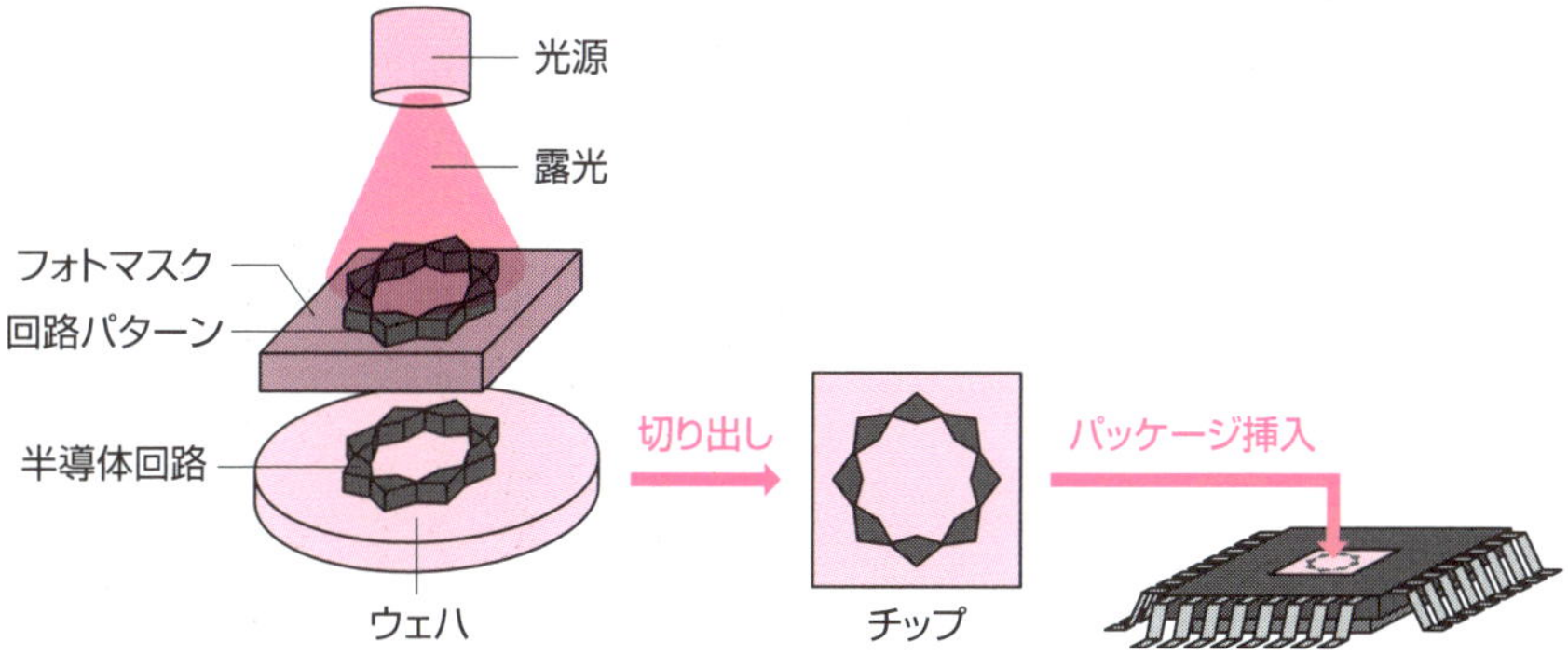

Column

古い歴史がある モザイクガラス

モザイクガラスとは、ブロック状のガラスを平板上に敷き詰めて絵や模様を表現した工芸品です。その歴史は古く、東ローマ帝国時代、ビザンツ様式の教会内でガラスブロックを使ったモザイク壁画が原点とされています。時が経つと老朽化が避けられない油彩画や水彩画とは異なり、ガラスを使用したモザイク画は1000年を超える年月を経ても色褪せることなく、当時の色彩を保っています。18世紀になると、教会のモザイク技法が応用され、1㎜程度以下の微細なガラスピースを用いるミクロモザイクが発展していきました。観光名所などを描いたミクロモザイク工芸品は、当時英国貴族たちのイタリア旅行（グランドツアー）で土産品として好まれ、世界中に広まりました。ガラスピース自体に形をつける技法もその時代に登場し、より装飾要素の高い作品も創作されました。

ミクロモザイクは、装飾品や工芸品としてその技法が現代まで引き継がれています。その制作では、様々な色調を持つ微細なガラスピースをパズルのように型に隙間なく緻密に敷き詰めながら、粘土質のしっくいで固定していきます。

ガラスピースは通常、加熱したガラスを細長く引き延ばしてからカットする方法で作られますが、中にはとんぼ玉の技術を応用して、ガラスピース自体にも絵や模様を緻密に描画するという高度な技術もあります。

意外に思われるかもしれませんが、ミクロモザイクでは透明なガラスはあまり使用されません。不透明なガラスを使うことで、周囲の明るさによって見た目の色が変わりにくく、発色の良い作品が作られます。

また、ガラスピースの制作工程を除けば、ミクロモザイクは火を使わずに作品を制作できるという、ガラス工芸としては珍しい特徴があります。教室の開催や体験キットの販売もされており、初心者でも安心して体験できるガラス工芸といえるでしょう。自分だけの作品制作に時間を忘れて没頭できるミクロモザイクの魅力を体験してみるのはいかがでしょうか。

青い鳥のブローチ
（提供:なかの雅章氏・中野とっと氏）

第4章

私たちの暮らしを支えてくれるガラス

36 中身が見えて、内容物の長期保存や輸送に便利

ガラスびん

ガラスびんは、ガラス材が持つ高気密性や化学的高耐久性、内容物の高視認性から、内容物の長期保存や輸送に適した容器です。

びんの歴史は、紀元前15世紀ごろ、コアガラス技法で作られた香水や香油を入れる小さな容器が始まりとされます。その後、紀元前一世紀ごろに開発された手吹き技法により、広口びんや細口びんが作られると、食品を入れる容器として用いられました。1660年、びんの栓としてコルクが使用されると、ワインやビールの貯蔵が増えました。それに伴い球形であったびんが安定性や貯蔵のために現在見られるような円筒形のボトルへ進化しました。1828年にはびんの機械成形による特許、1829年王冠栓の発明、1886年細口びんの製造特許が出された後、ワインびんやビールびんの大量生産が始まりました。現在はフィーダーゴブ成形でびん一本分にあたるガラスの塊を作った後、ISマシンと言われる自動成形機によって製造しています。

日本へのびん伝来は1853年にペリーがビールびんを持ちこんだといわれ、ビードロやギヤマンと呼ばれていたガラス容器は1862年に日本語で『瓶』あるいは『硝子びん』と呼ばれるようになりました。1990年、日本での生産量は240万トンとなり、その後減少しています。ガラスびんの欠点は、他素材の容器と比較して重く、割れることです。ガラスびんの軽量化は、強度設計やびん製造技術およびコーティング技術の向上によって進みました。

現在のガラスびんはほとんどがソーダ石灰ガラスです。色は、無色透明、青、緑、茶、乳白色、黒などです。着色は金属を少量ガラスに溶かすことにより発色しています。青色はコバルトや銅、緑色はクロムや鉄、銅、茶色は鉄とカーボン、硫黄で、乳白色はフッ化カルシウムやフッ化ナトリウム、リン酸カルシウムが使われ、黒色は様々な色を混ぜて着色しています。

要点BOX

- ●3500年以上、人類と共に進化してきた
- ●内容物の長期保存に非常に優れている

フィーダーゴブ成形マシンの工程図

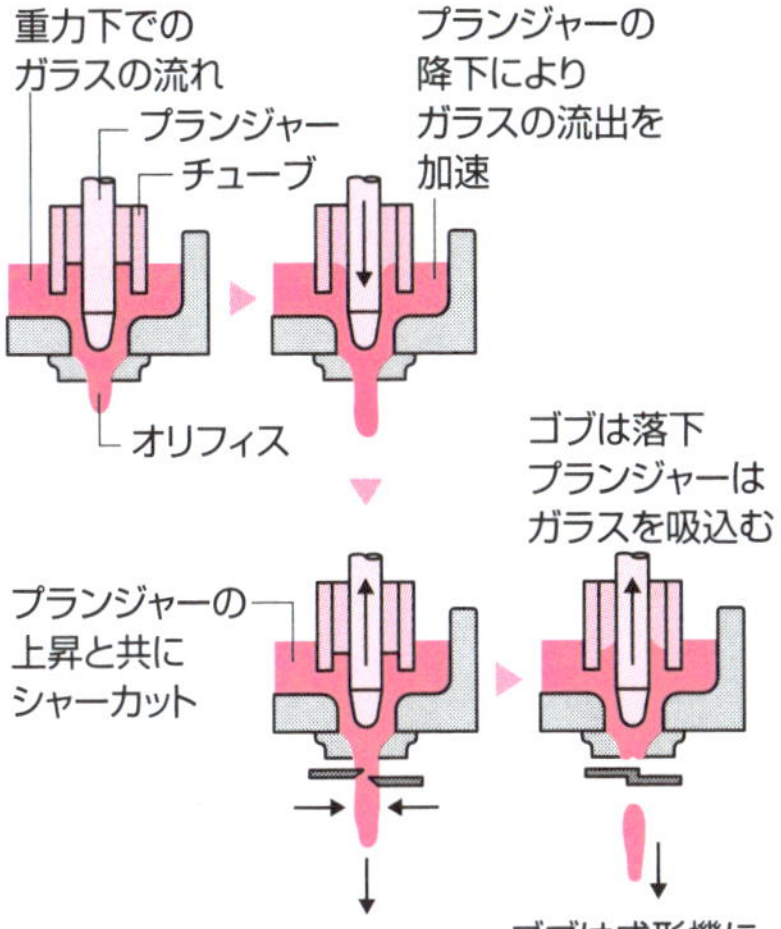
ゴブは成形機に
同期して落下

球状びん

ムラーノ·ガラス美術館
(1-2世紀)

型吹きボトル

大英博物館
(BC15-11世紀)

ISマシンの工程図

a) ゴブがパリソン金型に落下
b) ネックリングにガラスを押し込む
c) パリソンを吹き、成型する
d) パリソン金型が開き、パリソンが上下180°回転し、ブロー金型に入る
e) ネックリングが外れる
f) パリソンを吹き、ブロー金型形状に成形する
g) 成型されたびんを取り出す

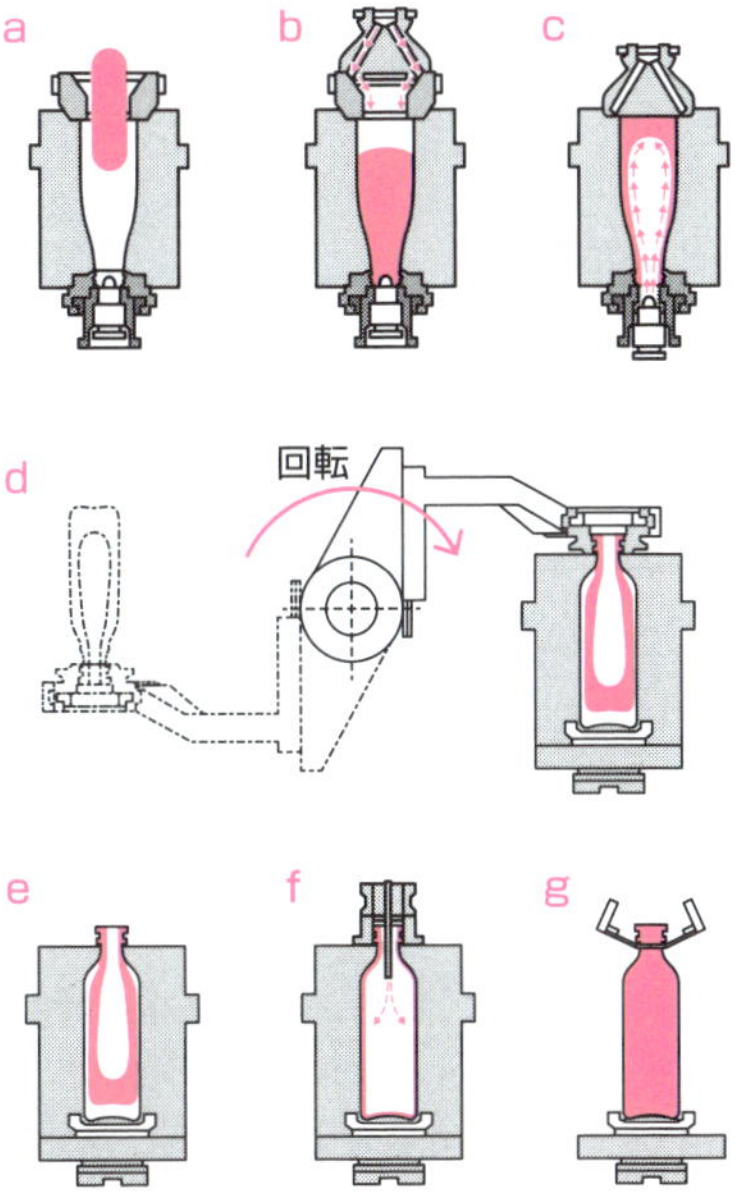

37

美術的な価値から大衆商品まで

ガラス食器

ガラス食器の歴史は、紀元前5世紀ごろの東地中海ペルシア地方からと言われています。日本では5世紀の古墳で椀と皿が出土しています。奈良時代にはアルカリ石灰ガラス食器が製造されました。江戸時代には鉛ガラスを用いたガラス工芸が発展しました。溶解窯（猫つぼ）でガラスを溶かし、長い金属の筒の先に溶けたガラスを球状にくっつけ、宙吹きや型吹き技法で成形されました。また、切子に代表される彫り、エナメル彩やラスター彩といった装飾技術も登場しました。明治時代には金型の製造技術が向上し、押し型製品の大量生産が可能になりました。大正時代には色ガラスの氷コップが流行しました。昭和に入ると、欧米から自動成型機が導入され、1980年代には生産量が最大の19万トンに達しました。しかし、アジアや東欧諸国の安価な製品や、欧州のクリスタル製品に押され、生産量は減少しました。

ガラス食器に使われるガラスは大きく3つに分かれます。ひとつ目はソーダ石灰ガラスで、最も大量安価に生産されています。建築や自動車用の窓ガラスとほぼ同じ組成ですが、食器は透明性を高めるため、原料中の鉄分が少ないのが特徴です。2つ目はクリスタルガラスで、無色透明で屈折率が高く、輝きがあります。環境面への配慮から鉛の代わりにバリウムや亜鉛、チタンなどが使われることが多いです。3つ目は耐熱ガラスで、ホウケイ酸ガラスや結晶化ガラスを使用し、加熱された食器の温度と、水にどぶ付けした際の水温との差が120℃以上で割れないガラスです。

ガラス食器の製造方法は、プレス成型、ブロー成型、スピン成型の3つに分かれます。例えば、ワイングラスはブロー成型で胴部、プレス成形で脚部を作り、胴と脚を接合します。成形後には、印刷や絵付け、カット、サンドブラスト、フロスト、レーザー、強化などの装飾が施され、さらに強度検査や環境面での安全性確認が行われます。

要点BOX

●2500年もの歴史とともに様々な形状、色、製法を編み出した
●強度や環境面に考慮した優れた食器

ガラス食器

東京国立博物館蔵　ガラス椀、皿
（5世紀の古墳から出土、製品は3世紀ごろの作）

宮内庁正倉院宝物　白瑠璃椀
（6世紀ササン朝　ペルシア）

個人蔵　籠目文赤縁碗形氷コップ

プレス成型

❶製品のプレス成型する
❷バーナーで金型の跡を滑らかにする為に焼く

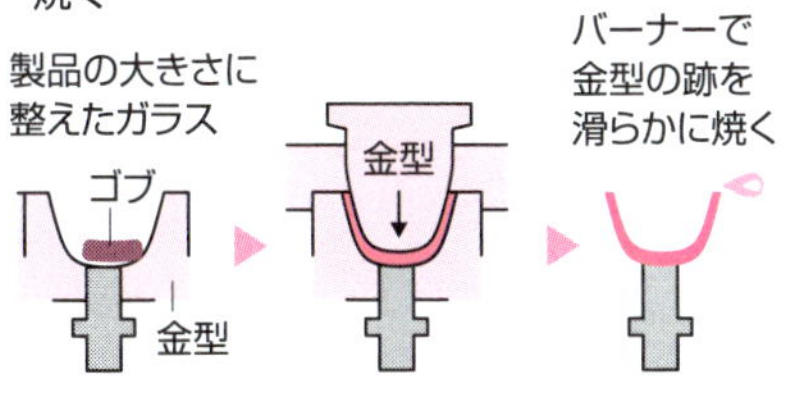

ブロー成型

❶成型は2段階で、パリソンをプレス成型する
❷次にパリソンをブローし、仕上げ成型する
❸別マシンで口部をカットする

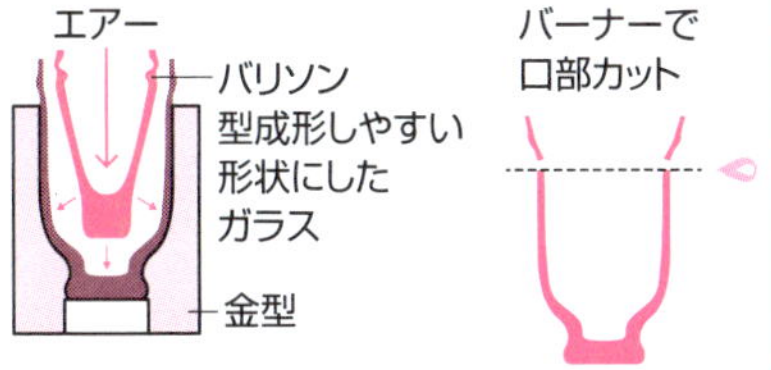

プレス&ブロー成型　別名：ステム／ILKマシン

❶製ボール部をブロー成型する
❷別マシンにてステム武をプレス成型する

特徴　ボール部はブロー成型よりも薄く成型できるので、ワイングラス等に最適

特殊生産

BLデニム

色生地生産

特徴　通常のブロー成型だがガラス生地に着色している硝子
ラスター加工よりも全体に色がしっかりしている

さざ波

墨流し生産

特徴　通常のプレス成型だが色を墨のように流したガラス生地
和のふうあいが出る

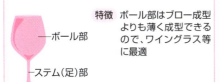

38 火にかけながら水をかけても割れない究極の耐熱性を持つ

超耐熱結晶化ガラス

一般的なガラスを急激に温度が変化する用途で使用することはできません。これは温度の高い部分の体積が局所的に膨張して、破損するためです。調理器具などに用いられる耐熱ガラスは熱により膨張する割合が一般的なガラスの約3分の1であるため、局所的な温度差が120℃生じても破損しない基準を満たしていますが、それ以上の温度差が生じる可能性がある用途では、温度変化による体積変化が極めて小さい超耐熱結晶化ガラスが用いられます。

超耐熱結晶化ガラスは、特殊な組成のガラスに所定の熱処理を施すことにより製造されます。この熱処理を「結晶化」と呼び、ガラス内部に非常に低い熱膨張係数を持つ結晶を析出させることで温度が変化してもほとんど膨張や収縮を生じない、超耐熱結晶化ガラスとなります。この材料は400℃以上、種類によっては800℃以上に加熱して水をかけても破損しません。加えて耐熱ガラスより高温まで軟化変形しにくく、高温環境下で長期間使用できます。

主な種類として、透明品、黒色半透明品、白色品などがあり、透明品はストーブや暖炉ののぞき窓や火災時にも破損しない防火窓、また加飾してガスやIHの調理器のトッププレートとして私たちの身の回りで使用されています。黒色半透明品は、透明品に着色剤を添加することで黒色半透明となり、調理器のトッププレートとして使用されます。

より高温の結晶化処理で結晶を成長させると、さらに高温に耐えられるようになります。可視光が散乱されるため、白色不透明になり調理器具やヒーターのカバーなどに用いられます。この結晶は電子レンジの電磁波を吸収しにくくなることから、電子レンジ庫内の棚板やターンテーブルにも用いられます。

超耐熱結晶化ガラスは優れた耐熱特性を持つため、私たちの身の回りだけでなく、工業用途など幅広い分野で使用され活躍しています。

要点BOX

- 熱による体積変化が極めて小さい
- 優れた耐熱性を持つため、幅広い分野で使用される

結晶化のための熱処理

透明品や黒色半透明品は、火にかけながら水で急冷しても破損しない

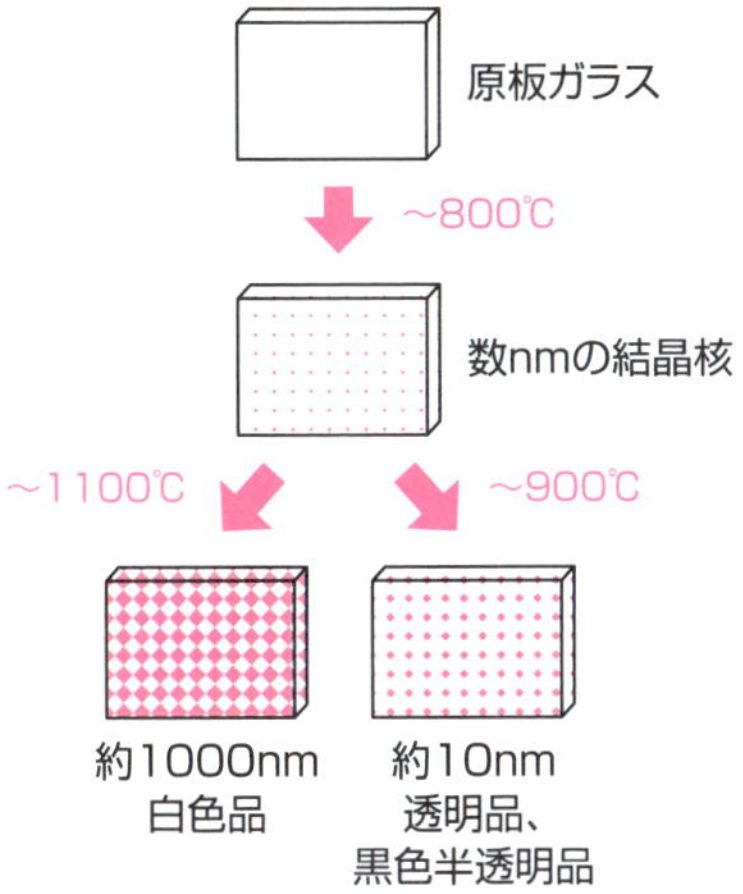

超耐熱結晶化ガラスの使用例

暖炉の窓

防火窓

電子レンジの棚板

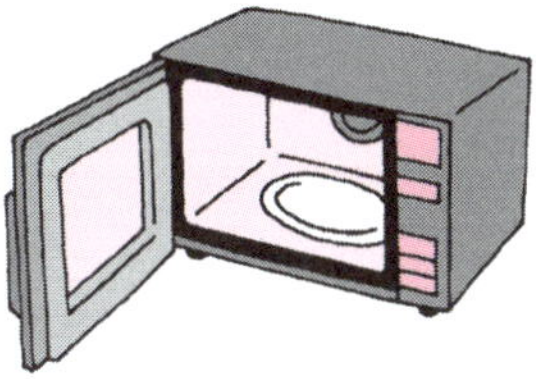

調理器トッププレート（透明品、黒色半透明品）

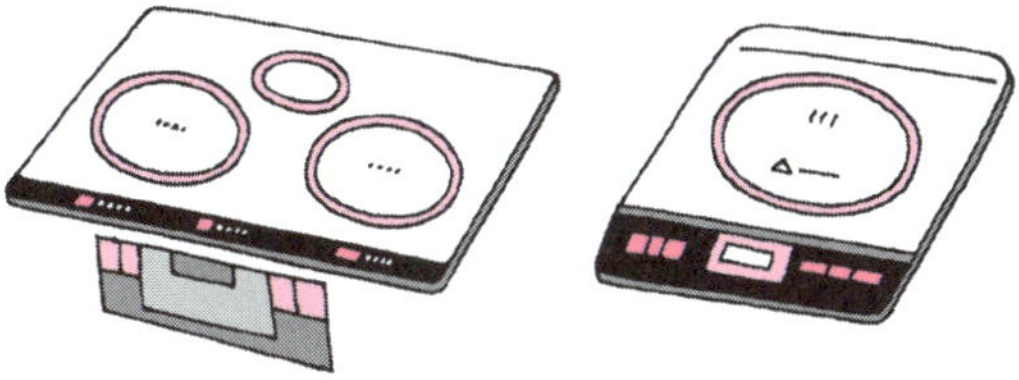

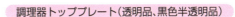

39 私たちの日常生活を災害から守ってくれるガラス

住宅用防火ガラス・防犯ガラス

住宅の窓ガラスは、快適な居住空間を提供する一方で、火災の延焼や空き巣、強盗による侵入のリスクがあります。住宅をこれらのリスクから守るために、防火ガラスと防犯ガラスが役に立ちます。

防火ガラスは、火災が発生したときに、破損や脱落に耐えて、延焼や類焼を遅らせることで、消火活動や避難の時間を確保することができます。住宅用の防火ガラスには、網入板ガラスや網を使用しない耐熱強化ガラスなどがあります。

網入板ガラスは、ロールアウト法という、２本のロールの間に溶融ガラスを供給して成形する方法で、ロールの隙間に金属網を入れることで製造されます。このとき、一方のロールに刻んだ模様がガラスに転写され、不透視の網入型板ガラスとなります。さらに研磨工程を通して模様を除去することで透明な網入板ガラスとなります。網入板ガラスは、火災時にひびが入りますが金属網がガラス片を保持するので、火炎を通さない特徴があります。

耐熱強化ガラスは、フロート板ガラスに、特殊なエッジ加工と特殊な熱処理加工によって高い強度をもたせたガラスです。ガラスが加熱されたときにガラス端部に発生する大きな熱応力に耐えることができるため、火災時に破損せず延焼を防ぐことができます。

防犯ガラスは、２枚のガラスの間に特殊な樹脂膜を挟んで、加熱圧着したガラスです。防犯ガラスの間に樹脂膜が挟まれていることで、バールで強打したり、ドライバーでこじったり、バーナーで加熱したりしても、人が侵入できる大きさの孔や、クレセントを解錠するために手を入れられる大きさの孔をあけるためには長い時間が必要となるため、空き巣犯や強盗犯の侵入を防ぐことができます。樹脂膜の厚さや種類を変えることで攻撃に抵抗する時間を長くすることが可能で、防御のレベルに応じた防犯ガラスを選択することができます。

要点BOX

●防火ガラスとは、火災が発生したときに破損や脱落しないことで、消火活動や避難の時間を確保できるガラス

住宅用防火ガラス

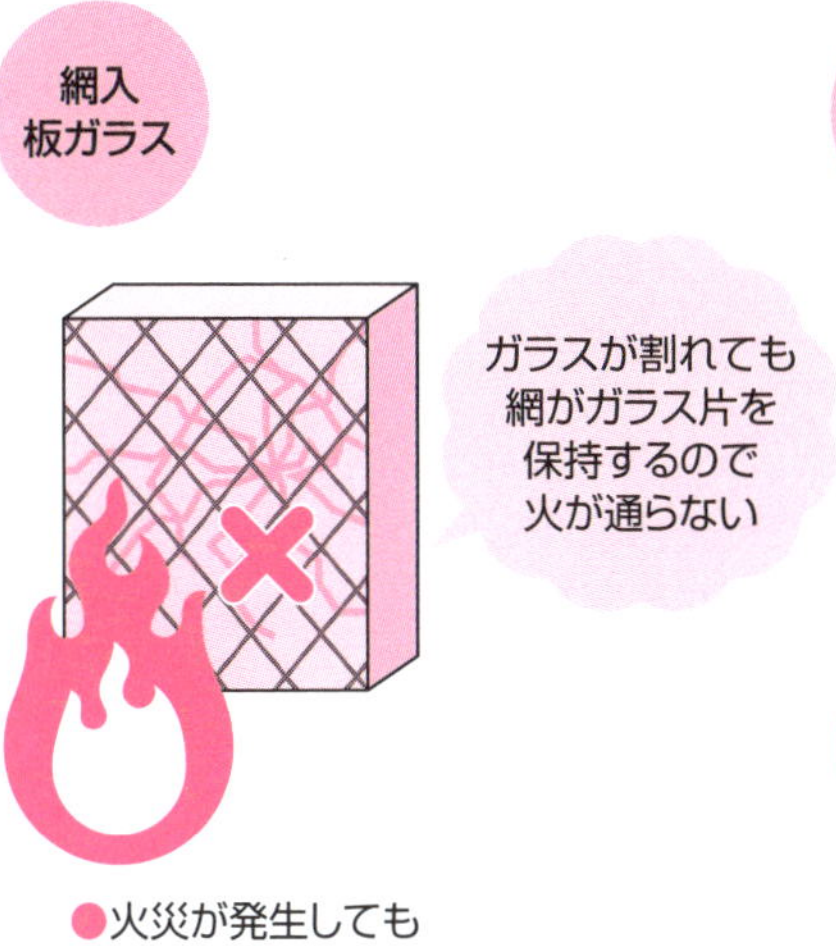

防犯ガラス

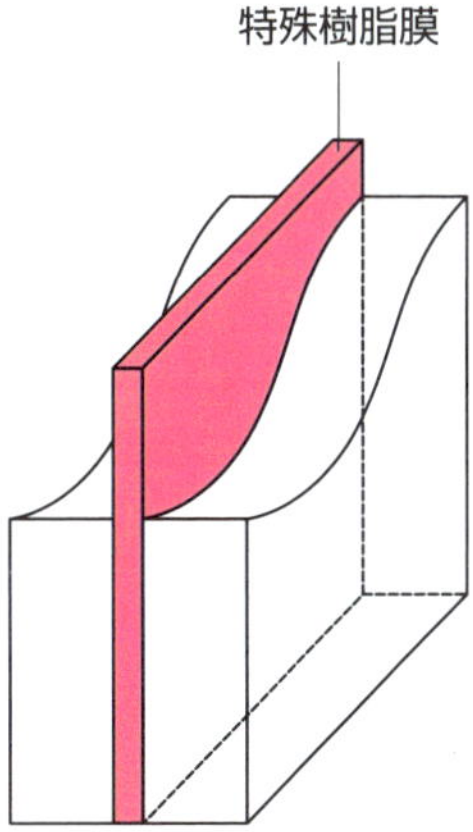

防犯ガラスの構造

出典:警察庁HP 住まいる防犯110番

侵入、窃盗の発生場所の約30%が戸建住宅で、侵入場所の約55%が窓というデータがある。侵入するのに5分以上かかると70%近くの侵入者があきらめると言われていて、防犯ガラスは、侵入、窃盗から居住者の安全安心を守ることができる。

用語解説

熱処理加工:ガラス転移点以上に加熱したガラスを圧縮空気で急冷すること。ガラスを強化することができる。

40 汚れが落ちやすいセルフクリーニングガラス

ガラスへのコーティング

窓ガラスは、風雨や砂塵にさらされて、日々汚れていってしまいますが、建物の窓ガラスは、面積が広いことに加え、手の届かない場所にある窓も多く、清掃は大変です。このような清掃の負荷を軽減すべく、光触媒膜をコーティングし、化学的な作用で汚れを分解し落ちやすくした、「セルフクリーニングガラス」が世の中に存在します。

様々な光触媒活性を示す材料の中で、最も有名なのは酸化チタンでしょう。酸化チタンが太陽光などに含まれる紫外光を受けると、電子と正孔が生成され、電子は酸素と、正孔は水と反応して活性酸素を生成し、表面についた油脂などの有機物汚れを酸化分解して除去することができます。また、酸化チタン表面は紫外光があたる条件下では超親水性を示します。降雨や散水などでガラスの表面が水で濡れると、水滴は薄く濡れ広がり、汚れと酸化チタン膜の表面との間に浸入し、汚れを浮かび上がらせて除去することができます。このような酸化チタン表面での光触媒作用によって、汚れが落ちやすくなるセルフクリーニングガラスが実現されています。

窓ガラスへの酸化チタン膜のコーティングは、対象となるガラスに適した方法で成膜されています。例えば、施工前のガラスであれば、CVD（Chemical Vapor Deposition）法やスパッタリング法が、施工後のガラスであればウェットコーティング法などが利用されています。なかでも、オンラインCVD法は大量生産に向いた手法であり、フロート板ガラスの製造と同時に大面積で均一な酸化チタン膜をガラス表面にコーティングすることができます。

近年では、このような光触媒材料のコーティング技術を応用し、ガラス表面に付着した菌やウイルスを不活性化する抗菌・抗ウイルスガラスも発売されています。COVID-19の流行もあり、今後も抗ウイルスガラスのニーズは高まっていくことでしょう。

要点BOX

●ガラス表面に機能性を持った材料をコーティングする事で、セルフクリーニングや抗菌・抗ウイルスなどの新しい機能を付与する

光触媒コーティングガラスのセルフクリーニング効果

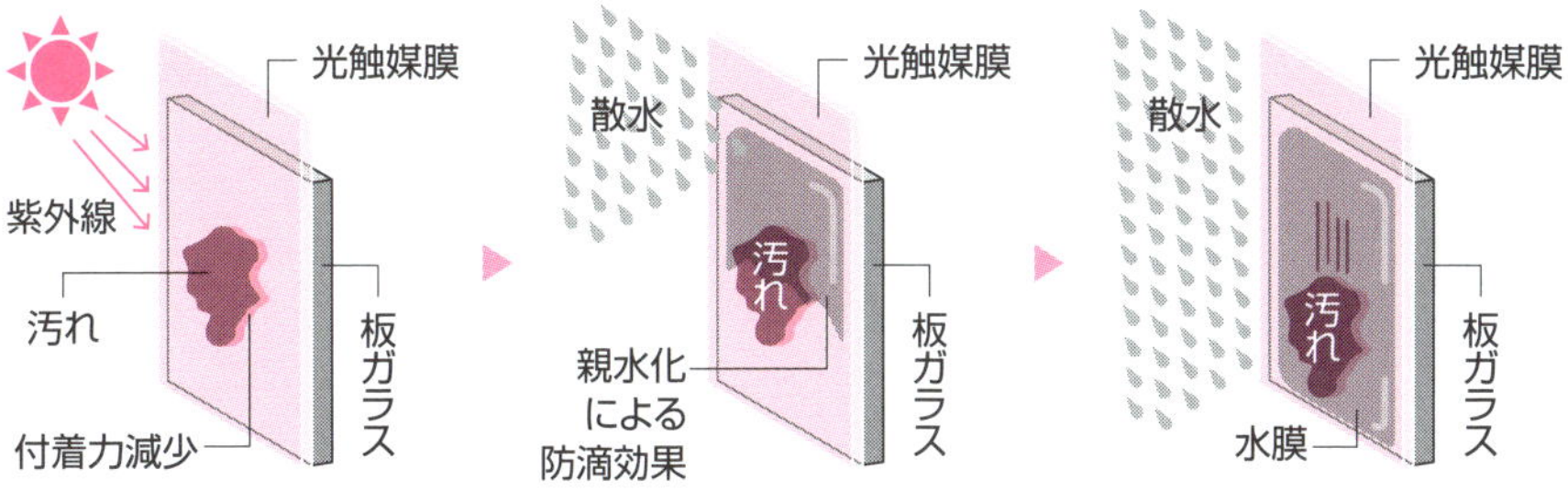

紫外線があたると光触媒膜が空気中の水分や酸素と反応してガラス表面に付着した汚れ(有機物)を分解

紫外線があてられた光触媒膜面は水となじみ、水が付着すると薄く広がり、付着力の減少した汚れ(有機物)の下に入り込む

散水や雨水によってガラス表面に水膜が形成され、付着力の減少した汚れ(有機物)を浮かせて流し落とす

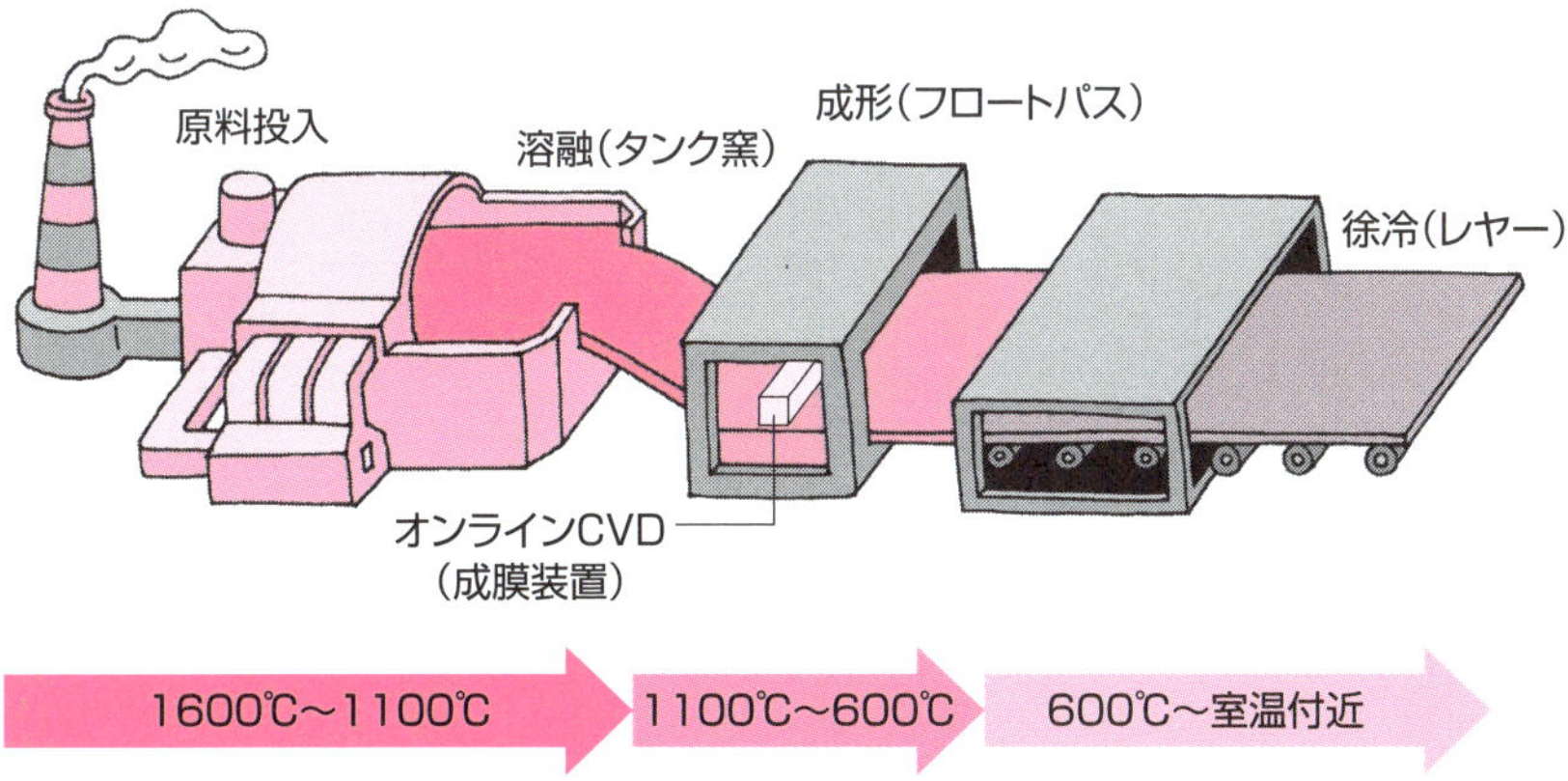

用語解説

光触媒活性を示す材料:酸化チタン(アナターゼ形)など紫外光で光触媒活性を示す材料、ドーピングされた酸化チタンや酸化タングステンなど可視光で光触媒活性を示す材料、それらの組み合わせなど多種多様な材料が存在する。

オンラインCVD法:フロートガラス製造工程中にCVD装置が配置されており、ガラス成形時の熱を利用してリボン状のガラスに連続的に薄膜コーティングを行うことができる。枚葉式のガラスへのコーティング方法と比べて、洗浄工程や加熱といった事前のガラスの処理が不要であり、効率に優れたコーティング方法。

41 ガラスに自分や周囲の景色が映りこまない不思議なガラス

反射防止膜付き不可視ガラス

ショウウィンドウなどで中の商品を見る際、ガラスに自分や周囲の景色が映りこんでいることが気になった経験はありませんか。ごく当たり前と思っていることの現象は、ガラスの表面で光が反射していることによって発生します。

このような不便を無くすためにあるのが反射防止膜付き不可視ガラスです。ガラスの手前側表面と反対側表面それぞれで、目に見える光（可視光線）は、4％ずつ反射します。この反射を防止するコーティングを施すことにより、両面で4＋4＝8％あった反射光は10分の1程度まで低減され、あたかもそこにガラスが無いかのように感じる状態をつくりだすことができるのです。コーティングにより光の反射を防止する原理について説明します。

光の反射は異なる材料の境界面に光が入射したときに発生します。ガラスの手前側の表面と反対側の表面、2つの表面にコーティングされたガラスに光が入射したときの状態を考えてみましょう。手前から入射した光は、まず、空気とコーティングの境界面で反射（A）し、反射しなかった残りの光がコーティングの中に入ります。

この入り込んだ残りの光は、次にコーティングとガラスの境界面で反射（B）し、さらに残った光がガラスの中に入ります。最初に反射した光と次に反射した光がちょうど干渉して打ち消しあうように、コーティングの材料と厚みを調整した膜が反射防止膜です。同様のコーティングを反対側の面にも施しているので、ガラスに入り込んだ光は、反対側のガラスとコーティングの境界、コーティングと空気の境界で反射し、これら反射した光が打ち消しあうことで手前側に戻ってくる反射光が極端に小さくなるのです。

このように、自分が立っている手前側に戻ってくる光を目で感知しにくくなるまで低下させた状態を作り出したものが、反射防止膜付き不可視ガラスです。

要点BOX

●反射防止膜とは、異なる境界で反射した光がお互いに干渉して打ち消しあう状態を作り出すよう、材料と膜厚を調整したコーティング膜

不可視ガラスの仕組み

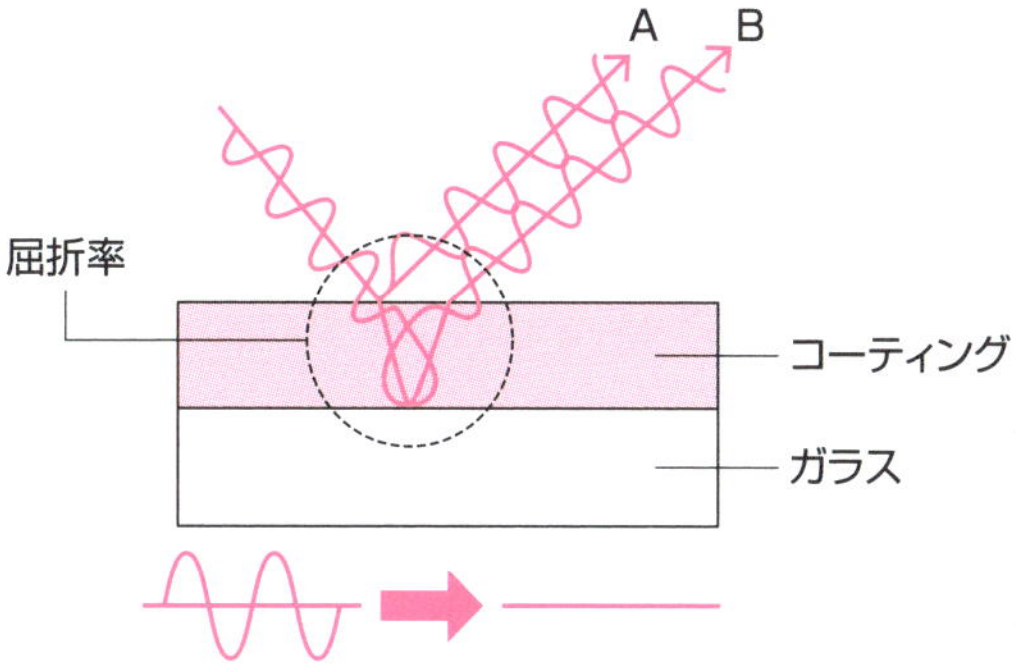

42 省エネ住宅（ZEH対応）の窓ガラス

エコガラス

住宅のエネルギー消費量のうち、暖冷房エネルギーは約4分の1を占めています。これを削減するためには住宅の壁床天井と窓ドアの断熱性向上が必要です。とりわけ窓の高断熱化は重要です。

窓ガラスの断熱性能は、熱貫流率という指標で表します。これは、室内外の温度差1℃あたり、ガラス面積1㎡あたり、1秒あたりに窓ガラスを通過する熱量［J］を表し、単位としてはW/(㎡・K)を用います。この値が小さいほど熱が通りにくく断熱性が良いと言えます。

昔の窓には一枚のガラス板が使われていましたが、これでは熱がどんどん通ってしまいます。そこで、二枚のガラス板の間に空気の層（中空層）を設けた複層ガラスが1980年代に寒冷地で使われました。次に、遠赤外線を反射する特殊膜（Low-E膜）をガラス板の表面に施して、これを中空層に向けて配置することで、二枚のガラス板間の放射熱伝達を低減させたLow-E複層ガラスが1990年代から使われ始めました。Low-Eとは、Low Emissivityの略で低放射を意味します。一般社団法人 板硝子協会ではLow-E複層ガラスのことをエコガラスと呼んでいます。

さらには、空気の代わりにアルゴンやクリプトンなど空気よりも熱伝導率が小さい気体を封入して中空層の熱伝導を低減したガス入りLow-E複層ガラスや、中空層を真空にした真空ガラスが2000年以降普及し始めます。現在では、三枚のガラス板と二つの中空層を様々に組み合わせて、ガス入りLow-E三層複層ガラスや真空複層ガラスなど超高断熱の窓ガラスまで使用されています。Low-E膜には日射熱を透過するものと反射するものがあり、それぞれ日射取得型、日射遮蔽型と呼ばれます。冬期には日射の暖かさを室内に取り入れて、夏期には室外の庇やオーニングや簾などで日射をカットすることが一年を通して省エネルギーかつ快適に暮らす秘訣です。

要点BOX

●エコガラスとは,板硝子協会におけるLow-E複層ガラスの共通呼称

Low-E複層ガラスの構造

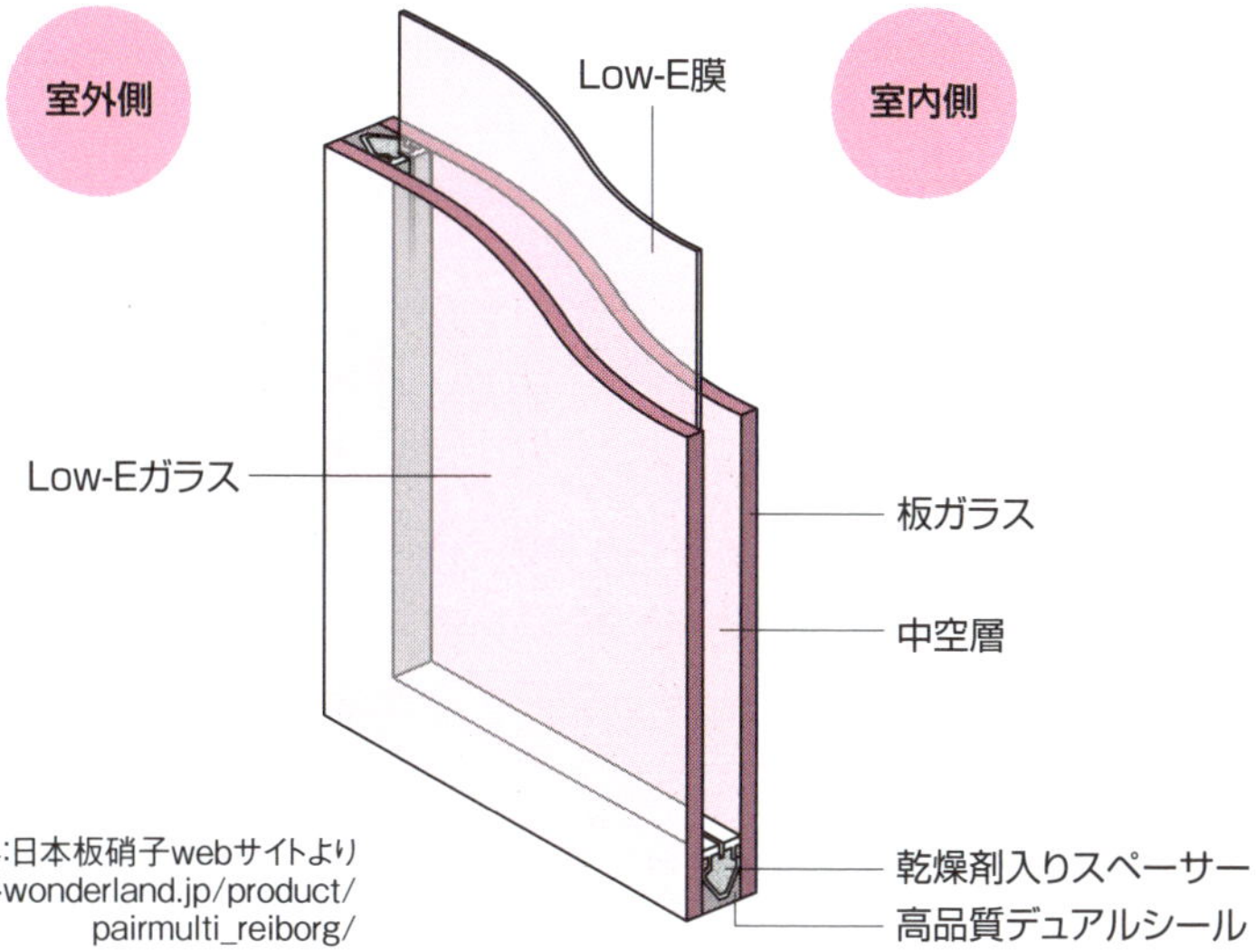

出典:日本板硝子webサイトより
https://glass-wonderland.jp/product/pairmulti_reiborg/

窓ガラスの断熱性能の向上

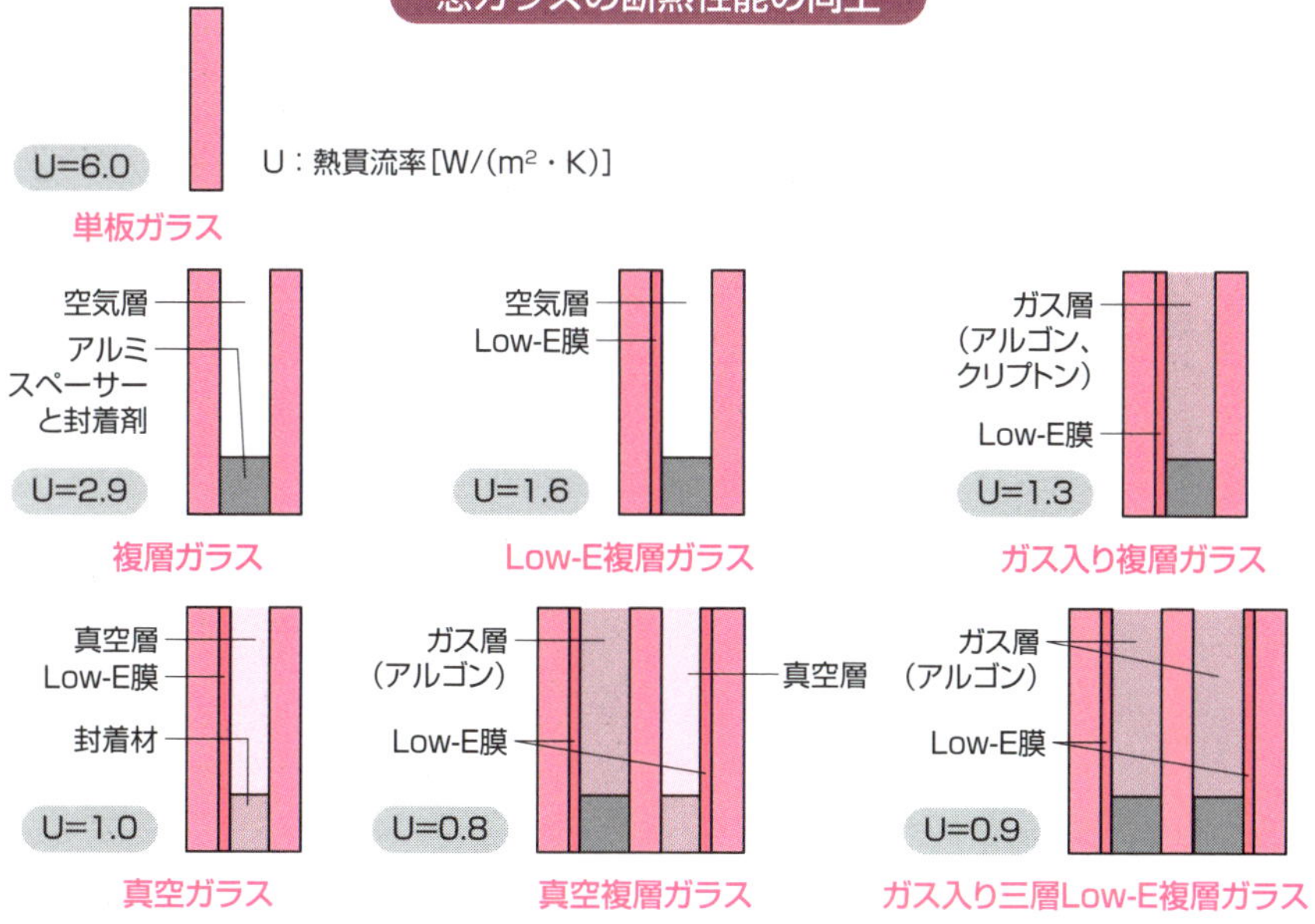

用語解説

ZEH(ゼッチ):ZEH(ゼッチ)とは、Zero Energy Houseのことで、住宅の外皮性能の向上と高効率設備の導入で省エネルギーを実現し、太陽光発電などの再生可能エネルギー利用により年間のエネルギー消費の収支をゼロにする住宅のこと。

Column

様々な色のガラス片が奏でる色彩の魔法～ガラスキルンワークの魅力～

キルンワークは、窯（キルン）を使ってガラスを加熱し、様々な色や形を作り出す代表的なガラス工芸技法の一つです。異なる色のガラス片をパッチワークのように組み合わせ、キルンで熱処理を行うことで、カラフルで立体的な作品が生まれます。

工程の最初は、作品のデザインを考えることから始まります。吹きガラスなどで作られたガラス素材を再利用したり、足りない色のガラスはフリットガラス（粉状のガラス）と着色原料を使って独自に作り出したりします。次にガラス片を型の上に配置し、細かく調整を重ねることで、デザインを練り上げていきます。こうしたパーツの準備、そしてガラス片の並べ替えが最も時間をかける工程になります。ガラス片の配置と色の組み合わせによって、作品の印象は大きく変わります。多くの色をじっくりと時間をかけて組み合わせる、その自由さを楽しみながら作家さん達は制作をしています。

ガラスの配置が完了したら、キルンに入れて加熱します。通常、850℃程度の温度でガラスを溶かし、その後ゆっくり冷却します。加熱と冷却の過程でガラスがどのように溶け合い、発色するかは予測が難しく、完成までの過程に驚きや期待が伴います。特に、キルンを開けて作品を取り出す瞬間は、作家さんにとって最も楽しみな瞬間です。思い描いた通りの色や形が出ているか、ガラスの溶け具合が理想的かどうかを確認する時には、緊張と喜びが入り混じります。

素材の選び方が不適切だと、冷却時にクラック（ひび割れ）が生じるリスクがあるので注意が必要です。最後にキルンから取り出した作品にエッジ処理などの仕上げ加工を施して出来上がりです。

こうして完成した作品は、色鮮やかで立体的な美しさを持ち、世界に一つだけのオリジナル作品となります。キルンワークは、色と形の無限の可能性を追求できる技法であり、作家さん達にとっても、見る人にとっても、驚きと感動を与える魅力的な工芸技法です。

スパイラル
（提供：神田正之氏）

第5章

運輸・航空・宇宙の発展を支えるガラス

43 自動車の窓ガラスには特殊な工夫が施されている

合わせガラス、強化ガラス

自動車の窓ガラスには、安全ガラスを使用することが法律で義務付けられており、広く合わせガラス、強化ガラスが使用されています。ここでは、それぞれの特徴と用途について説明します。

合わせガラスは、2枚のガラスの間にプラスチック製の中間層を挟んで作られています。この中間層はポリビニルブチラール(PVB)と呼ばれる透明なフィルムであり、2枚のガラスをくっつける役割を果たし、万が一ガラスが割れた場合でも、中間層が割れたガラスの断片を保持して、ガラス破片の飛散を抑えて安全性を高める効果があります。また万が一事故が発生した際にも乗員が車外に放出されることを防ぎ、かつ頭部などがぶつかった際にも衝撃を吸収する効果があります。現在、フロントガラスには合わせガラスを使用することが義務付けられています。

合わせガラスはドアガラスやルーフガラスにも使われることがあります。また、合わせガラスには紫外線からの保護、断熱性能の向上、遮音性能の付与など、快適性や安全性を高める機能も備えられています。

一方強化ガラスは、熱処理によって強度を3～5倍に高めたガラスです。高温に加熱したガラスを表面から急速に冷却することで、表面と内部に温度差を発生させ、温度差を持ったガラスを冷やしていく事で、ガラスの内部と表面の応力差が生じ、強化された構造を持つようになります。この強化ガラスは、通常のガラスよりも耐衝撃性が高く、かつ平面方向にも応力分布を持たせることで、割れた場合には一つひとつの破片が比較的鋭利にならずに細かく割れ、人体を傷つけにくいという特徴も持っています。主に自動車のドアガラス、側面のサイドガラス、リアガラス、ルーフガラスなどに使用されています。

強化ガラスにも種々の機能が付与されていて、特にリアガラスには曇りを晴らす熱線や電波を受信するアンテナ線などが印刷されています。

要点BOX

- 合わせガラスは事故の際の衝撃吸収や人員の放出防止効果があり、強化ガラスは割れた場合も大きなケガをしにくい

合わせガラスの構成

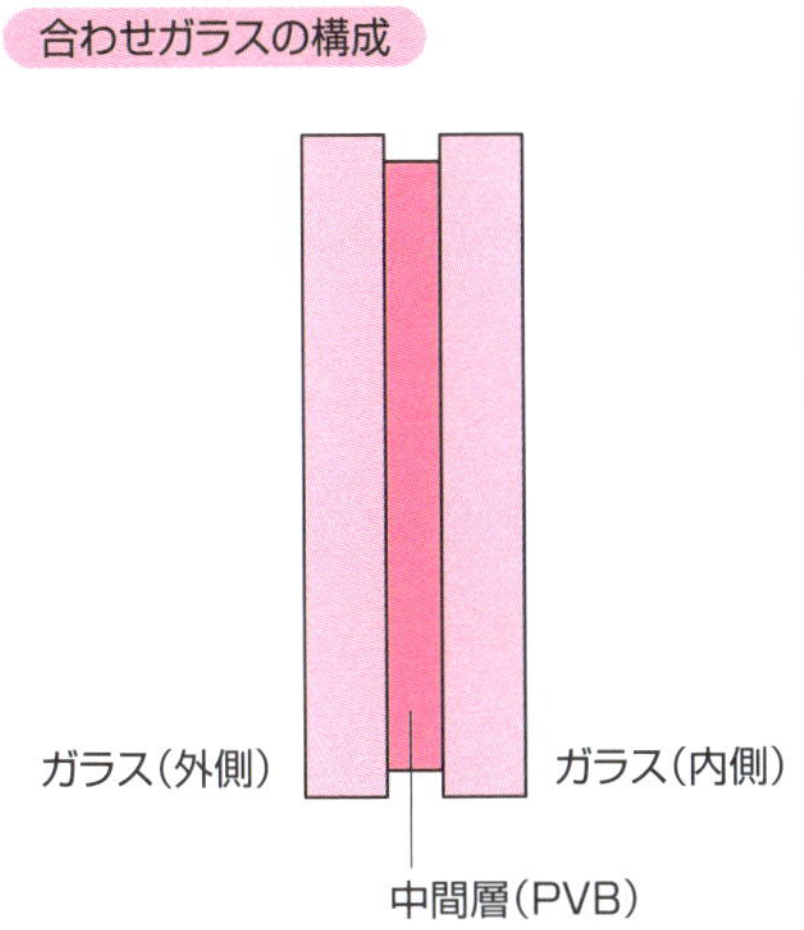

合わせラスが割れた際の写真

(写真提供:AGC)

強化ガラスの原理

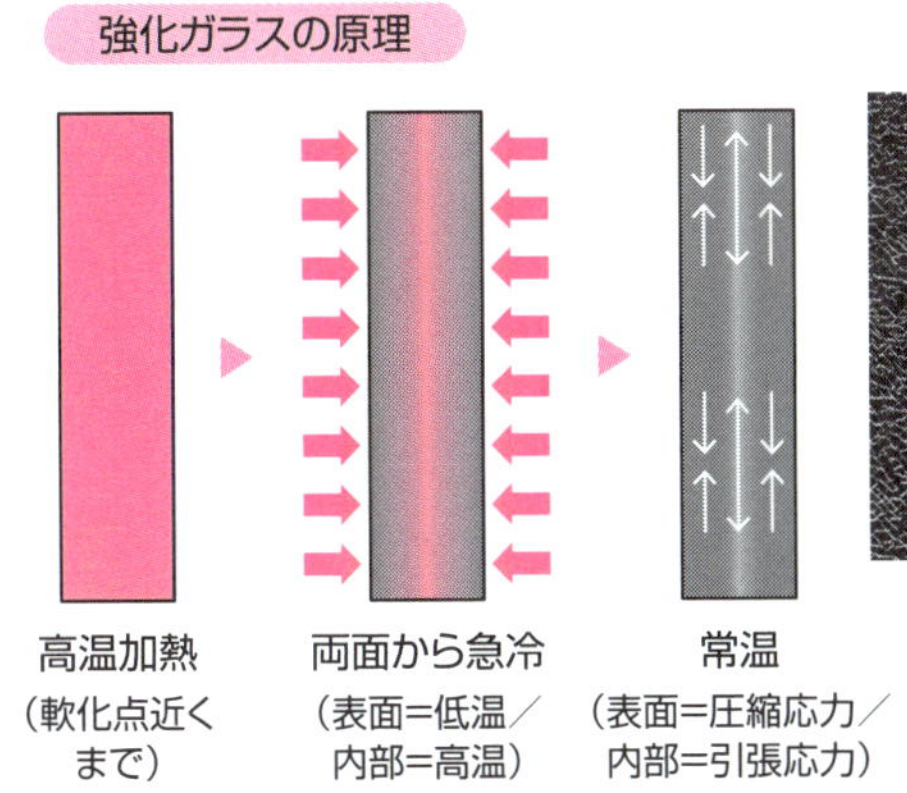

強化ガラスが割れた際の写真

(写真提供:AGC)

用語解説

軟化点:軟化して変形し始める時の温度で、一般的なソーダライムガラスでは500℃~700℃近くになる。

44 私たちの生活をみえないところで支えているガラス繊維

プラスチックやコンクリートを補強

ガラス繊維は溶かしたガラスを糸状にしたもので、主には綿状のガラス短繊維と細長い糸状のガラス長繊維の2種類あります。ガラス短繊維は断熱材や吸音材、ガラス長繊維はプラスチックやコンクリートの補強材として使われています。ガラス長繊維は安価で、優れた機械的強度や剛性、軽さ、耐久性・耐熱性を持つコストパフォーマンスに優れた補強材として自動車、電気電子部品、建築・インフラ、住宅建材など多岐にわたる分野で幅広く利用されています。

このガラス長繊維の製造方法は、1600℃程度の窯で原料を溶かしたガラスをノズルから出して引き伸ばし、急冷して固まった数十~数千本の糸を束ねて巻き取ることでガラス長繊維になります。単繊維は髪より細い数~数十㎛の太さです。巻き取った束を数㎜に切断したりシート状や織物にしたりと、用いられる複合材の形態や用途によって様々な形態の製品に加工されます。

ガラス長繊維を巻き取る前に塗布する表面処理剤には、単繊維を束ねたり、ガラス表面を傷や侵食から保護したりする役割があります。また、表面処理剤にはガラス繊維とプラスチックとの接着性を高める効果もあり、表面処理剤の種類がガラス繊維強化プラスチック（GFRP：Glass Fiber Reinforced Plastic）の強度や耐久性といった性能に影響します。GFRPは軽量でありつつ優れた強度や耐久性、寸法安定性を持つ材料です。代表的な使用例としては、金属の代わりに自動車の部品に用いることで、軽量化や低燃費化などの機能性向上に貢献します。

他には、鉄筋よりも軽くて腐食しにくい耐アルカリ性を有するガラス長繊維をコンクリートの補強材として利用することで、欠けやひび割れが生じず、デザイン性に富んだ造形と優れた耐久性の両立が可能になります。このように、ガラス繊維は日々の暮らしを支える素材として見えないところで活躍しています。

要点BOX

●ガラス繊維は細く、長く、しなやかで、引張に強いという繊維の特徴と、ガラスの強度、耐熱性、化学的耐久性とを併せもつ材料

ガラス繊維

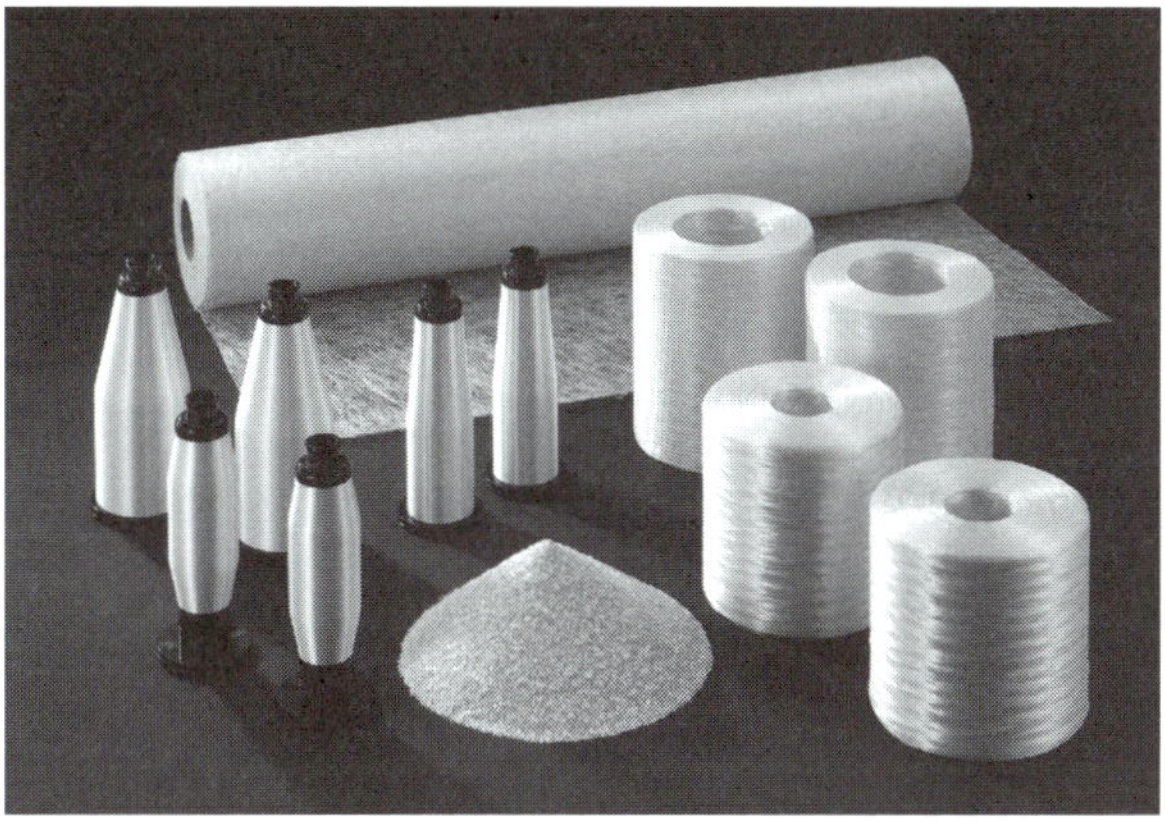

ガラス繊維製品は、用途によって様々な形態をしている

ガラス繊維は、溶かしたガラスをノズルから引き伸ばし
急冷させて固めて糸状にしたもの

45 映像をきれいに見やすく映し出すガラス

ヘッドアップディスプレイ

ヘッドアップディスプレイ(HUD：Head Up Display)は、車のフロントガラスに速度やナビゲーションの指示などの情報を表示するシステムです。HUDは運転手の前方に浮かび上がるように映像を表示するため、運転手は速度計などに視線を移動させることなく情報を確認することができ、安全運転に貢献します。

HUDは、車のダッシュボードに設置された投影機からフロントガラスに向けて映像を投影し、運転手はフロントガラスから反射してきた映像を視認する仕組みです。フロントガラスは安全上の理由から2枚のガラスの間に樹脂の中間膜を挟んだ「合わせガラス」を使用する必要があり、何も工夫をしないと2枚のガラス面それぞれから映像が反射し、運転手の目には微妙に位置がずれた2つの映像が重なって見えてしまう「二重像」と呼ばれる問題が発生します。二重像は情報の視認性を悪化させるため、その解決のためにフロントガラスには様々な工夫が施されています。

工夫の一つはフロントガラスの下辺から上辺にかけて厚さを徐々に厚くすることで、2つの反射像を重ね合わせ、運転手の目には1つの映像として綺麗に見せる仕組みです。理想的な断面形状を設計し生産するために、HUDの設計には複雑な光学シミュレーションが用いられ、設計通りのフロントガラスを精度よく製造するための製造技術や材料も開発されています。

近年、車の高機能化に伴い車内で表示する情報量も増えており、HUDへのニーズも高まっています。HUDは映像をより明るく、より大きく、より遠くに表示するように進化を続けており、映像と風景を重畳するように表示するAR・HUD(AR：Artificial Reality)と呼ばれるものも登場しています。大きな映像を歪みなく鮮明に表示するために、フロントガラスにも厚さや表面形状の高精度化、反射率の向上などの進化が求められています。

要点BOX

●風景と重なるように運転手へ情報を表示。フロントガラスに綺麗に映像を表示するための様々な工夫が施されている

ヘッドアップディスプレイの仕組み

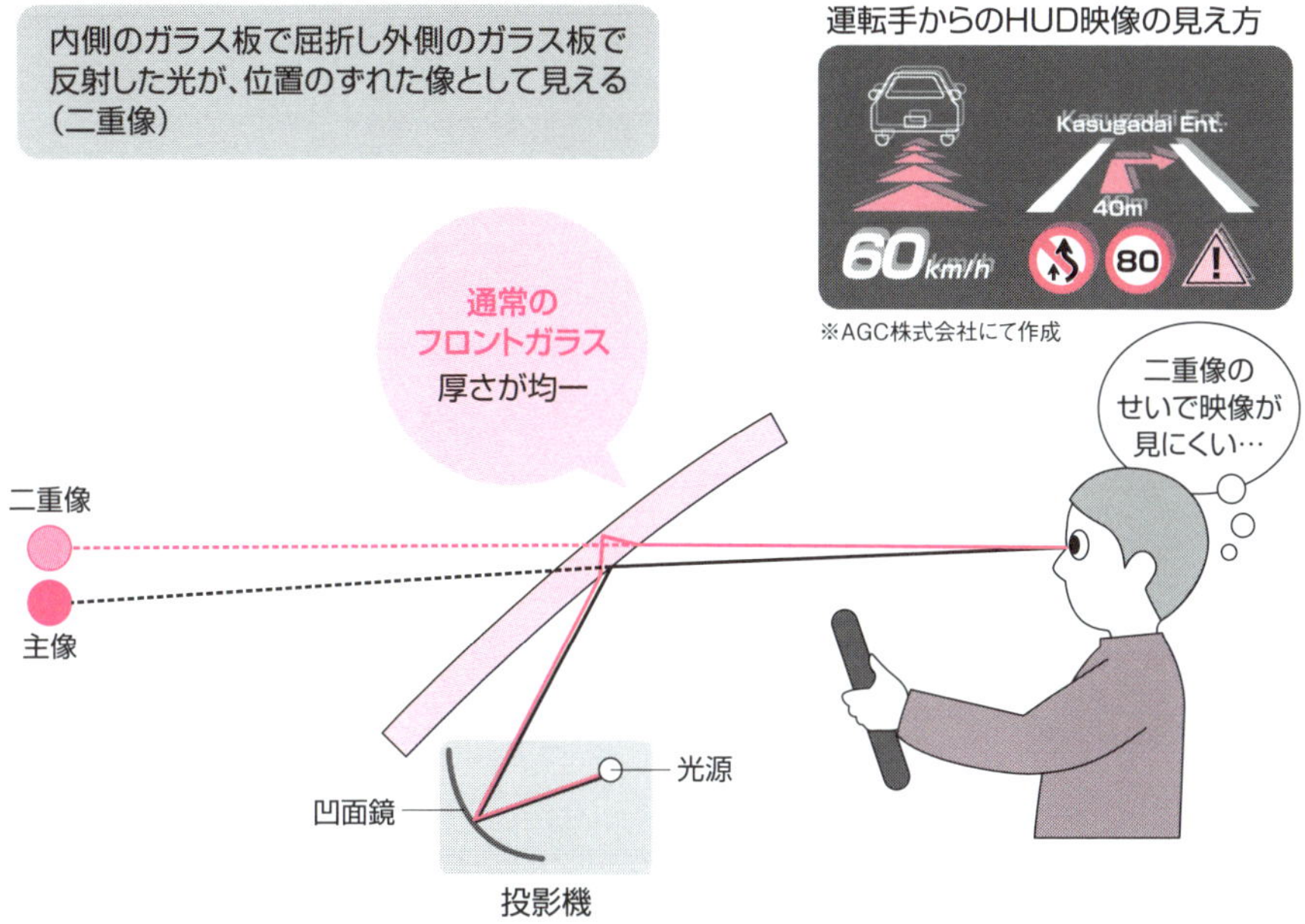

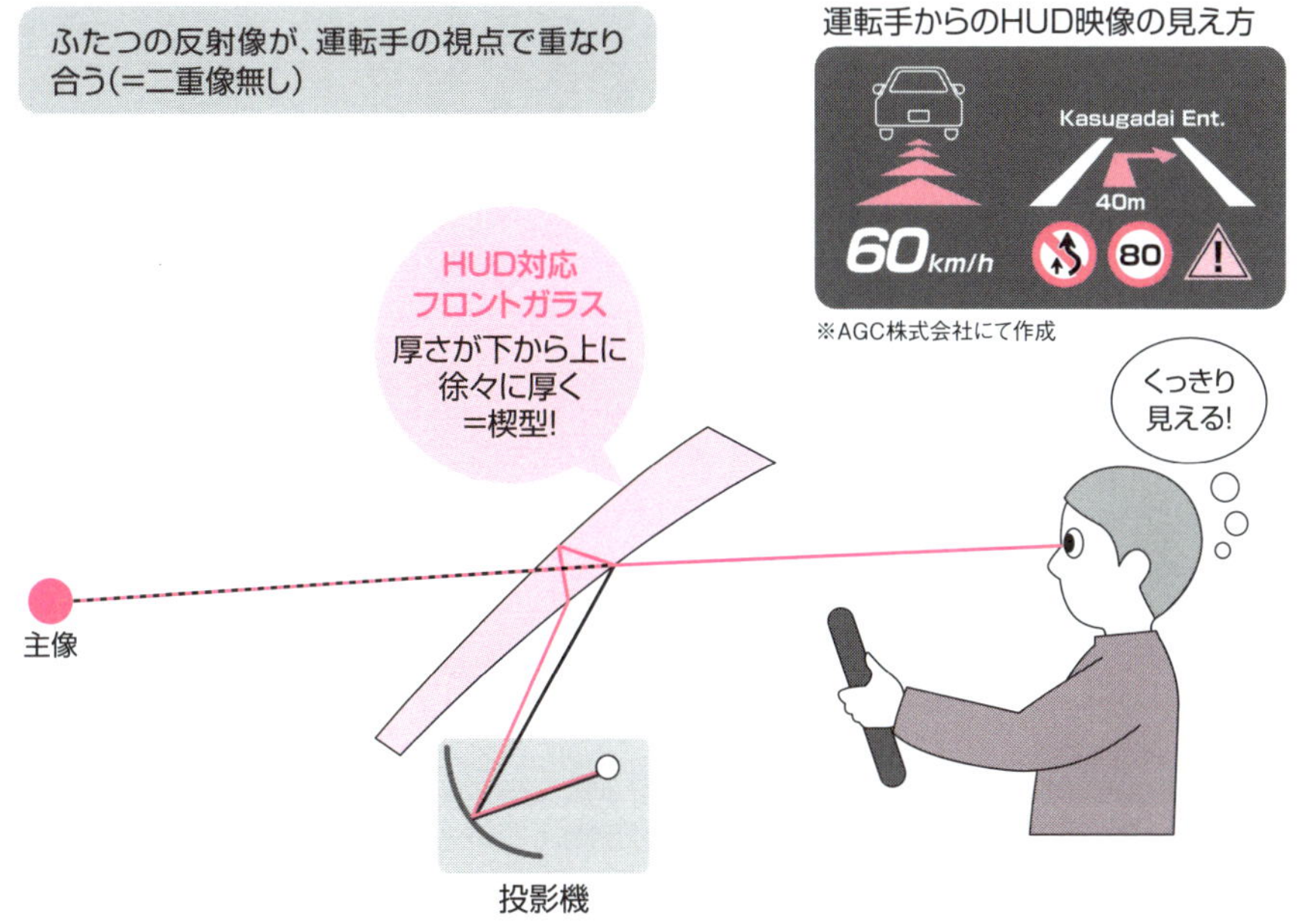

46 赤外線カメラ、科学的研究、医療機器など多岐にわたる用途で利用

赤外線透過ガラス

一般的にガラスは可視光線を透過しますが、赤外線は大部分を吸収します。しかし、特定の物質を使用して製造された赤外線透過ガラスは、赤外線を効果的に透過させることができます。このようなガラスは、セキュリティシステム、赤外線カメラ、科学的研究、医療機器など多岐にわたる用途で利用されます。

赤外線を透過させるためには板ガラスやびんガラスの主成分として使われる二酸化ケイ素（SiO_2）や酸化ホウ素（B_2O_3）よりも重い元素からできる化合物でガラスを造ることが必要です。例えば二酸化ケイ素よりも重い酸化ゲルマニウム（GeO_2）で造られたガラスは赤外線をよく透過します。また一般的な酸化物ガラスの構成元素の酸素をフッ素（F）などのハロゲン元素やカルコゲン元素、硫黄(S)、セレン(Se)、テルル(Te)に置き換えた化合物からできたガラスも赤外線を透過します。フッ素を使うガラスはフッ化物ガラス、カルコゲンを使うガラスはカルコゲン化物ガラスと呼ばれます。

カルコゲン化物ガラスはサーマルカメラという波長10μm前後の赤外線を画像化するカメラにレンズとして使用されることがあります。このカメラは照明用の光源を必要としない夜間のセキュリティシステムや自動車に搭載されることもあります。

フッ化物ガラスは赤外線透過特性だけでなく、レーザー発振媒体のような光機能性ガラスなど様々な応用の検討がされています。フッ化物ガラスを光ファイバー化してレーザー光を発振させるファイバーレーザーシステムに使用することもひとつの実用化の試みです。蛍光性元素を導入したフッ化物ガラスは酸化物ガラスに比べて蛍光効率が高く、高出力の可視光レーザーや赤外光レーザーが容易に実現できる可能性があります。このような高出力で特定の波長のレーザーは医療分野や大画面への投影プロジェクターの光源などに利用されることも期待できます。

要点BOX

- ●一般的な酸化物ガラスが赤外線を透過し難い
- ●酸化物ガラスより重い原子で構成されるガラスは赤外線透過範囲が広がる

赤外線を吸収するガラスの原子間振動の例

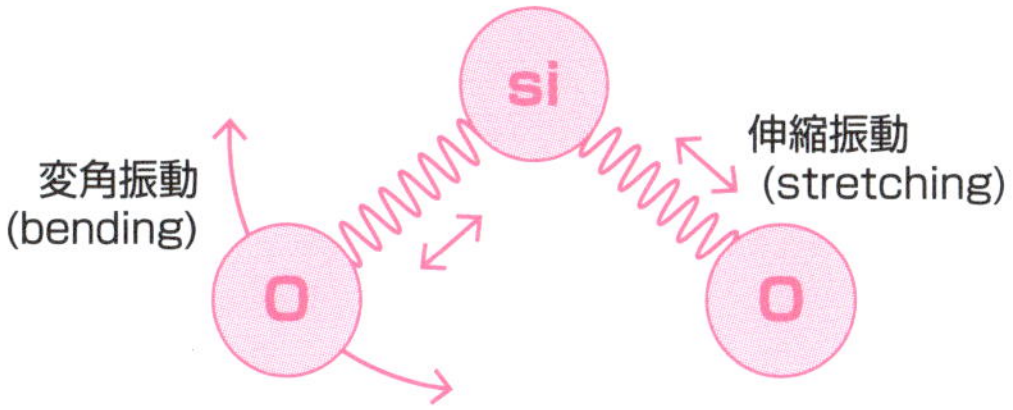

ガラスの種類による光の透過可能範囲

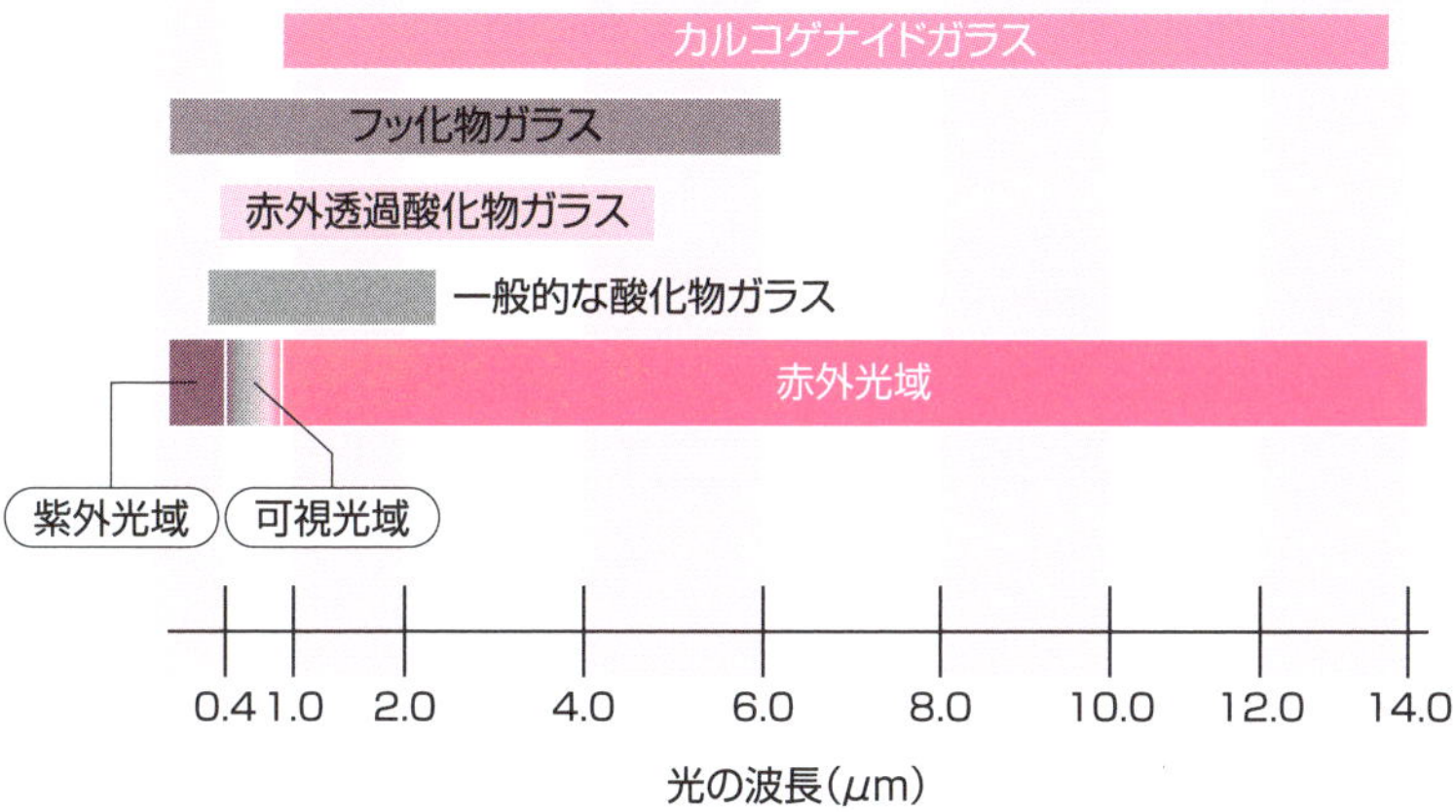

赤外線透過ガラスの成分別代表例	
酸化物ガラス	GeO_2系、TeO_2系など
フッ化物ガラス	ZrF_4系、AlF_3系など
カルコゲナイドガラス	Ge-S系、Ge-Se系など

用語解説

赤外線：可視光は波長が0.4μm（マイクロメートル）から0.8μm程度の電磁波で、それよりも長い波長の電磁波を赤外線（1mm程度まで）といい、特に可視光に近い波長から3μmくらいまでを近赤外線、それよりも波長が長くなると中赤外線、遠赤外線と呼んでいる。

ファイバーレーザー：希土類元素などの発光元素を添加したガラスを引き延ばして光ファイバーを作製し、そのファイバーをレーザー発振媒体として特定波長のレーザー光を取り出すシステムをファイバーレーザーシステムと呼ぶ。

47 曇らないよういろいろな工夫がされたガラス

自動車の安全を守る

冬の雨の日など電車やバス、自動車の窓ガラスが曇っている場面を、皆さん目にしたことがあるかと思います。これは冷たい外気で窓ガラスが冷やされることで、窓の内側が露点以下になり、細かい水滴が付着して光を散乱するために起こります。自動車を運転している際にこのような曇りが発生すると、運転手の視界が遮られ、事故に繋がる危険があるため、窓ガラスが曇らないよう様々な対策がとられています。

自動車には空調を使って窓ガラスに温かい風をあてる機構が備わっていますが、これは窓ガラスを温めることで露点以上の温度を維持することで曇りを防いでいます。空調だけでなくガラスの中や表面に電熱線や電熱膜を付けることで、窓ガラスにヒーター機能を組み込んだ電熱防曇ガラスもあります。電熱防曇ガラスは風をあてるよりも効率的にガラスを温められ、少ないエネルギー消費で曇りを防ぐことができます。

また、水が結露しても視界を遮る水滴にならないように、内側に防曇コーティングを施したガラスもあります。防曇コーティングとしてはメガネの曇り止めに使われているような、結露した水を薄く濡れ広げて光を散乱しない様にする親水性コーティングがありますが、温度が氷点下にもなる自動車の窓ガラスにおいては、ぬれ広がった水膜が凍結してかえって視界を遮る危険もあります。そのため自動車窓ガラスでは、結露した水を濡れ広げるのではなく、コーティング膜の中に吸収させることで曇りを抑制するようなコーティングが用いられています。これを吸水性防曇コートと言います。吸水性の有機樹脂とシリカのような無機材料を組み合わせることで、吸水性と傷つきにくさを実現しています。

最近は、窓ガラスの視界の維持は運転者だけでなく、運転支援カメラやセンサーなどの機械にとっても重要であり、自動運転技術を支えるうえでも曇らないガラスは重要になっています。

要点BOX

- ヒーター機能を組み込んだ電熱防曇ガラスや、結露水を吸水する防曇コートガラスがある
- 視界の確保や自動運転支援システムを支える

窓の曇りを防ぐ

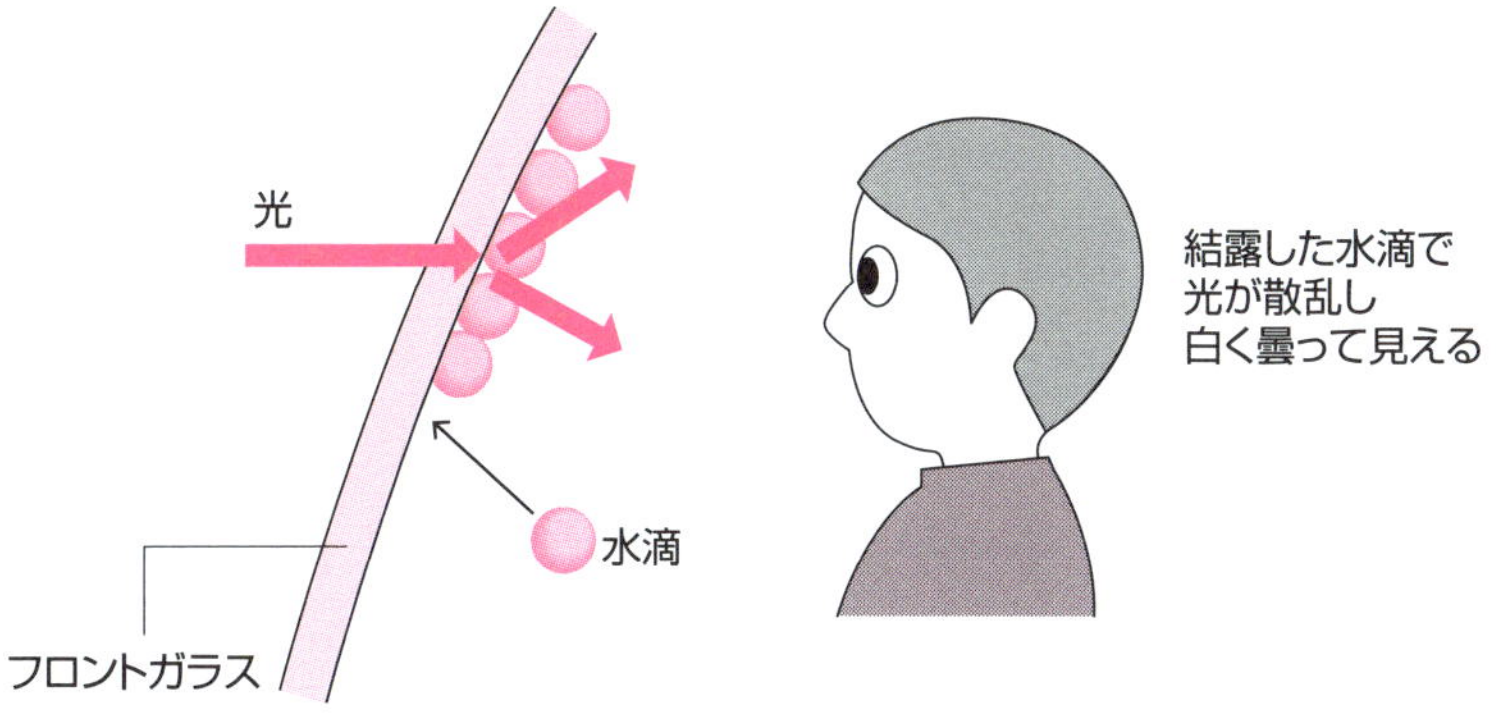

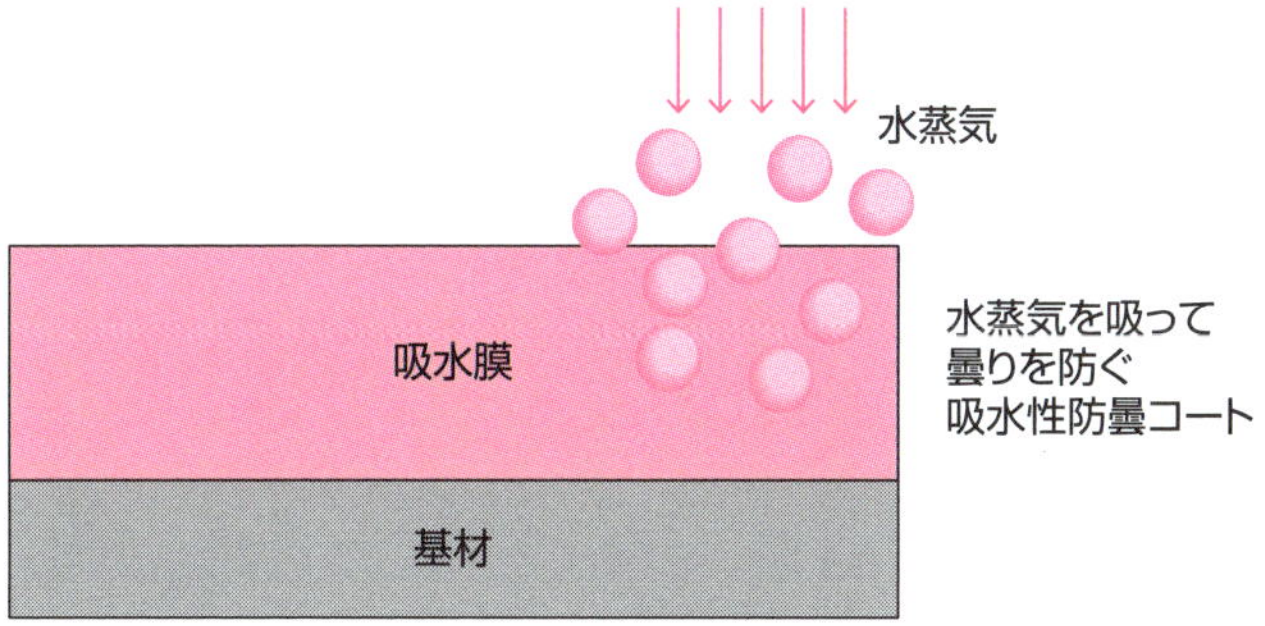

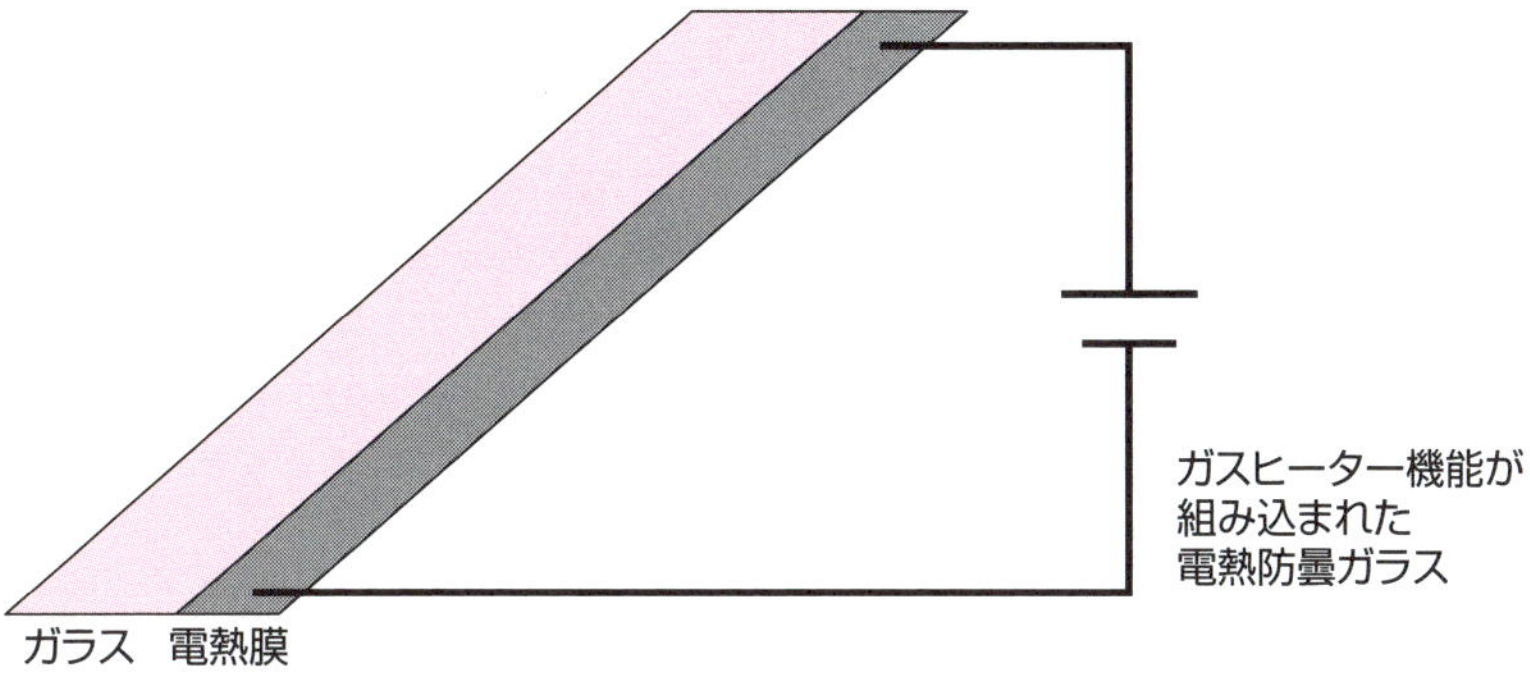

用語解説

露点：空気を冷やしていき、空気中の水蒸気が水に変わる温度。

48 乗り物のガラス窓に雨などの水滴がつかない仕組み

撥水性ガラス

ガラスの表面は本来親水性です。これを撥水性にするには、ガラスの表面に撥水性のコーティングを施します。撥水性ガラス表面では、水滴は小さな丸い粒となるため、雨などで水滴がガラスにつく状況でも、向こうの物が見やすくなるというメリットがあります。そのため、撥水ガラスは、自動車、列車、飛行機、船舶などの窓に利用されています。

上表に代表的な撥水性材料を示しましたが、それらに特徴的なのは、一つの分子中に撥水性の官能基と親水性の官能基を有するということです。撥水性基は水をはじく働き、親水性基はガラスに結合して撥水性コーティングを長期間ガラス上にとどまらせる働きがあります。自動車用として広く使われているのはPDMSとFASですが、それぞれ特徴があります。

PDMSはFASに比べると、撥水性能を長期間持続させる点では劣りますが、丸くなった水滴が転がり落ちやすい点で優れており、撥水性能が低下しても、車の一般ユーザーが自身で簡単に塗り直しもできるキットとして市販されてきました。

一方、FAS系の材料は、撥水性能を長期にわたって維持できる特徴があります。新車の段階ですでに撥水ガラスとして搭載されているものには、ほぼFASが使用されています。ただし、近年FASを使用したものでも、簡単に塗布できるキットとして一般に市販されることも増えてきました。

FASを使用した高耐久撥水ガラスの断面構造の一例を中図に示します。FASの親水性基はガラスと強固に結合しますが、より強固に結合させるには、ガラス状にシリカの下地層を形成し、その上にFASの層を形成します。そのようにすることで、FASが表面結合した状態が長期にわたって保たれるのです。

ただしFASについては、近年環境問題についての調査、議論があり、将来使用できなくなる可能性もあり、新規材料の研究が進められています。

要点BOX
- 自動車用として広く使われているのはPDMSとFASでPDMSは、丸くなった水滴が転がり落ちやすい、FASは、撥水性能を長期にわたって維持

主な撥水材料

撥水材料	構造	撥水性	滑り性（水滴の転がり性）	耐久性（撥水性の持続性）
PDMS	HO-{Si$(CH_3)_2$ O}n -Si$(CH_3)_3$	△	○	×
FAS	$(HO)_3$-Si-CH_2CH_2-$(CF_2)_5$ CF_3	○	△~○	△~○
PFPE	$(HO)_3$-Si-CH_2CH_2-(CF_2O)n CF_2CF_3	○	△~○	△~○

撥水ガラスの断面構造

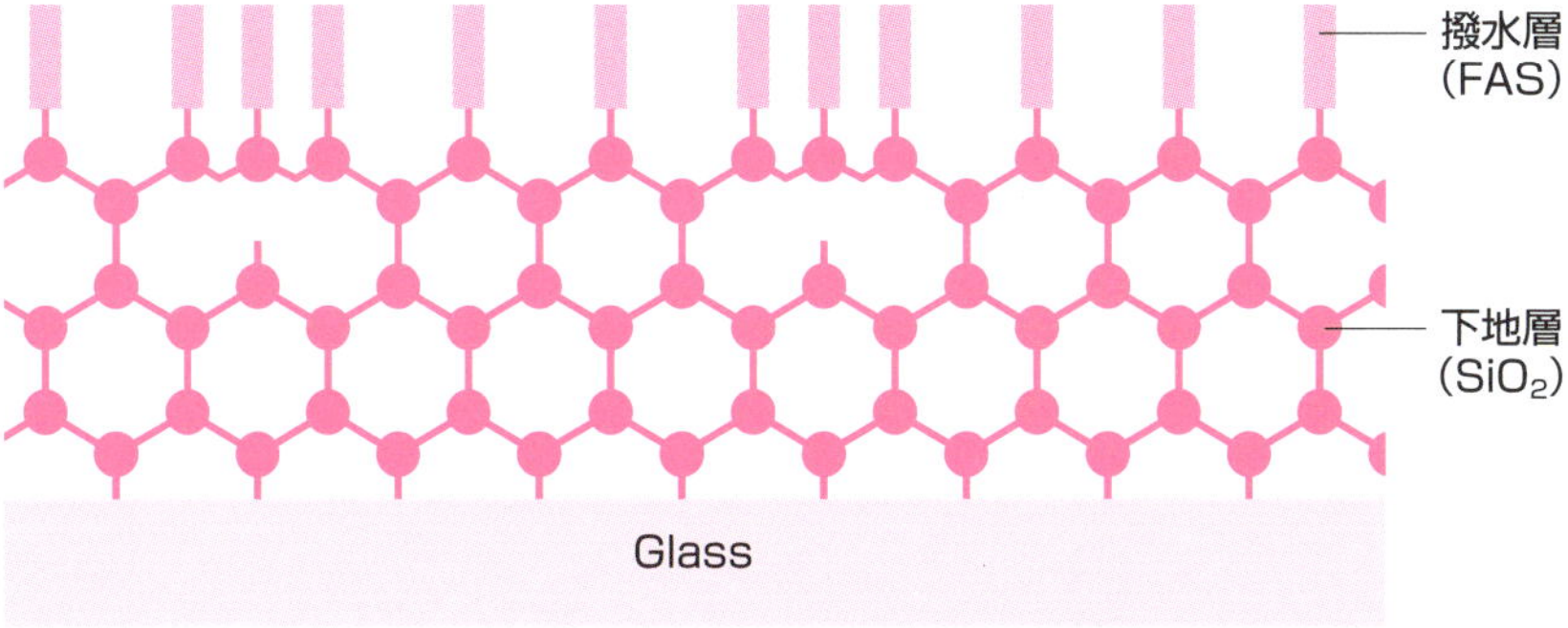

用語解説

PDMS: ポリジメチルシロキサン。FAS: フルオロアルキルシラン。PFPE: パーフルオロポリエーテル。
親水性：水を引き寄せる性質。水を親水性表面に乗せると薄く濡れ広がる。
撥水性：水を寄せつけない性質。水を撥水性表面に乗せると丸い液滴となる。

49 車内の暑さを和らげる熱線吸収ガラス

省エネにも一役

近年、乗用車やバス、旅客鉄道車両には大面積の窓ガラスが使われるようになっています。しかし、透明な窓ガラスは、太陽光に含まれる、目に見える波長の可視光線に加えて、熱として感じる赤外線も一部通してしまうため、春から秋にかけては不快なほど車内の温度が上がったり、夏場は車内の冷房が効きにくくなり、燃費・電費が悪くなってしまいます。そこで、ガラスを通して車内に入る赤外線を少しでも減らすため、その一部を吸収するガラスが車窓に使われています。

ソーダ石灰ガラス中に含まれる鉄イオン（2価）が波長1μm付近の赤外線を吸収するため、車両用のガラスには、一般的な建築用ガラスに比べてより多くの鉄が加えられたものが使われることがあります。このようなガラスは、青緑色をしています。カーテンなしでも外からの光をある程度遮ることができるため、最近ではさらに多くの鉄やコバルトを加えて赤外線吸収力を高めた青味の強いガラスも、電車やバスといった公共交通機関の客席用窓ガラスに使われています。プライバシー保護のため車外側から車内側を見えにくくした、主に自動車後部座席側で使われるスモークガラスにも、セレンやニッケル、コバルト、クロムといった着色剤とともに鉄が加えられることで、赤外線を吸収する効果が備わっています。

一方で、運転者が見通しよく安全に運転するため、自動車のフロントガラスなどの運転席・助手席周辺のガラスには、一定以上の可視光線が通るように義務づけられています。そのため、ガラスだけで吸収できる赤外線も限られてしまいます。そこで、ガラスとガラスの間に挟み込む樹脂の膜にも赤外線を吸収するITO（酸化インジウムスズ）が添加されたものを用いて合わせガラスを構成することで、可視光線は遮らずに、赤外線をより効果的に吸収できるように工夫された製品も販売されています。

要点BOX

●差し込む光の一部をガラスで吸収して、車内の温度上昇を抑制する。

一般的なフロートガラス（ガラス厚さ4mm）

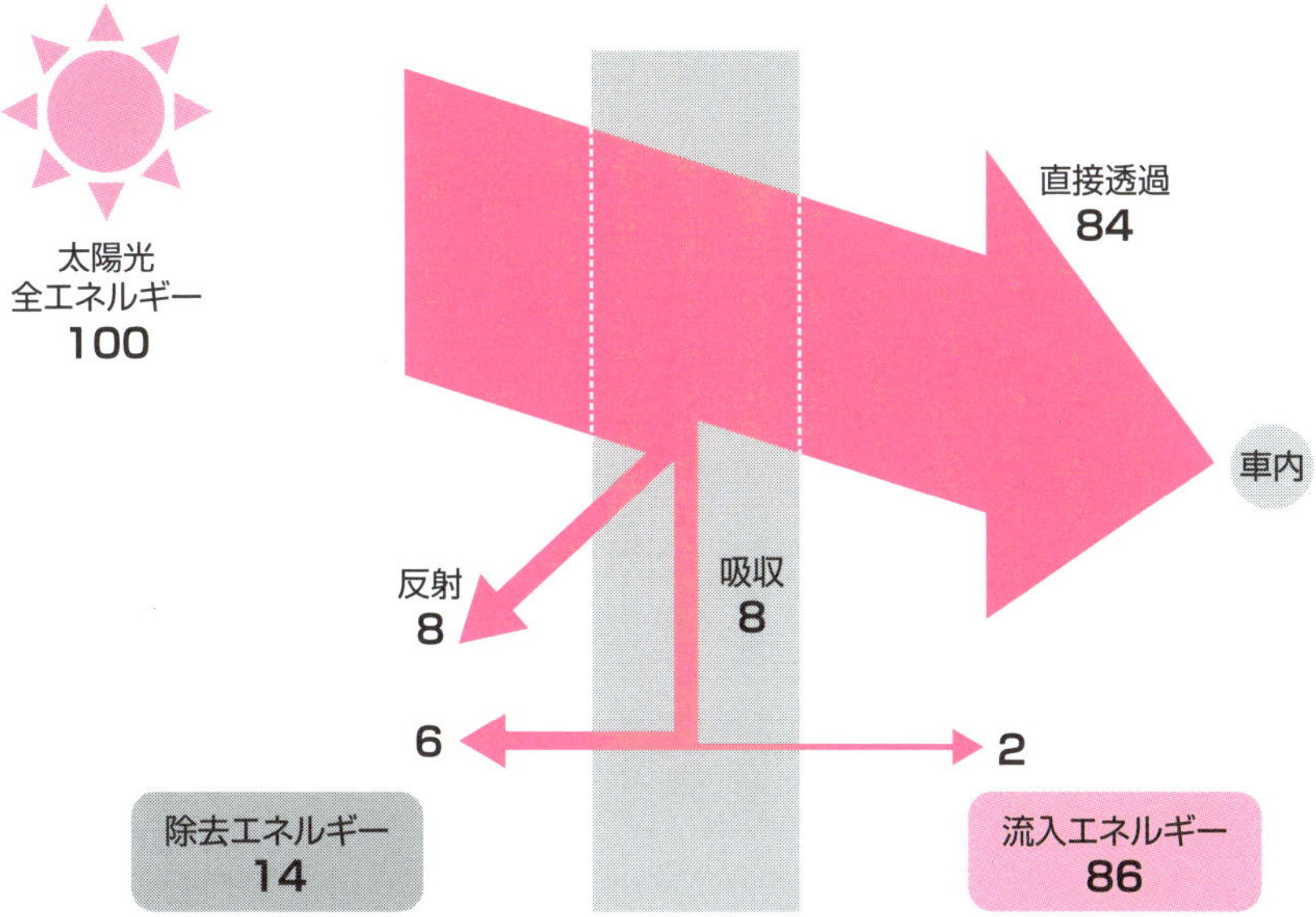

熱線吸収ガラスを用いた合わせガラス（ガラス厚さ2mm＋2mm）

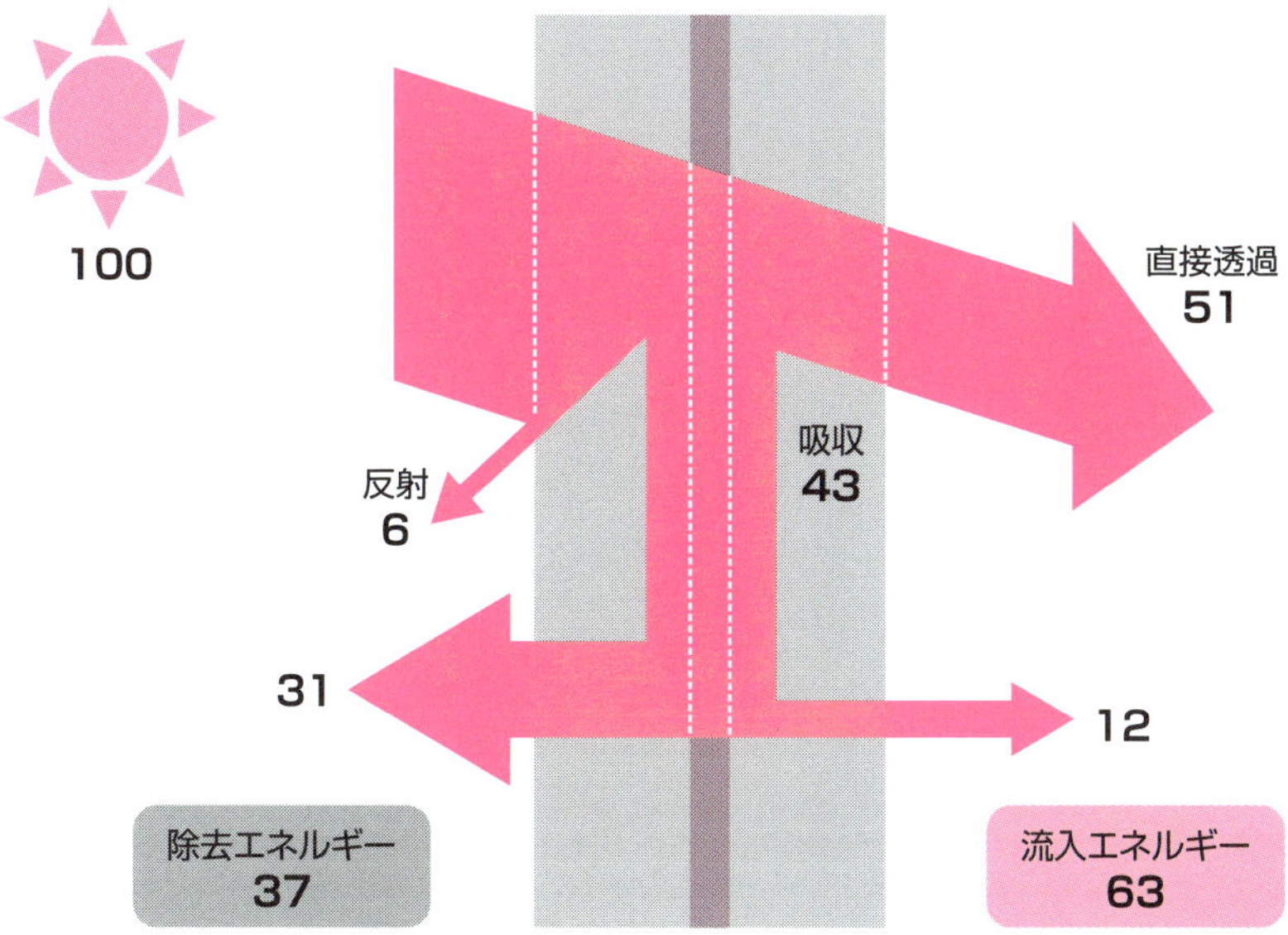

（日本板硝子調べ）

50 ガラスを使って過去を見ることができる？

天体・宇宙望遠鏡用ゼロ膨張ガラス

ゼロ膨張ガラスは外気の熱変化に対し伸縮しない、いわゆる熱変形しないガラスです。

ほとんどの物質は温度の上昇とともに体積が膨張し、温度が下がると縮みます。熱によってゴムや金属が延びたり、例えば冷たいガラスコップに熱湯を注ぐと割れてしまったりすることは熱膨張が要因で起こります。

ゼロ膨張ガラスには大きく分けて2種類、アモルファスガラス（非晶質）と結晶化ガラス（非晶質と結晶質が混在）があります。その原理は、アモルファスガラスの場合、ガラス中に熱を加えると縮む成分（二酸化チタン）をガラス成分に入れ、結晶化ガラスでは、熱によって縮む膨張特性を持つ結晶（β - 石英等）をガラス中に析出することで、ガラス全体の熱膨張を打ち消し合ってガラスを無膨張化しています。

ゼロ膨張ガラスの用途として、半導体や計測装置など精密機器の部材に使用されている他に宇宙、天文の反射望遠鏡の鏡材にも使用されています。大型の天体望遠鏡、例えばハワイ島にある日本のすばる望遠鏡の反射鏡（直径8・3m）鏡材にも使用されており、次世代超大型望遠鏡計画の1つTMT（Thirty Meter Telescope：直径30m）にも使用予定です。望遠鏡の大型化により、鏡の大きさが大きくなるほど鏡材の熱膨張は無視できなくなります。また人工衛星に搭載される宇宙望遠鏡でも宇宙空間での温度変化（200℃以上）が大きいため、望遠鏡の鏡材にはゼロ膨張ガラスが望まれます。人間でいう目の役割をする望遠鏡の鏡が僅かでも熱膨張により歪んでしまうと、きれいな画像を得られません。

望遠鏡で何億光年先の星を観察することは、今から何億年前にその天体から放たれた光を見るということです。ゼロ膨張ガラスの鏡を使った超大型望遠鏡で宇宙で最初に誕生した星からの光を検出し、未だ解明できていない宇宙の謎や宇宙のはじまりに迫ろうとしているのです。

要点BOX

- ゼロ膨張ガラスはガラスにマイナス膨張の成分を入れるか、もしくはガラス中にマイナス膨張の結晶を析出させて全体の熱膨張を無膨張化

ゼロ膨張ガラスが使用される超大型望遠鏡TMT（Thirty Meter Telescope）のスケール概略図

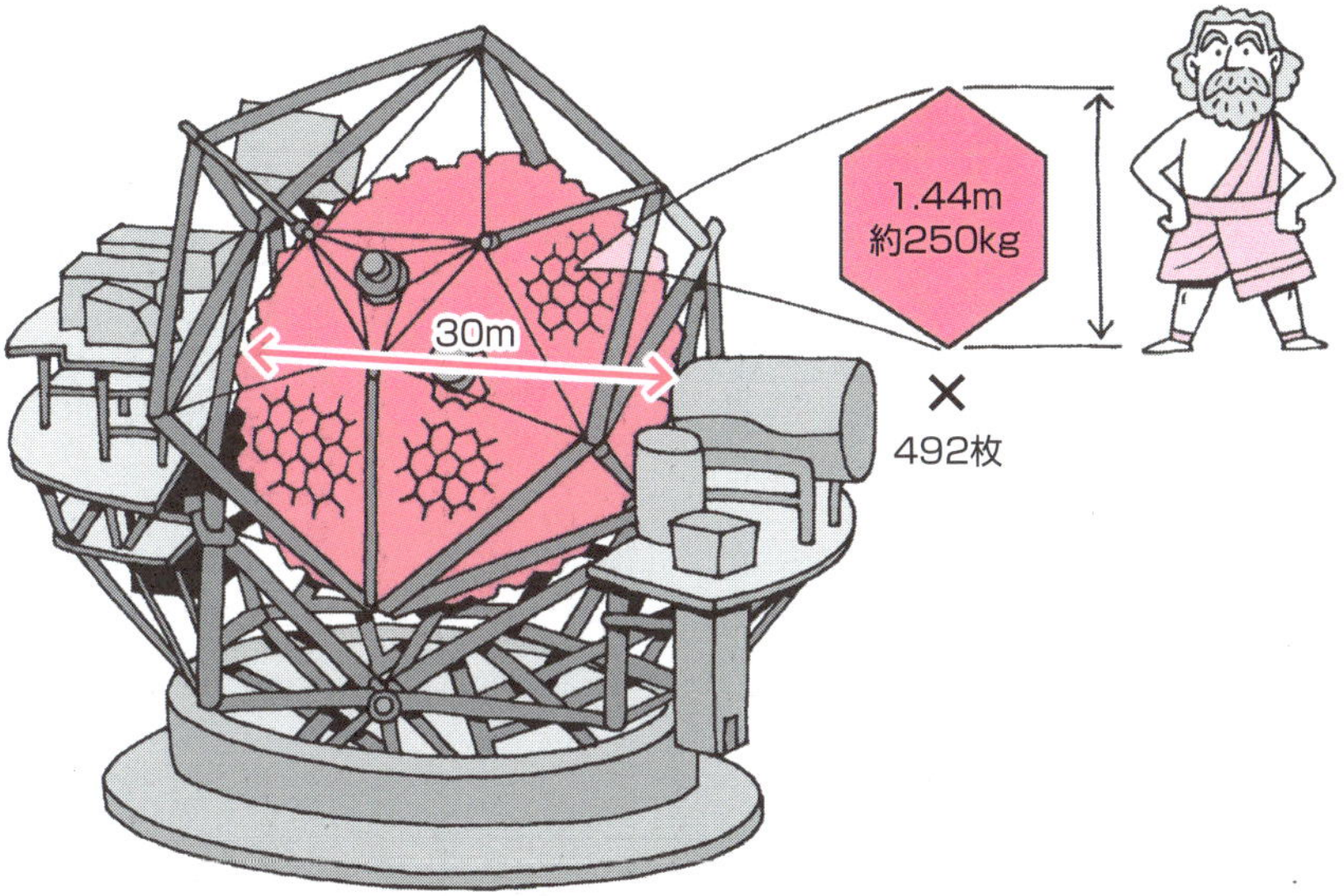

ガラスの熱膨張比較：1m長の各材料が100℃温度上昇した場合の伸び量

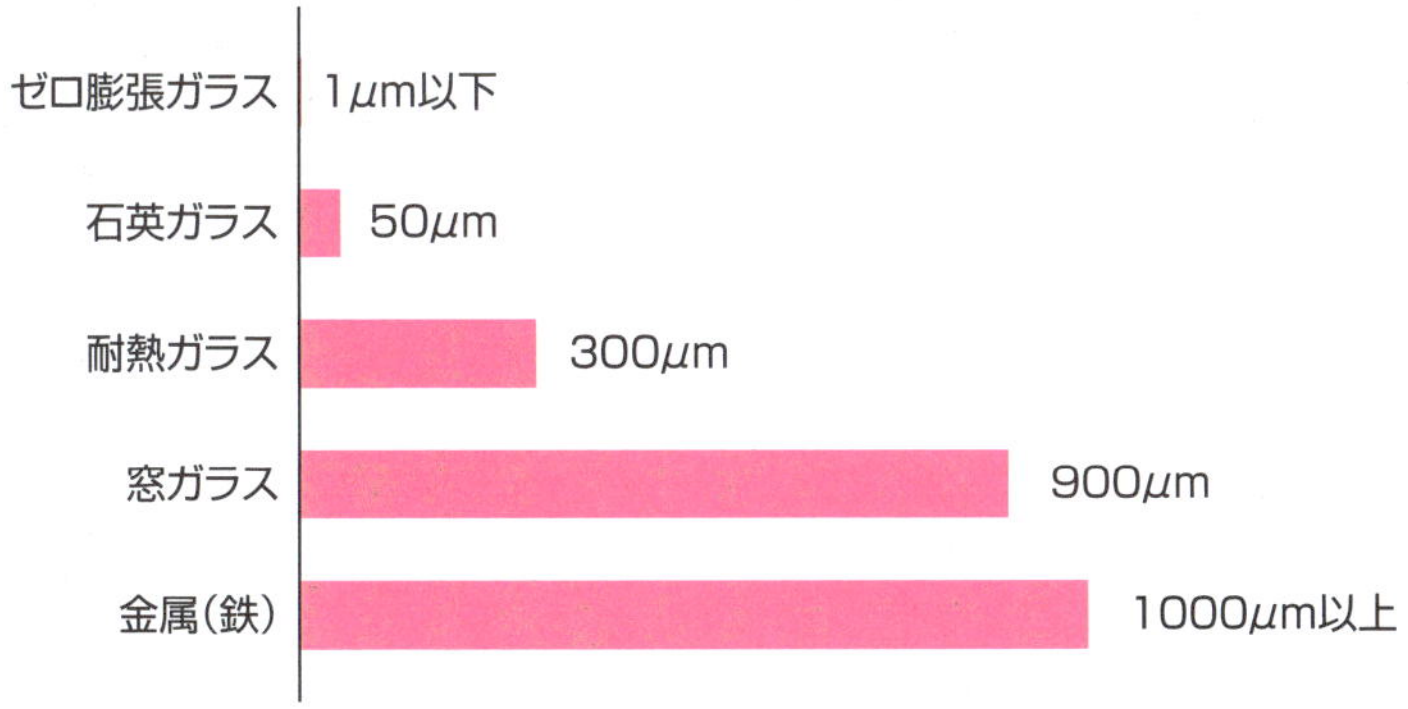

用語解説

TMT：鏡の直径が30メートルの超大型天体望遠鏡。492枚の六角形の鏡を組み合わせて作られる分割鏡方式を採用。日本、米国、カナダ、インドの国際協力事業で建設を進めている。

望遠鏡：望遠鏡には屈折式と反射式がある。屈折式は光学ガラスのレンズを使い、反射式は低膨張やゼロ膨張ガラスを使った鏡を使う。大型望遠鏡には反射式が一般的に採用されている。

Column

ガラスと絵具が織りなすアート～エナメル彩で広がる創作の世界～

ガラス工芸におけるエナメル彩は11世紀頃からあり、ガラスの表面に絵を描くことで装飾を施す技法です。顔料を溶いた絵具でガラスの表面に絵付けを施した後、加熱することで表面に絵具が焼き付けられ一体化します。ステンドグラスに用いられるグリザイユ（高温エナメル）は焼成温度が650℃前後。吹きガラスなどの立体作品に用いられるエナメル彩（低温エナメル）は560～580℃。これはガラスの形が崩れないギリギリの温度であり、先にガラス本体を完成させてから絵付けをするため、デザインを壊すことなく繊細な絵付けが可能です。

さらに比較的最近になって〝高温用エナメル〟という新しい絵具が登場し、作品の幅が広がりました。高温用エナメルは700～900℃で焼き付くので、絵付け後にガラスを変形させることができ、通常のエナメルでは得られない、絵とガラスのさらなる一体感が生まれます。熱でガラスの形が変わる際、描いた絵も伸縮するため、出来上がりを完全に予測することはできません。火に〝委ねる〟部分も一つの楽しみであり、偶然の美しさを生み出す要素でもあります。

また、描いた絵の上からさらにガラスを巻いたり、他の色ガラスを被せることで2層構造にしたり、サンドブラストなど他の技巧を組み合わせたりすることで様々に表情を変えることもできます。こうしたバリエーションにより、ガラス表面に独自の質感や奥行きを持たせることができ、同じエナメル彩という技法の中でも異なる仕上がりを楽しむことができます。お話を伺った作家さんにとってのエナメル彩の大きな魅力は、日常で使える生活道具の中に絵画の楽しさを取り入れられることだそうです。それが透過性のあるガラスだからこそ描かれた絵は空間に溶け込み、光によって変化し、その影の妙さえも面白いのです。

さて最近では、160～180℃で焼成できる家庭用の低温エナメル（アクリル系）も登場しており、オーブンレンジ等での焼き付けが可能です。そのためガラスの絵付けを趣味とする人々も増えつつあるようです。自宅にあるグラスや空きびん等にも使えますので、ガラス工芸に初めて挑戦する人にもぴったりの技法かもしれません。

「blowing, drawing, painting日々」
（提供:中野幹子氏）

第6章

ライフサイエンス分野で活躍するガラス

51 ワクチンなど医薬品の性能を高い信頼性で維持

医療現場に欠かせないガラス容器

インフルエンザなど感染症の予防には、ワクチン接種が有効な手段となります。このワクチンはじめ医療用の薬液を安全に保管、運搬し、接種に供するためには、ガラス容器が欠かせません。

医療用の薬液は有効成分が効力を発揮できるように調製されていますが、周囲の影響を受けて薬液の性質が変わると有効成分の効力が失われます。医薬品の保存容器は、薬液が充填されてから使用されるまで、その性質を変化させないことが求められます。

薬液の性質を変化させるものの代表例が空気です。ガラスは高気密という特徴を持ち、昔から医薬品の容器に適した材料として使われてきました。また、水に対する耐久性が低い容器では容器の成分が溶け出してしまいます。そこで医薬品の容器には、特に水に対する耐久性が高い、酸化ケイ素（SiO_2）、酸化ホウ素（B_2O_3）、酸化ナトリウム（Na_2O）、酸化アルミニウム（Al_2O_3）を主成分とする「ホウケイ酸ガラス」が使われています。

水に対する耐久性は非常に重要で、医薬品の容器は各国で定められた耐水性試験をクリアしないと使用することができません。

薬の中には紫外線で性質が変化するものがあり、このような薬の性質を保持するためには、紫外線を通さない容器に保管する必要があります。鉄（Fe）などの成分によってアンバー（褐色）に着色されたガラスは、光透過率曲線に示すように紫外線を透過し難いため、紫外線に弱い薬の容器として使用されます。

これら医療用途のガラス容器は、高い寸法精度でつくられたガラス管を熱加工することによって製造されています。そのため容器の寸法精度が高く、充填量や異物の検査が容易という特徴があります。

医薬品用容器には、軽くて割れない樹脂製もありますが、高い信頼性を必要とする薬液の容器には今後もガラスが重要な役割を果たすものと思われます。

要点BOX

●医薬用薬液の保管、輸送には優れた特性のホウケイ酸ガラスが使われる

医薬品容器用ホウ珪酸ガラス管と光透過率曲線

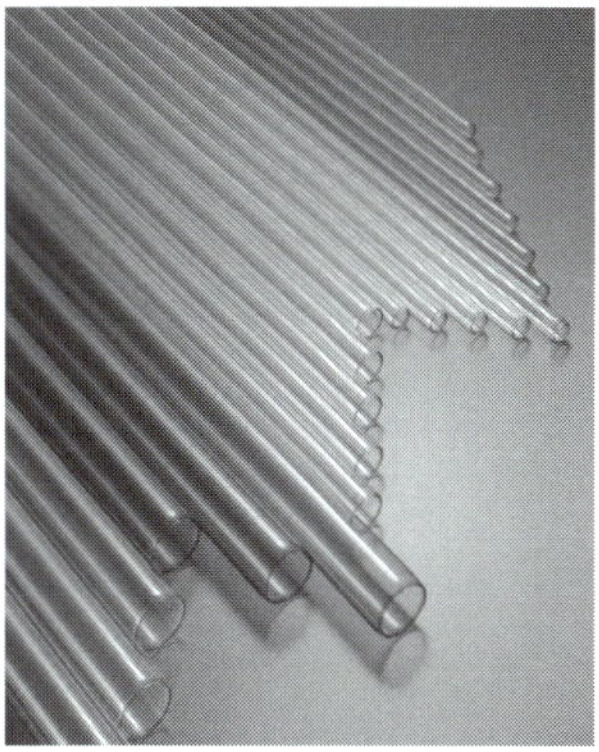

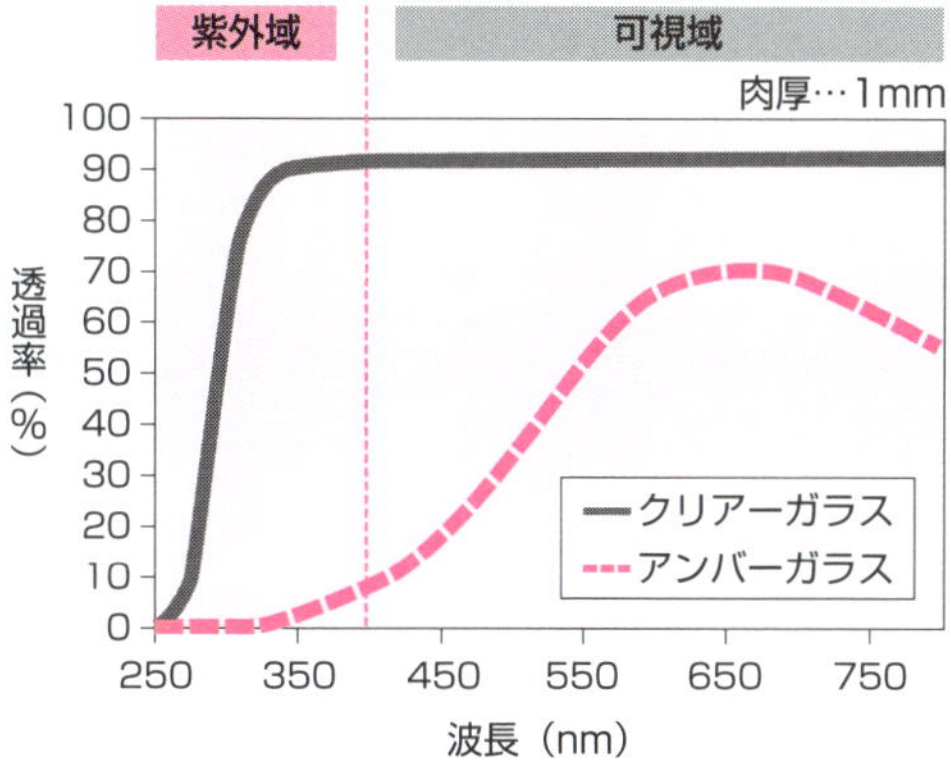

医薬品用器（バイアル）の熱加工工程

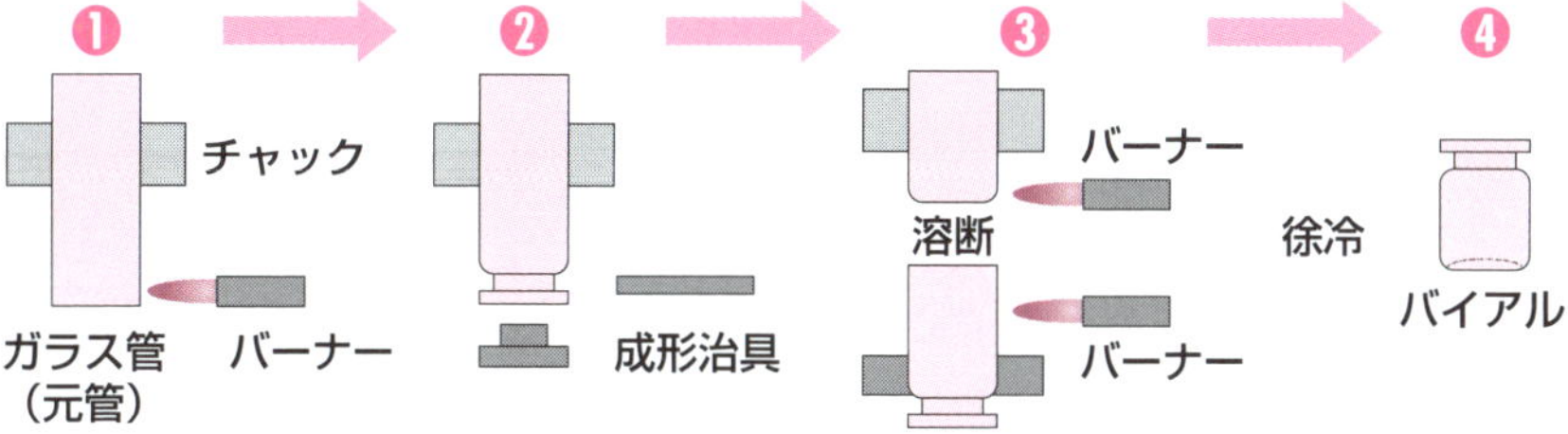

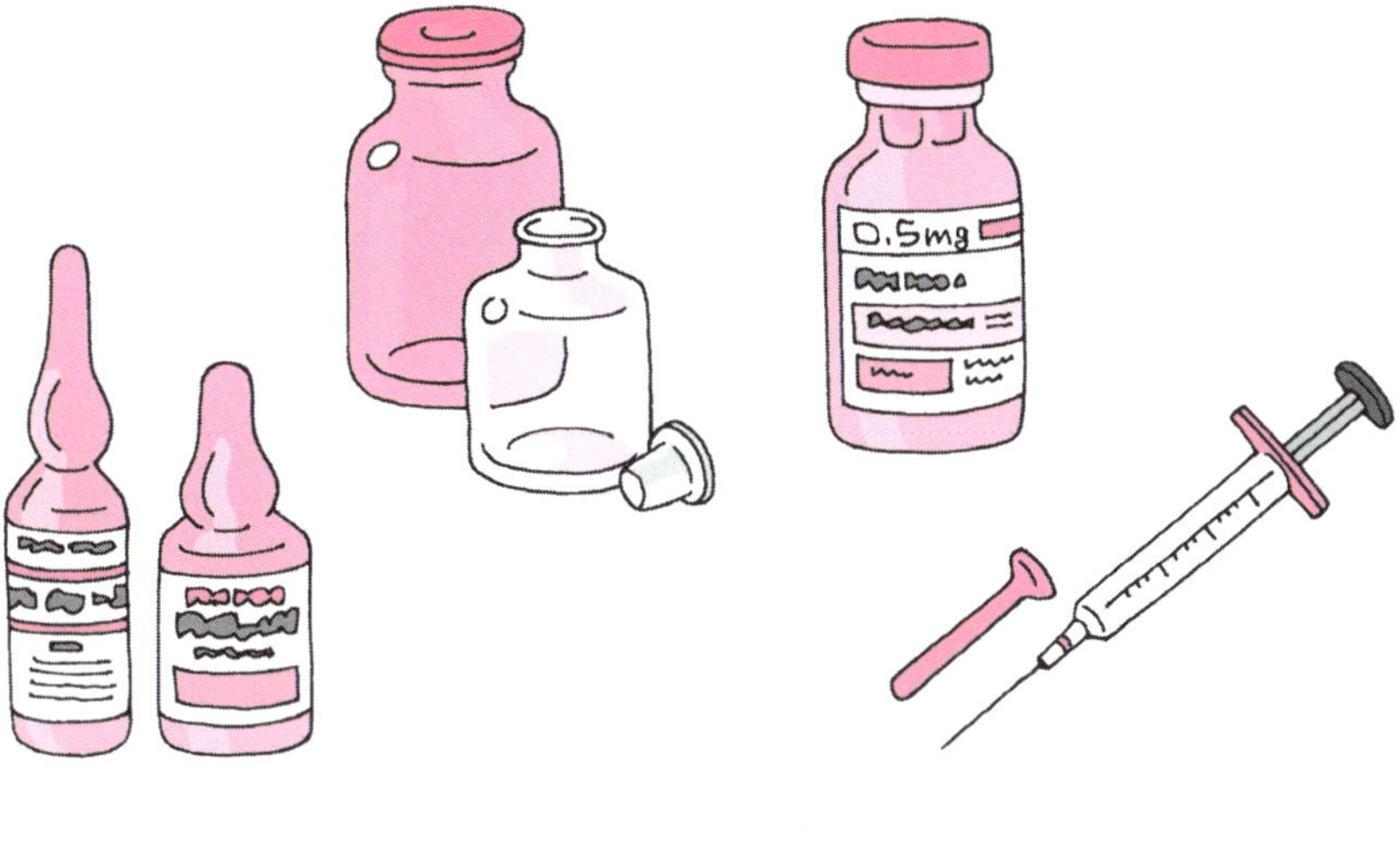

52 ガラスが現在のセラミックに置き換わる可能性も

骨補填材

　病気や事故で失われた骨の治療に使用される骨補填材は、骨の無機成分に近い組成のガラスやセラミックスで、1970年代に研究が始まりました。当初は荷重支持を補助する高強度材料の開発が主でしたが、20世紀末から骨組織再生にシフトしていきました。材料については、骨組織と化学的に結合するリン酸カルシウム系化合物、ヒドロキシアパタイト(HA)、リン酸塩ガラス、または体内で吸収されながら骨組織に置換するβ型リン酸3カルシウム(βTCP)が着目されました。

　骨の再生は多孔質構造が有利で、実用的な強度を持ち高い気孔率(みかけの密度を真密度で除した値)であることが課題となり、気孔率60%以上の高気孔率製品が実用化されています(上図)。多孔空間は2次元と3次元の中間にある特異な構造で、適切な構造制御された多孔質骨補填材を埋植すると、有用な蛋白が多孔体内部に蓄積し、血管組織が誘導されて骨形成が始まり、これが進むと、骨代謝のサイクルに移ります。

　気孔率85%HA多孔体は、細胞や骨形成に有用な蛋白を貯留する球形のマクロ気孔、蛋白の吸着や細胞が機能するための足場になる壁面のミクロ気孔、マクロ気孔間を血管組織や細胞が通過する気孔間連結孔から構成されています(下図)。構造を変えずに材質をβTCPにすると吸収置換型となり、様々な治療に対応が広がります。現在、ガラス製骨補填材は臨床使用されていませんが、治療に有用な金属元素の放出を長期に制御しやすい点が、ガラスの利点です。

　骨補填材の設計は、製造から体内の期間で安全性に関わるリスクを抽出して低減を行いそれらを検証すること、品質管理は製造から出荷まで監視を行い、安全で優れた機能を持つ骨補填材の提供を実現しています。

要点BOX

- 多孔体骨補填材の気孔は、治療で果たす役割により、サイズが異なる

人工骨製品の発売年と気孔率

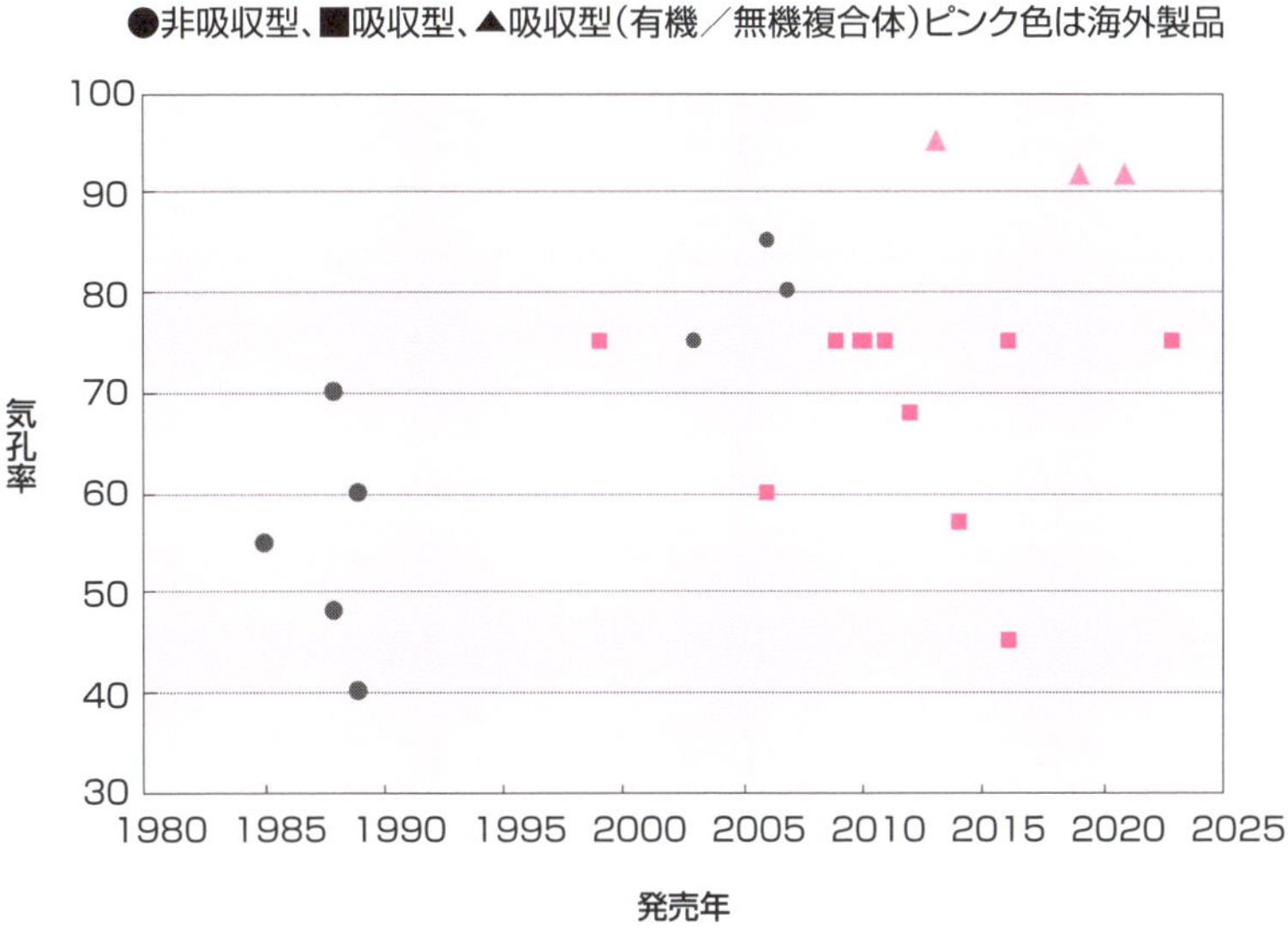

多孔体微細構造と骨組織

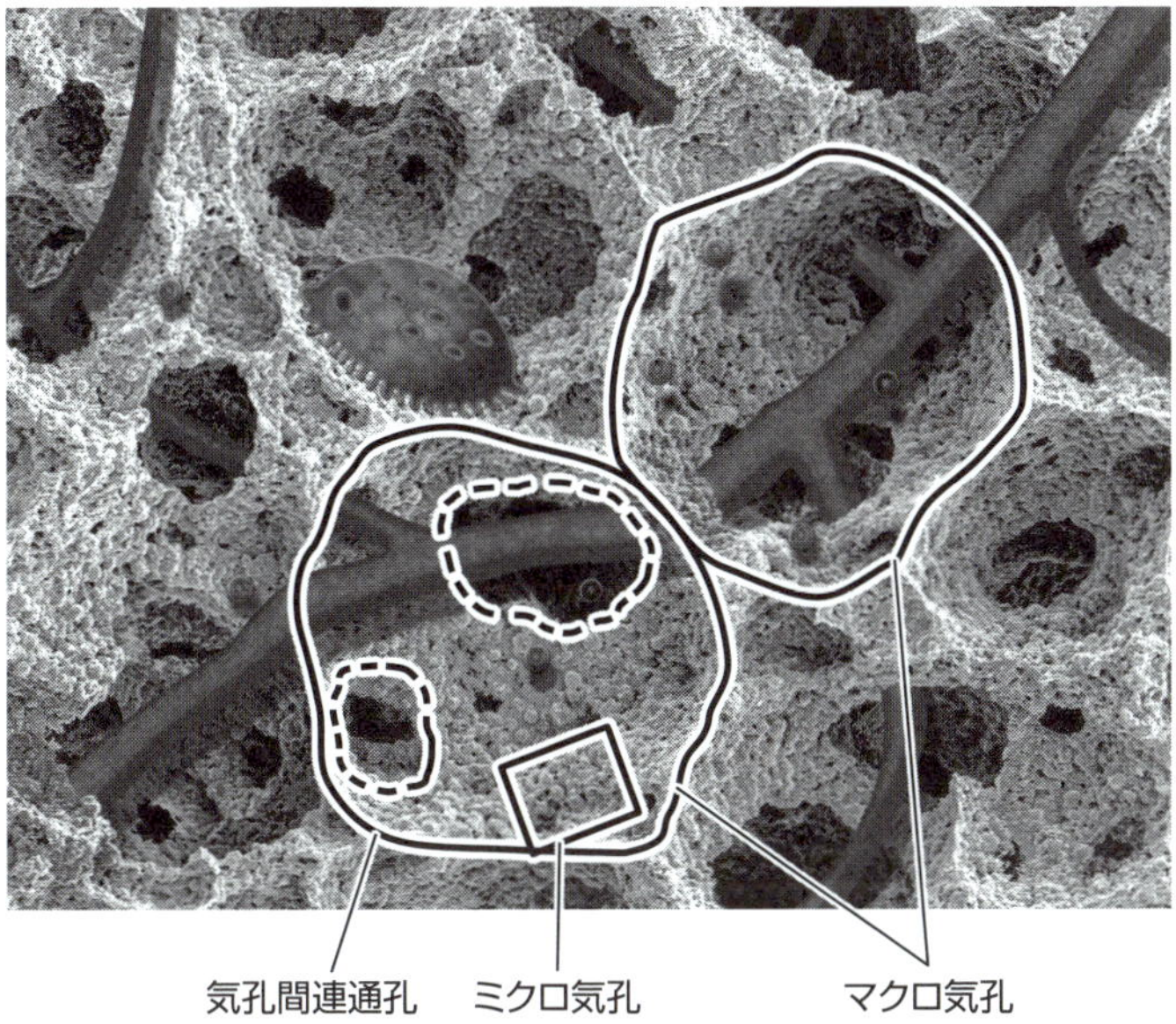

53 ガラスのフィルターを使うことでがんを発見

血清フィルター

近年、がんを発見する方法の一つとして、血液中に含まれる50～150nmサイズのエクソソームを検査する方法があります。エクソソームは、体中の細胞から放出された微粒子で、血液他の体液を通じて体中を循環しています。このエクソソームにはタンパク質やRNA等のメッセージ物質が格納されていて、これを調べればどのがん細胞から発生したエクソソームかわかり、がん病変部位や進行度を検査できるわけです。

初期のガンを調べるために、この小さいエクソソームを効率よく、再現性よく、血液から採取する必要があります。その時、血清フィルターとしてガラスフィルターを使う方法があります。ガラスフィルターは例えば100～130nm程度の均一なサイズの連続細孔があいている事が特徴で、近いサイズのエクソソームを連続細孔内でひっかけて捕まえることができます。

このガラスフィルターは分相ガラス（例えばナトリウムホウケイ酸塩系ガラス）から作ることができます。ガラスの分相は、均一に溶融したガラスを溶融後にある温度で保持すると2相のガラスに分離し、たいていの場合は冷却後に白色ガラスになる現象です。この分離状態については、バイノーダル分解（液滴状態）、スピノーダル分解（3次元的に絡み合った状態）の2種類がありますが、今回はスピノーダル分解するガラスを使います。それは3次元的に絡み合っていないと、連続細孔とならないためです。このようにガラスが連続細孔状態に分離すると、1相は酸に強く、1相は酸に弱くなるため、酸に弱い相だけを溶かしてしまえば、3次元構造のガラスフィルターを得ることができるわけです。また保持する温度条件で細孔サイズを希望通りのサイズに制御できるので、作りたい細孔サイズのガラスフィルターをつくることができ、さらに細孔サイズがそろっているという優れた特徴があります。

このようにして得られたガラスフィルターに血液を通して、欲しいサイズのエクソソームを回収します。

要点BOX

●色々なものが含まれた血液から50－150nmサイズのエクソソームを捕まえて調べると、どんなガン細胞が体にあるかわかる

ガラスフィルターの作り方

溶解 → 徐冷 → 熱処理 → 加工 → 酸処理

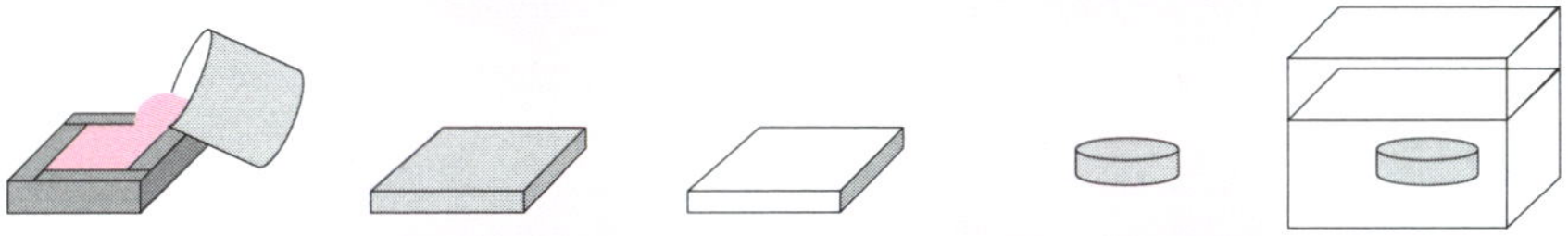

- **溶解**：1500～1600℃で溶かしたガラスを型に流し込む
- **徐冷**：溶けたガラスをゆっくり冷やして透明なガラスに
- **熱処理**：ガラスを熱処理することで2相にわかれた分相ガラスになり、白くなる
今回は下記のスピノーダル分解したガラスを使用
- **加工**：フィルター形状にガラスを加工
- **酸処理**：ガラスを酸の入った薬液につけて、酸に弱い相だけをとかすことで、フィルター形状になる

分相ガラスの状態

バイノーダル分解

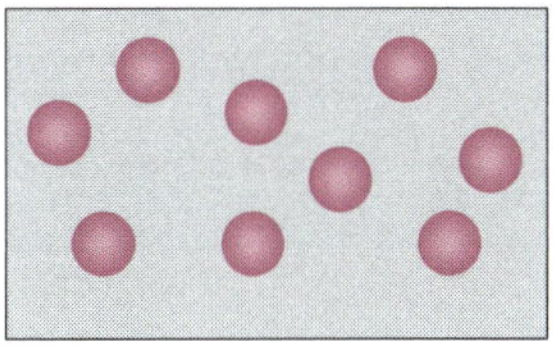

水に油がういているような液滴状態

スピノーダル分解

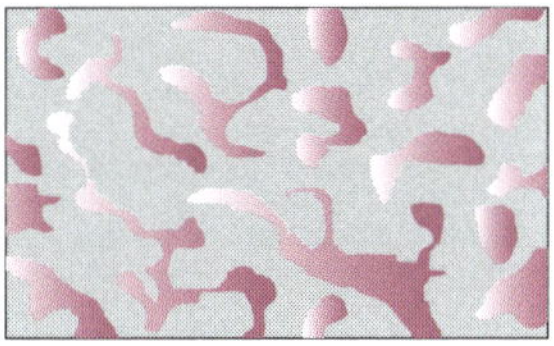

3次元に絡み合った状態

ガラスフィルターの細孔径分布特徴

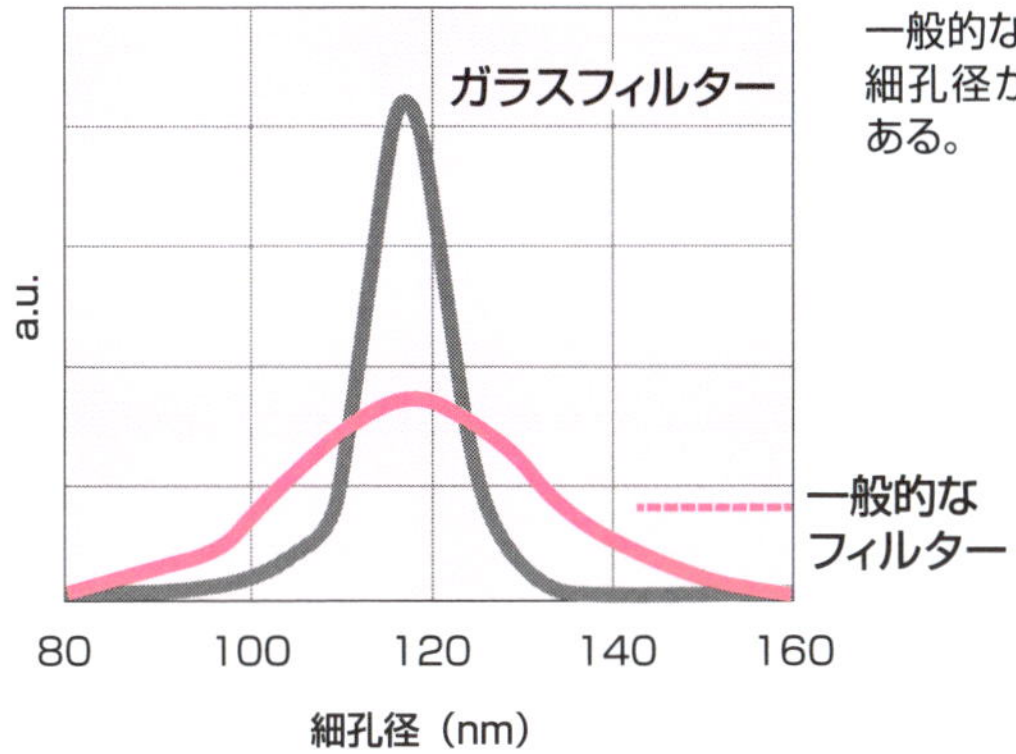

一般的なフィルターにくらべて細孔径がそろっている特徴がある。

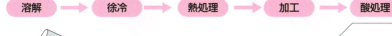

54 積極的に反応して身体と一体化していくガラス

生体活性ガラス、結晶化ガラス

骨（上左図）は生涯にわたり継続的な活動状態にある動的な臓器で、重要な役割をもっています。

骨を構造からみると、表面は緻密な皮質骨、内部は梁状多孔質の海綿骨から構成されています。さらに微細にみると、無機質のリン酸カルシウム（ヒドロキシアパタイトの微細な結晶）と有機質のコラーゲン繊維が複合化された組織です。この複合体は、血管を中心にバウムクーヘンのような構造が単位構造（ハバース系）となり、マクロな構造を形成しています（上右図）。

骨の組織は形成、維持、破壊を繰り返す骨代謝サイクルで常に更新されながら恒常性が維持され、骨を形成する骨芽細胞、古い骨を分解する破骨細胞、骨組織を維持する骨細胞の3種類の細胞が関わっています（下図）。

骨組織は自己修復能が高く、単純な骨折や欠損は修復されますが、複雑骨折、大規模な欠損、または加齢と共に骨組織が減少して様々な障害をもたらす骨粗鬆症などに対する自己修復は困難で、人工材料で代替することになります。

体内に埋植後、材料が生体組織に対して有害な反応を起こさず、安定して機能する材料を生体不活性材料（アルミナなど）、積極的に反応して一体化または吸収されながら骨組織を再生する材料を生体活性材料と呼び、リン酸カルシウム系セラミックスやガラスは後者になります。

生体活性材料に求められるのは、長期間にわたり、人体に対して毒性を示さずに性能を維持することで、これを満たす材料は生体適合性があるといわれます。

生体活性ガラスはこれら用途に適した材料の一つです。東北大学のグループでは、骨再生と抗炎症作用を発現するため、生体に有用なイオンを放出させる生体活性ガラス繊維の開発が進められています。

要点BOX
●ダイナミックな組織である骨組織は様々な細胞により維持され、生体活性材料は骨組織を修復し、機能を再生させる

全身の骨格

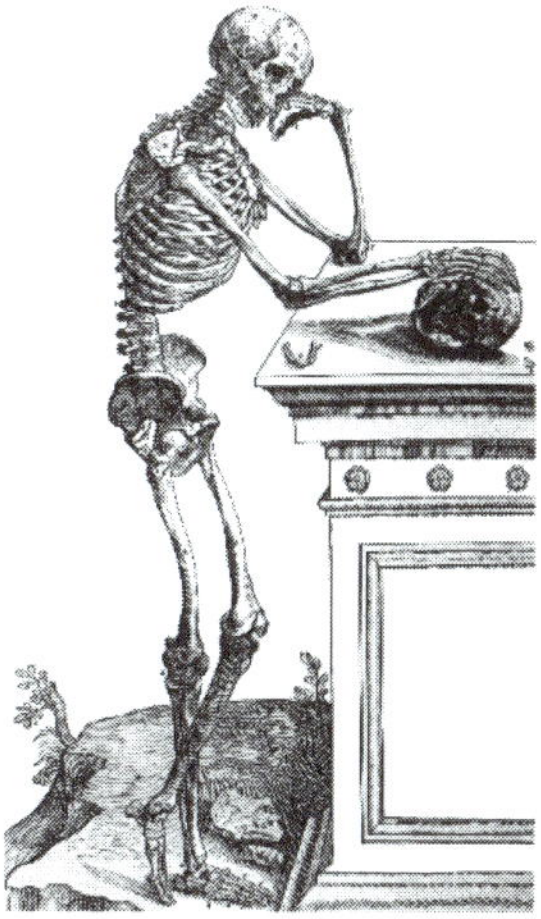

（ヴェサリウス、『ファブリカ』、1543年）

人工骨内部に形成された骨組織

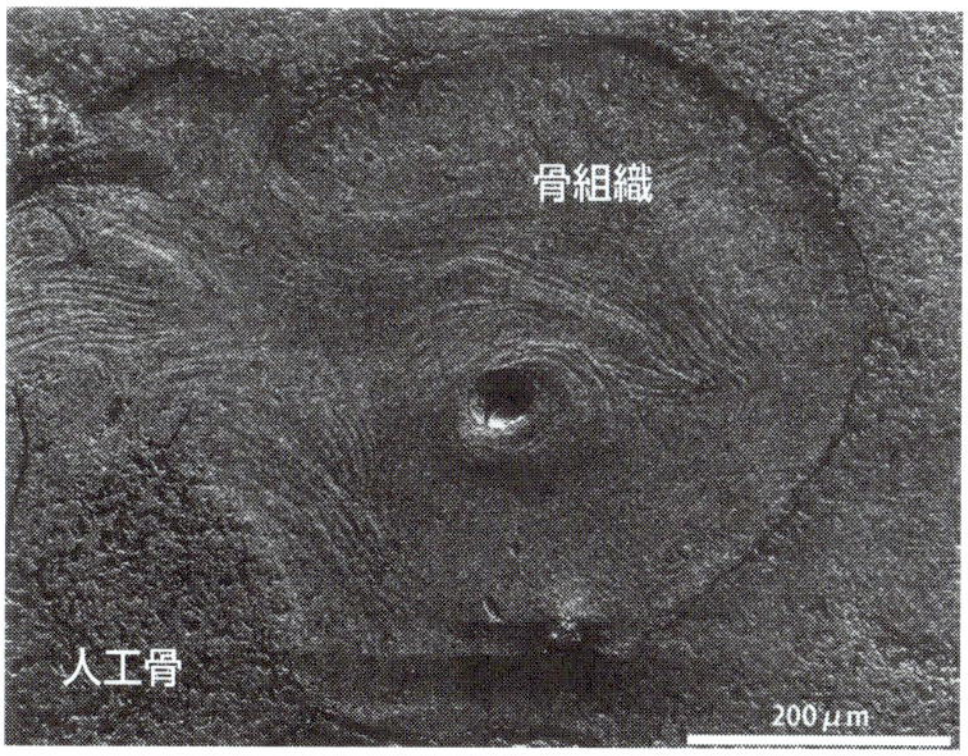
骨組織
人工骨
200μm

頭蓋の手術で埋植後、摘出された人工骨。中央の穴は血管で、同心円状に骨組織が形成され、左側に分岐している。この構造をハバース系といい、正常な骨組織が人工骨内に形成されていることがわかる。

骨代謝サイクル

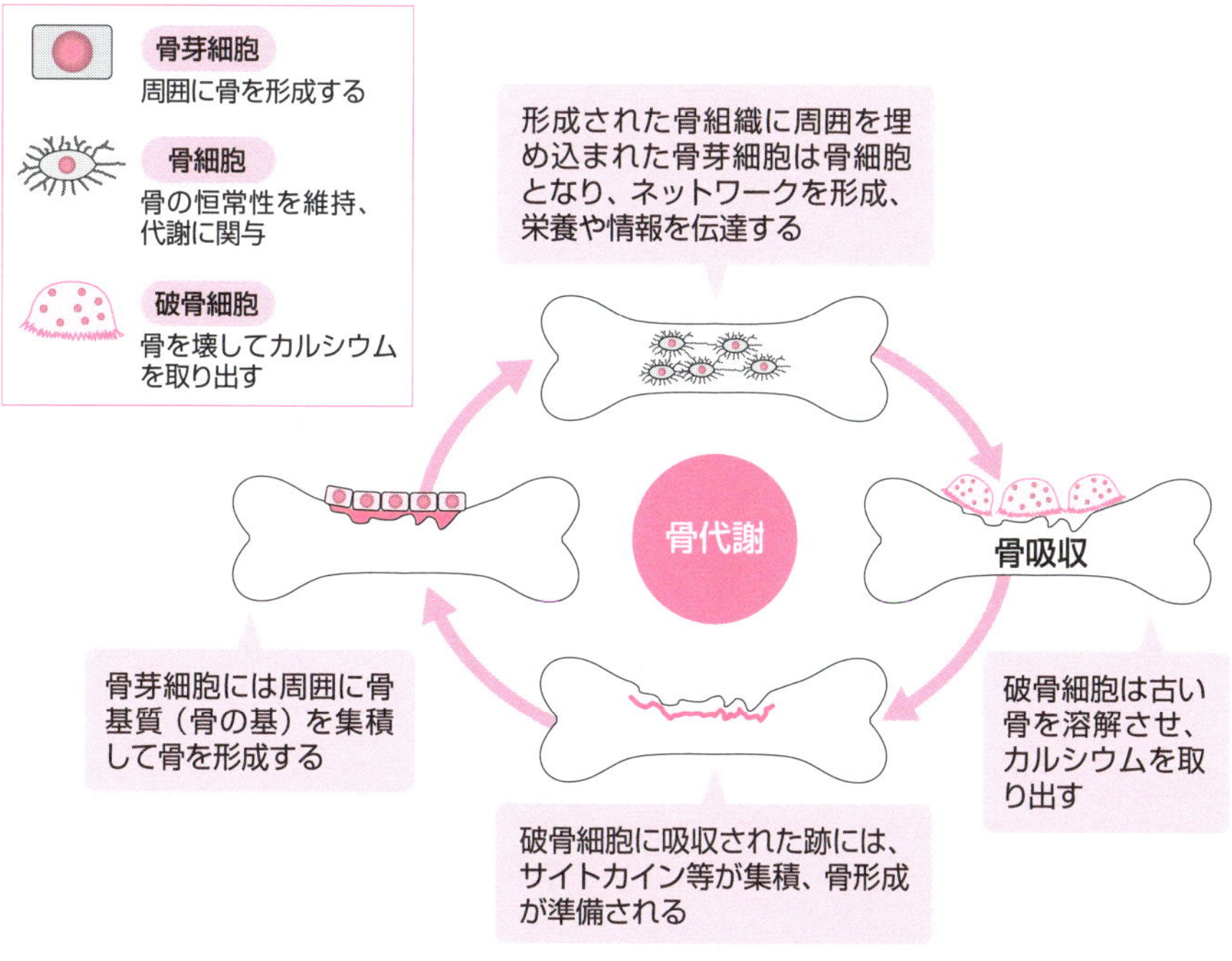
骨芽細胞
周囲に骨を形成する
骨細胞
骨の恒常性を維持、代謝に関与
破骨細胞
骨を壊してカルシウムを取り出す
形成された骨組織に周囲を埋め込まれた骨芽細胞は骨細胞となり、ネットワークを形成、栄養や情報を伝達する
骨代謝
骨吸収
破骨細胞は古い骨を溶解させ、カルシウムを取り出す
破骨細胞に吸収された跡には、サイトカイン等が集積、骨形成が準備される
骨芽細胞には周囲に骨基質（骨の基）を集積して骨を形成する

55 化粧品や顔料に使われるガラス

ガラスフレーク

普段目にする化粧品のキラキラ光る粒子や、自動車塗装でギラギラと粒子調に輝く材料にはガラスフレークが使われています。これは、窓ガラスを割ったような形をしていて、サイズは、はるかに小さく、厚みは、0・2〜5㎛程度、平均粒径は、5〜600㎛程度です。ここまでサイズが小さくなると、ガラスで皮膚を傷つけることはありません。

ガラスフレークは、溶かしたガラスを遠心力や、風船のように膨らませ薄くする方法で製造されています。表面が平滑でそのままでも光沢がありますが、一枚一枚に銀を被覆して、鏡のように反射させることや、屈折率の高い酸化チタンを被覆して、その干渉を利用して、さらに光らせることができるのです。

このような平板状の光輝材としては、マイカ（雲母）や、アルミニウムフレークも知られていますが、マイカは劈開性のため表面がガタガタしています。アルミニウムフレークは、ガラスほど平滑ではありません。でもガラスは非常に平滑であるため、強いギラギラ感を持つことができるのです。

ガラスフレークのもう一つの特徴は、その透明性です。例えば、黒い下地の上に、マイカとガラスを塗布してみると、マイカは黒地が白っぽく濁ってしまうのに対して、ガラスは、下地の黒を透過しつつ、ギラギラ感を付与することができるのです。この特徴は、自動車用を含む塗料で活用されています。

近年では、ガラスフレークは、ポイントメークだけでなくファンデーションのようなベースメークにも使われるようになっています。これは、ガラスがその透明性と、不純物を含むタルクや天然マイカを避け、組成がコントロールされた安全材料として、知られるようになってきたためです。ホウ素や亜鉛を含まず、重金属をほとんど含まないガラスフレークが、日本板硝子（株）よりシルキーフレークTMという名前で市販されています。

要点BOX

●近年は、ポイントメークだけでなくファンデーションのようなベースメークにも使われるようになっている

ガラスフレーク光輝材の構造

金属コートタイプ

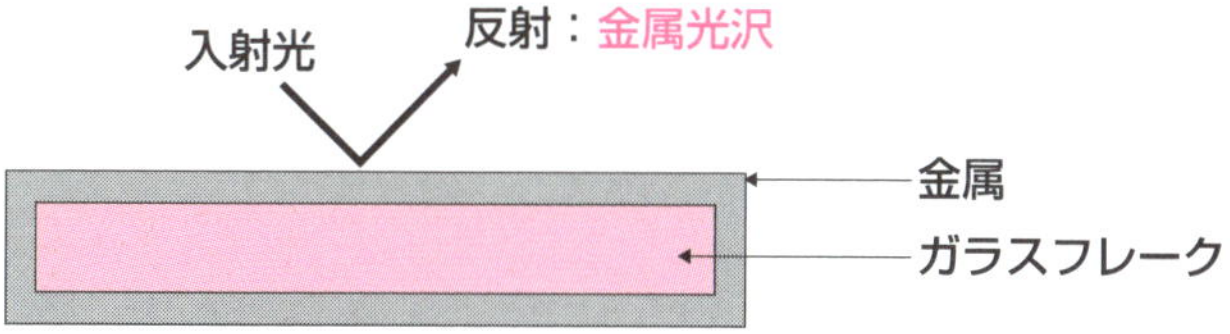

金属酸化物コート

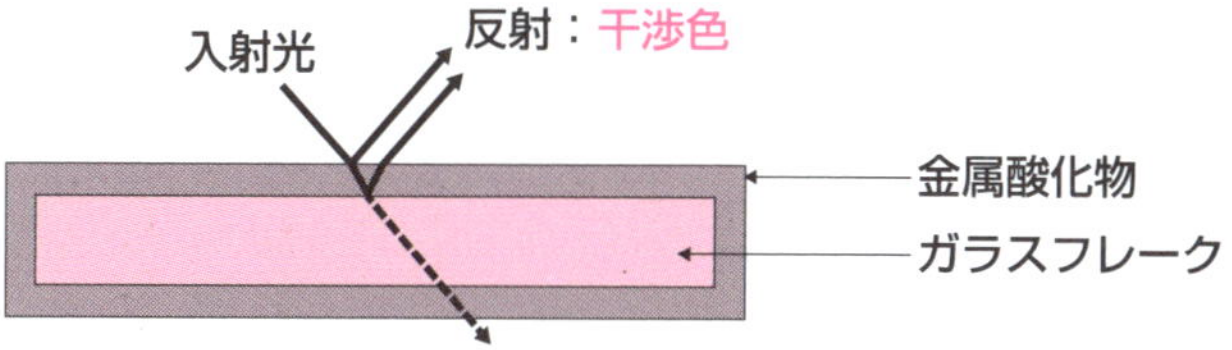

ガラスフレーク光輝材の特徴

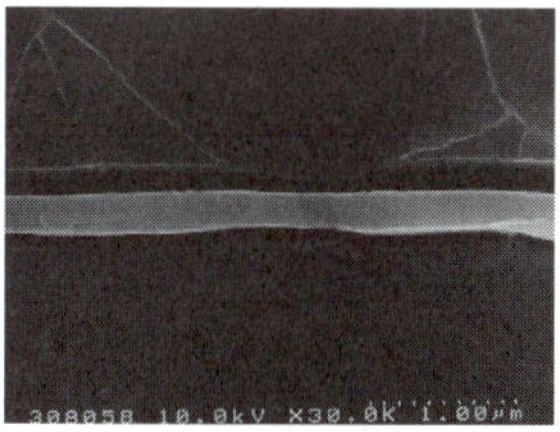

アルミフレーク
湾曲した表面

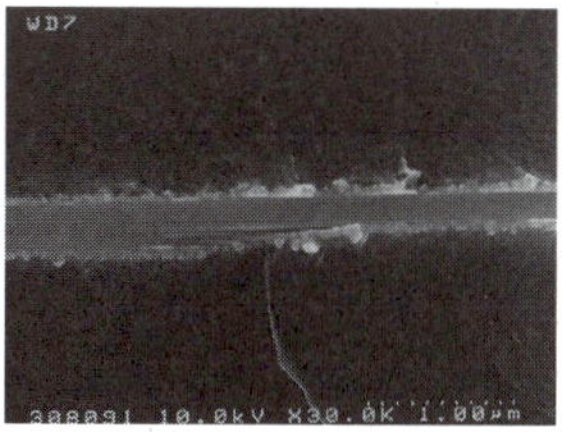

パールマイカ
劈開性による凸凹表面

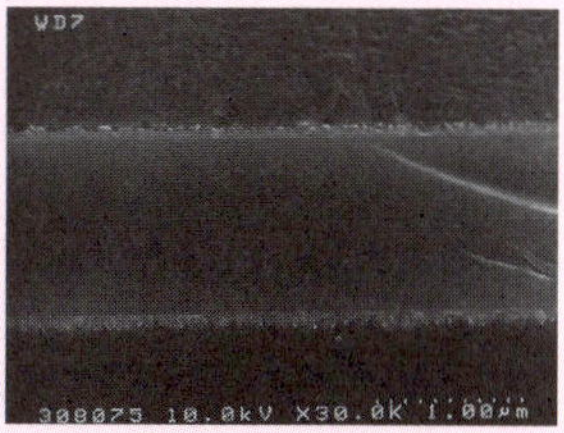

ガラスフレーク
（メタシャイン®）
平滑な表面

Column

ガラス粉と鋳型から作るパート・ド・ヴェール

「パート・ド・ヴェール」とはフランス語で「ガラスの練り粉」という意味で、19世紀末にフランスの職人が昔のガラスの技法を復活させたことに由来します。この技法の元祖は古代メソポタミアまでさかのぼります。そのころは鋳型に原料を詰めて焼き固める鋳造ガラスが主流でしたが、その後に生産性の良い吹きガラスの手法が開発され、それに比べて製造コストと手間のかかる鋳造ガラスは忘れ去られたのだそうです。

ある職人が19世紀末のアール・ヌーヴォーの時代に幻となった鋳造ガラスの手法を復活させたのですが、これもまた後世に継承されずに、再び忘れ去られることになります。

現代になり、様々な工夫がなされ鋳造ガラスの手法は復活をはたします。

新潟市にある飯塚亜裕子氏の工房では、まずは、石膏で基本となる鋳型を作成し、これを乾燥して、絵柄を刻んでいきます。できた石膏型の絵柄の部分には色ガラスの粉を塗工し、さらにガラス粉を詰めます。もう一方の石膏型で蓋をして、850℃の炉内で焼成し、徐冷後に焼結体を取り出します。時間をかけて絵柄を刻んだ石膏型ではありますが、焼成した作品を取り出すために、もったいないことではありますが、この段階で石膏型を破壊しなければなりません。しかし、これで完成ではありません。ふちを滑らかにするために研磨を施します。泡が残っているため意図しないところにクラックが入ることもあるそうで、それの修復や泡を目立たなくするための修復など、さらに長い行程を経てようやく1つの作品が完成します。この手法が幻の技法となった理由が理解できます。手間はかかりますが、この手法は融液が軟かいうちに、わずか数秒で成型を要求される吹きガラスの手法とは違って、焼成の前後で時間をかけてデザインすることができる特徴があります。飯塚氏は少しでも生産効率を高めるためにシリコーンや3Dプリンタなどを用いて独自の工夫をされていました。

出来上がった作品を手に取ると、とても柔らかな光の透けと質感を感じることができます。

鋳造硝子
花器とグラス
（提供：飯塚亜裕子氏）

第7章

カーボンニュートラルに貢献するガラス

56 窓ガラスが太陽電池になる可能性も

シリコン太陽電池パネル

太陽光エネルギーは、地球上に大きな偏りなく存在するため、太陽電池を利用することで地球上のあらゆる場所で電力を手に入れることができます。1980年代から本格化した太陽電池の工業的生産は近年急速に拡大し、2023年の全世界太陽電池生産量は600GWを越えたと考えられています。その90%以上はシリコン太陽電池、残りが薄膜太陽電池となっており、今後も全世界で太陽電池市場の堅調な拡大が見込まれています。

ガラスは太陽電池の主要な構成部材であり、現在主流のシリコン型太陽電池パネルでは、ガラスが重量にして約60～70%を占めています。ガラス自体は発電しませんが、発電に必要な光をよく通す性質があり、長期間にわたって溶けたり分解したりせず安定していること、適度な機械的強度があること、パネル内部の発電部と外部とを電気的に絶縁できるなどの特徴を持つ重要な材料なのです。

薄膜太陽電池でもガラス上に透明導電膜を形成した基板が用いられます。これは発電層を順次形成していくための基板ガラスとなっており、ガラスの役割がさらに大きくなっています。

近年、日本国内の太陽電池設置量は、国土の平地面積に対する比率としては世界最高の水準に達しています。さらなる太陽電池の設置量の増大を目指して、これまで太陽電池の設置に用いられていない部分を活用することが検討されています。一例として、建造物の窓ガラス部分を利用する窓ガラス型太陽電池があげられます。窓ガラス内部に細い帯状などの太陽電池を配置し、その隙間を透明にして発電と視認性を両立させたものや、全体が透明かつ発電もできる窓ガラスの研究開発が行われています。近年、急速に研究開発が進んでいるペロブスカイト型太陽電池も、窓ガラス型太陽電池の実現に貢献する可能性を秘めています。

要点BOX
- ●太陽電池市場の堅調な成長は今後も継続
- ●ガラスの物性は太陽電池構成部材として好適
- ●窓ガラス部の太陽電池化の検討が進んでいる

世界太陽電池生産シェア(2023年)

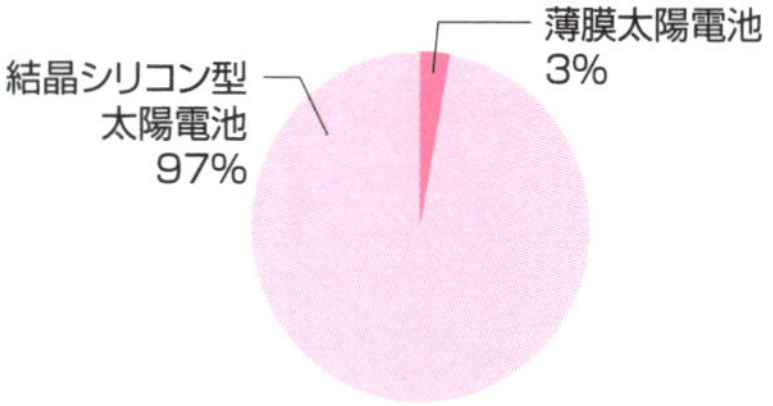

世界の太陽光発電システム導入実績と見通し

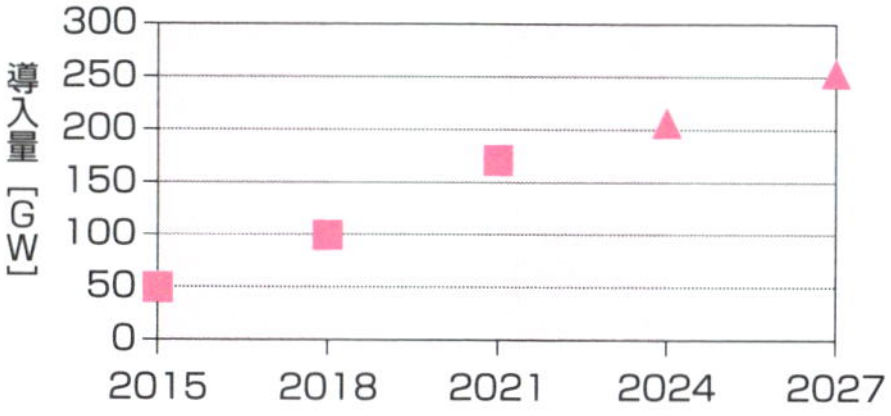

結晶シリコン太陽電池パネルの構成部材重量比

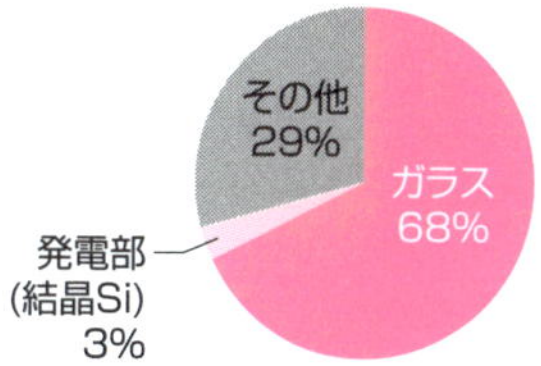

結晶シリコン太陽電池パネル模式図

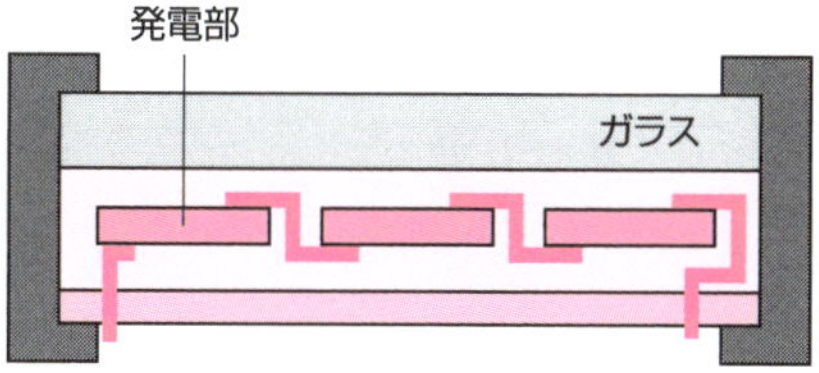

現在は平地に太陽電池を設置することが主流。

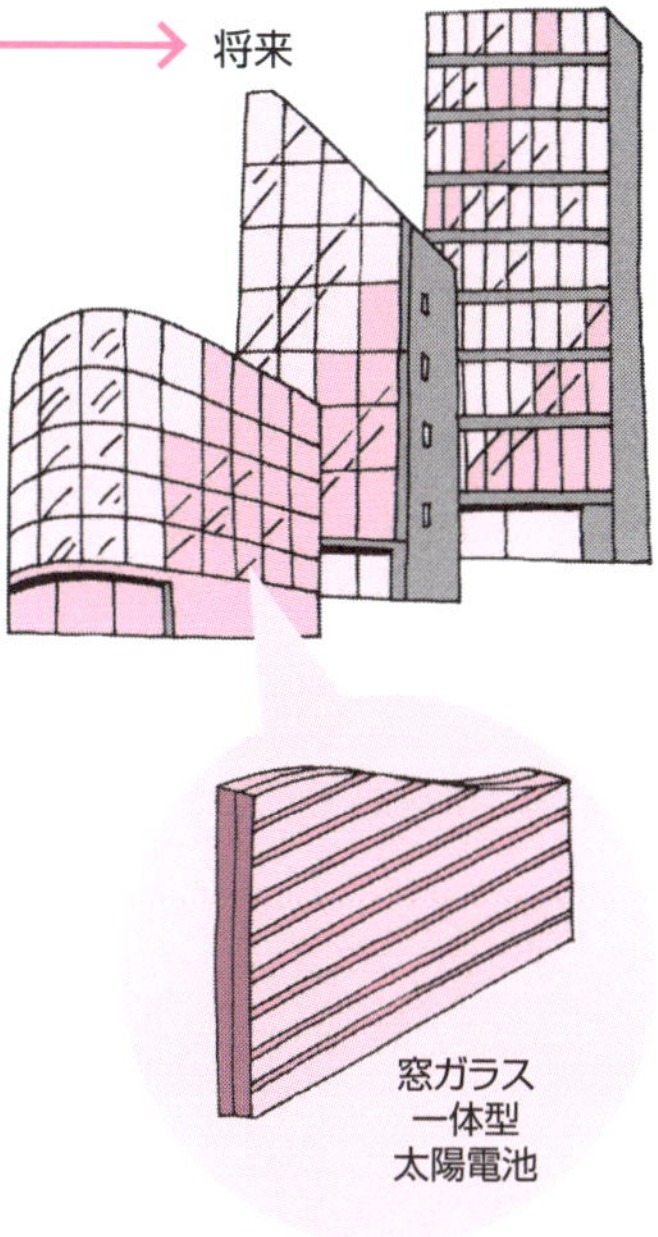

ペロブスカイト型物質の結晶構造一般式(ABX_3)

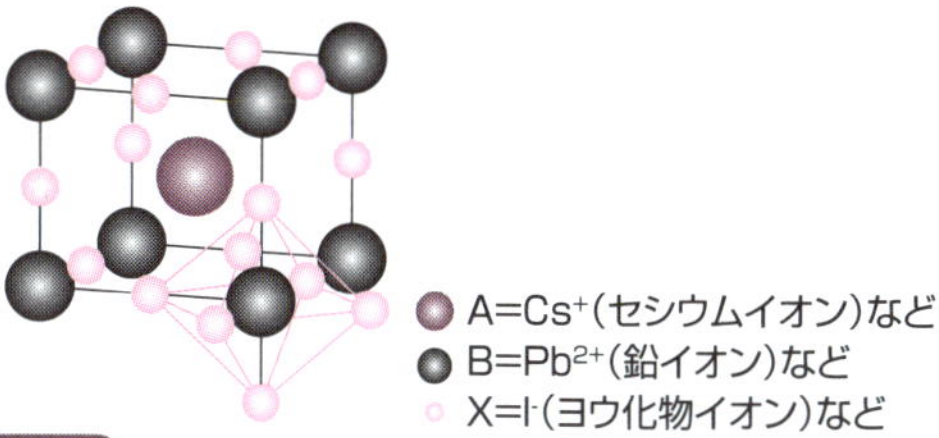

用語解説

ペロブスカイト型太陽電池：薄膜太陽電池の一種で、今後の低コスト化および、高い光電変換効率の実現が期待される太陽電池技術。$CsPbI_3$などのメタルハライドペロブスカイト型物質が用いられる。

57 燃料電池に使われるガラス

SOFCとは？

SOFC（固体酸化物形燃料電池）は、水素、天然ガスなどから生じる化学エネルギーを電気エネルギーに変換するものです。家庭でのエネルギー供給、大規模な工業用途まで様々な用途で利用できます。

SOFCの大きな利点は、様々な燃料を使いこなせ、エネルギー効率が高いということです。水素以外にも、天然ガスといった炭化水素を使用することができます。化石燃料から再生可能エネルギーにつなげる地球に優しい、魅力的な電池なのです。

このSOFCにおいて、ガラスは封止材として不可欠な役割を果たします。高温の動作環境で気密性をもたらして反応ガスの混合を防ぎ、最適な反応条件を維持します。また、電気絶縁に優れ電気的短絡のような問題の発生を防ぎます。さらに、ガラス封止材は還元性および酸化性反応ガス雰囲気においても化学的に安定した状態を保ちます。

これらの要件を満たすために正しいガラス選びが重要となります。およそ600℃から950℃のSOFC動作温度で使用されるので、ガラスを焼成後に結晶化させることで高温耐久性に備えます。また、封止箇所のクラックを防ぐためにセラミックス電解質や金属電極材と熱膨張係数を合わすことを求められます。これらのガラス特性を有することで高温や温度サイクルの長期耐久性に優れた気密性、及び良好な電気絶縁性をもたらします。

ガラス封止材の製造プロセスは、最初に溶融工程を経てガラスが作られ、それが細かく粉砕されて粉末となります。このガラス粉末に有機系バインダー、溶剤を加え、ペースト、グリーンシート、焼結プリフォームが誕生します。セラミックス電解質、金属電極材を積層した電池セルの製造プロセスで、ガラス粉末が溶け、セラミックス電解質と金属電極材が接合された後、ガラスは結晶化して結晶化ガラスとなりガラスの流動性がなくなります。

要点BOX

●焼成後に結晶化ガラスに変わることで、およそ600℃から950℃という高温のSOFC動作温度状態でも安定して気密性を維持する

ガラスの製造工程

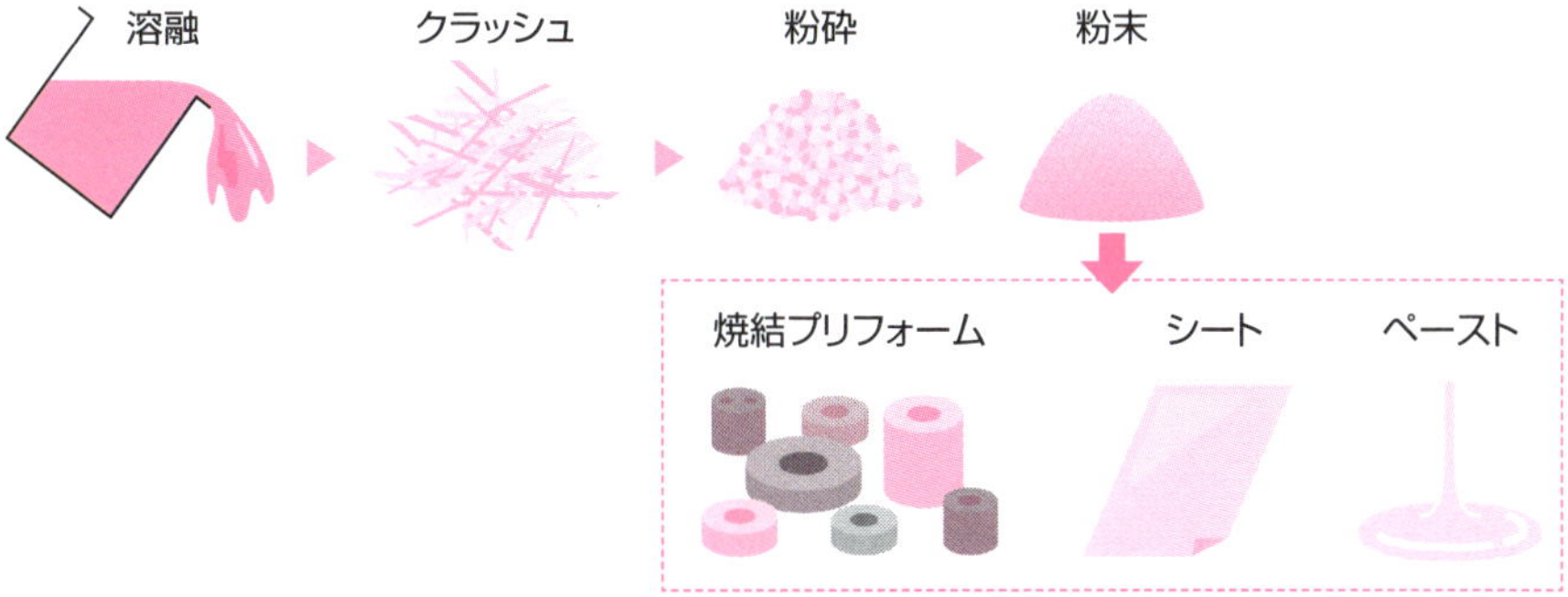

平板型セルへのガラス封止箇所の例

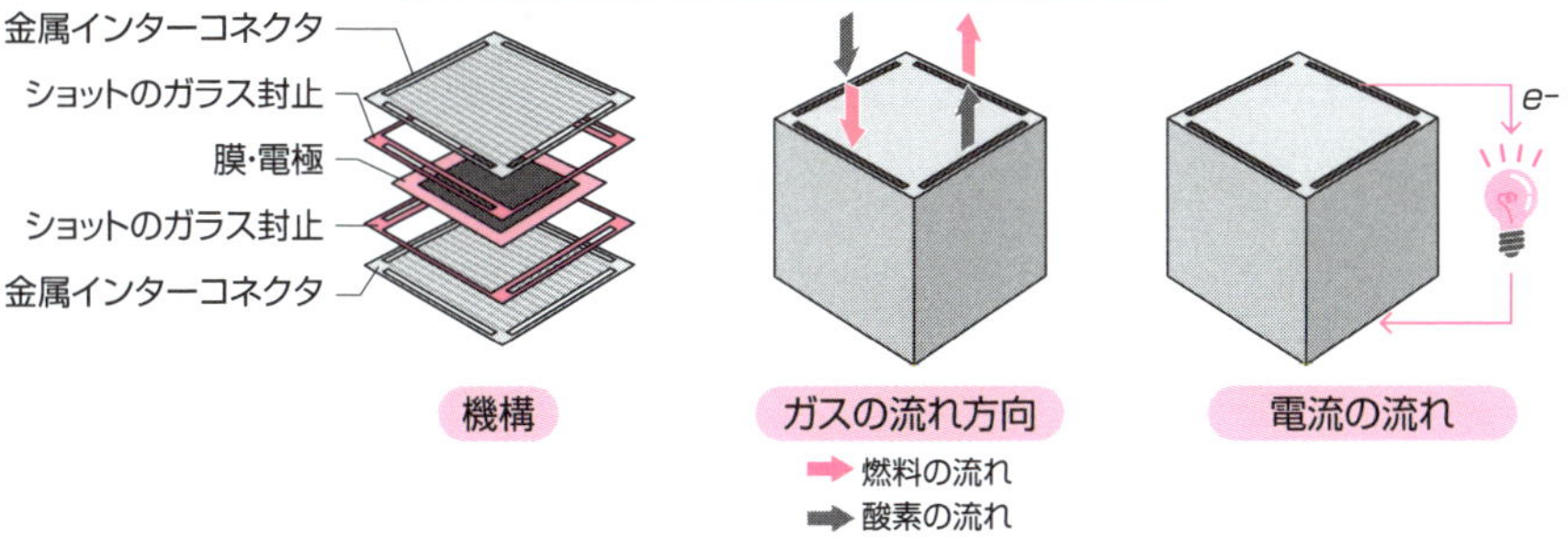

SOFC用封止ガラス の組成・性質の例

ガラス組成	ガラス転移温度 Tg (ガラス状)	作業点 (ガラス状) T@μ= 10^4dPa・s	熱膨張係数 (20-300℃) (ガラス状)	ガラス転移温度 Tg (結晶状)	軟化点 (結晶状)	熱膨張係数 (20-300℃) (結晶状)
	℃	℃	$ppmK^{-1}$	℃	℃	$ppmK^{-1}$
Al_2O_3-B_2O_3-BaO-CaO-SiO_2	533	736	9.9	534	592	9.8
Al_2O_3-B_2O_3-BaO-MgO-SiO_2	620	873	9.1	612	686	9.9
Al_2O_3-B_2O_3-BaO-MgO-SiO_2-Y_2O_3	642	908	9.0	642	711	9.2
Al_2O_3-B_2O_3-CaO-MgO-SiO_2-Y_2O_3-ZrO_2	692	962	8.4	992	>1000	8.4

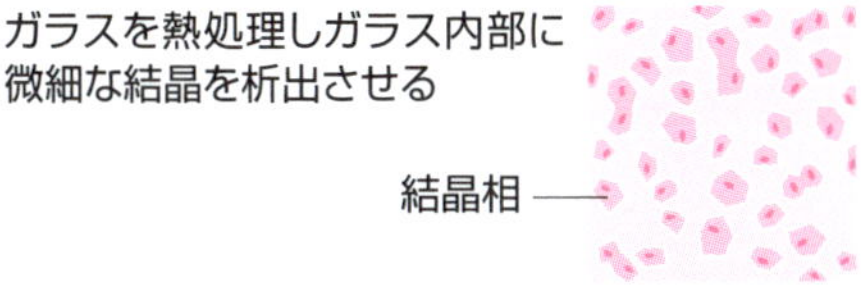

58 再エネの蓄電に役立つ全固体電池とガラス

期待、注目大きく開発進む

全固体電池は次世代のエネルギー貯蔵技術として注目されています。従来のリチウムイオン電池を超える性能や安全性で、特に電動車両（EV）やエネルギー貯蔵システムの分野で期待されています。

従来のリチウムイオン電池の電解液は燃えやすいのが欠点で、これを不燃性の固体で置き換えたのが全固体電池です。

ガラス中にはリチウムやナトリウムなどのアルカリイオンを高濃度に含むことができます。これらのイオンをたくさん含むガラスは固体であるにも関わらずイオンが移動する性質を示します。電気抵抗オームΩの逆数で電気の通しやすさの単位を「ジーメンスS」と言いますが、固体電解質では室温で1ミリジーメンスを超える液体に匹敵する物質も見つかっています。固体電池内には集電極、正極活物質、導電助剤、固体電解質、負極活物質と多数の材料の粒子から構成されているので、これらの粒子の界面を液体のように、イオン伝導性の固体で埋める必要があります。

大阪公立大学の辰巳砂、林、作田らのグループでは、硫化リチウム（Li_2S）と硫化りん（P_2S_5）を主とするガラスからなる固体電解質を開発しています。硫化物系の固体電解質は、ガラス自体が高いイオン伝導性を示すのと、プラスチックのように室温で加圧（コールドプレス）するだけで空間を埋めることができるのが特徴です。

日本電気硝子（株）はリン酸鉄ナトリウム（$Na_2FeP_2O_7$）を正極に用いた全固体電池の開発を進めています。リン酸鉄ナトリウムはガラスを形成し、結晶化ガラスの手法によって固体電解質と同時焼成で接触界面を作ることができます。また、固体電解質、負極活物質にも同様に結晶化ガラスの技術を応用することで、オールセラミックスの全固体電池の作製に成功しています。次世代蓄電池の分野でもガラスは重要な役割を果たしています。

要点BOX

- 全固体電池はリチウムイオン電池よりも高性能な次世代電池
- ガラスの特徴が全固体電池の性能を向上

従来のリチウムイオン電池と全固体電池の違い

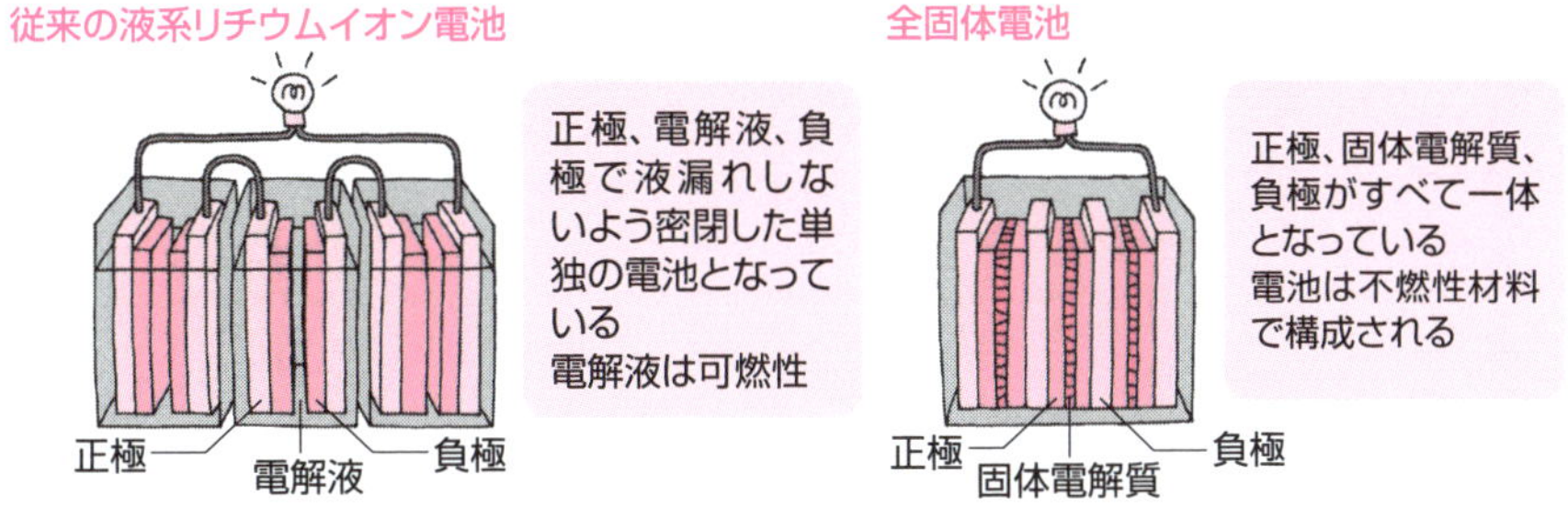

硫化物ガラスからなる固体電解質の成型性

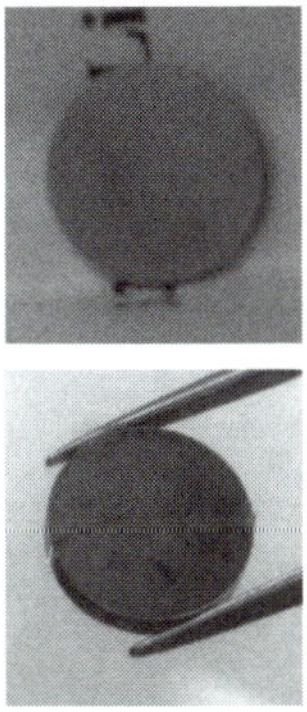

Li_3PS_4ガラスの室温(上)
およびホットプレス体(下)写真

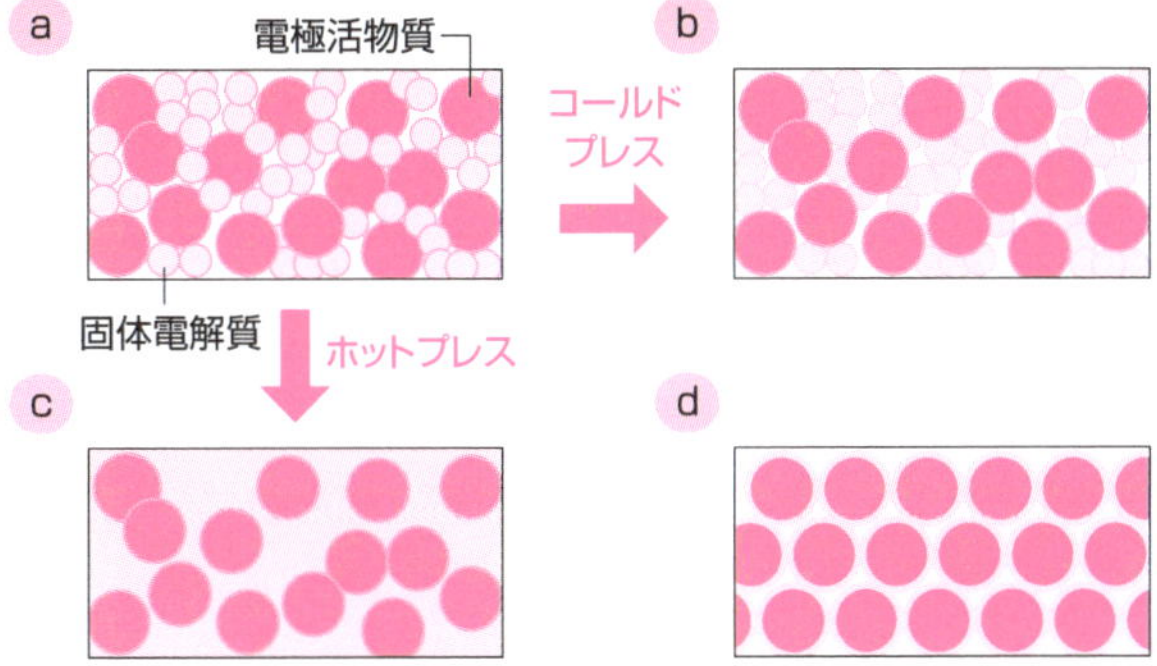

電極−電解質複合体の模式図.(a)混合体、(b)コールドプレス体、
(c)ホットプレス体、(d)電解質コート活物質

焼結によって得られる全固体電池の構成と微構造

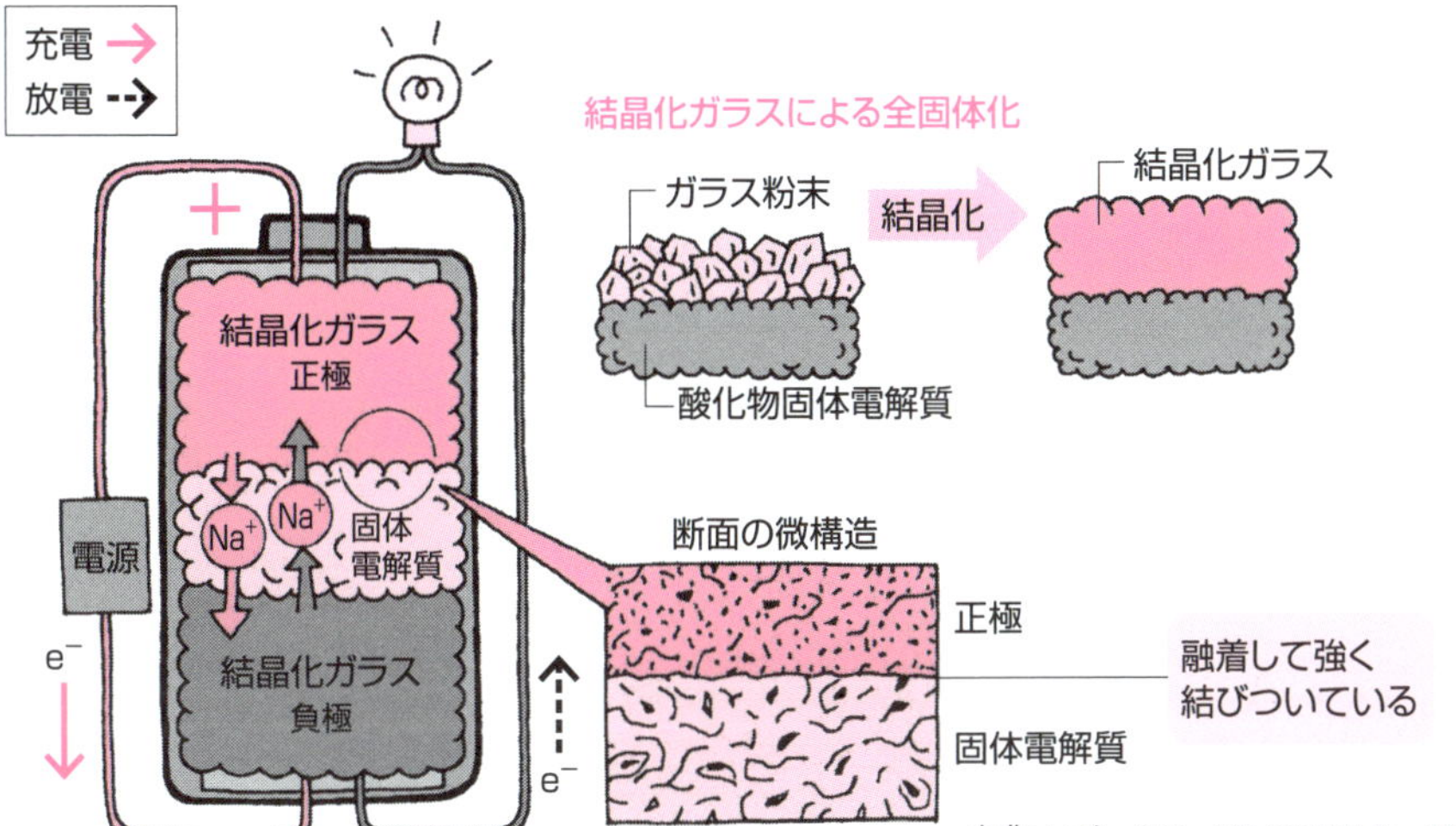

出典:セラミックス　59 (2024) No.10

59 有害物質を内部に閉じ込め漏れないようにするガラス

放射性廃棄物を例に

社会から出る廃棄物には、リサイクルできず埋立て処分しなければならないものがありますが、この場合、含まれる有害物質が環境中に拡散して影響を与えてしまうリスクを充分に低減しければなりません。ガラスは、廃棄物を内部に閉じ込めて環境に漏れないように処分するための形態の一つです。放射性廃棄物ガラス固化を例として紹介しましょう。

原子は原子核と電子からなり、陽子の数に応じてH、He、Li、Be、…と呼び慣れた周期表ができあがります。

ウラン235Uは中性子と反応して原子核が崩壊（分裂または陽子や中性子等を放出して数が変わる）する際に大きな崩壊熱を出します。崩壊熱を継続的に生み出し電気エネルギーに変換するシステムが原子力発電で、日本を含め世界で利用されています。この崩壊熱を武器として利用する核兵器、崩壊の際に発生する放射線を医療に用いる放射線治療法などいろいろな側面があります。

原子核の崩壊の結果、複数種の別の元素を生み出します。中には放射線を発しリサイクルできない元素が多数あり、無視できない放射能レベルのもの、半減期が数万年と長いものは長期の確実な閉じ込めを必要とします。

ガラスは、高温に加熱して融液にし、冷却して固めて得られます。融液状態は多種類の元素を溶かし込む「溶媒」の性質を持つので、一定量の放射性元素を溶かし込み、冷却して塊状のガラスにできます。ガラス組成を選べば長期にわたり化学的安定性を付与することができますが、ガラスだけで数万年以上も閉じ込め続けることはできず、処分場の特徴等も合わせてそれを保証する必要があります。

日本を含む複数の国々は放射性廃棄物ガラス固化を選択していますが、その実現にはまだいくつもの課題があり、実現に向けてたゆまない研究開発が必要となっています。

要点BOX

●ガラスは、融液状態で元素を溶かし込む「溶媒」の性質を持つので、一定量の放射性元素を溶かし込み、長期に渡り化学的安定性を付与

廃棄物の発生と処理・処分

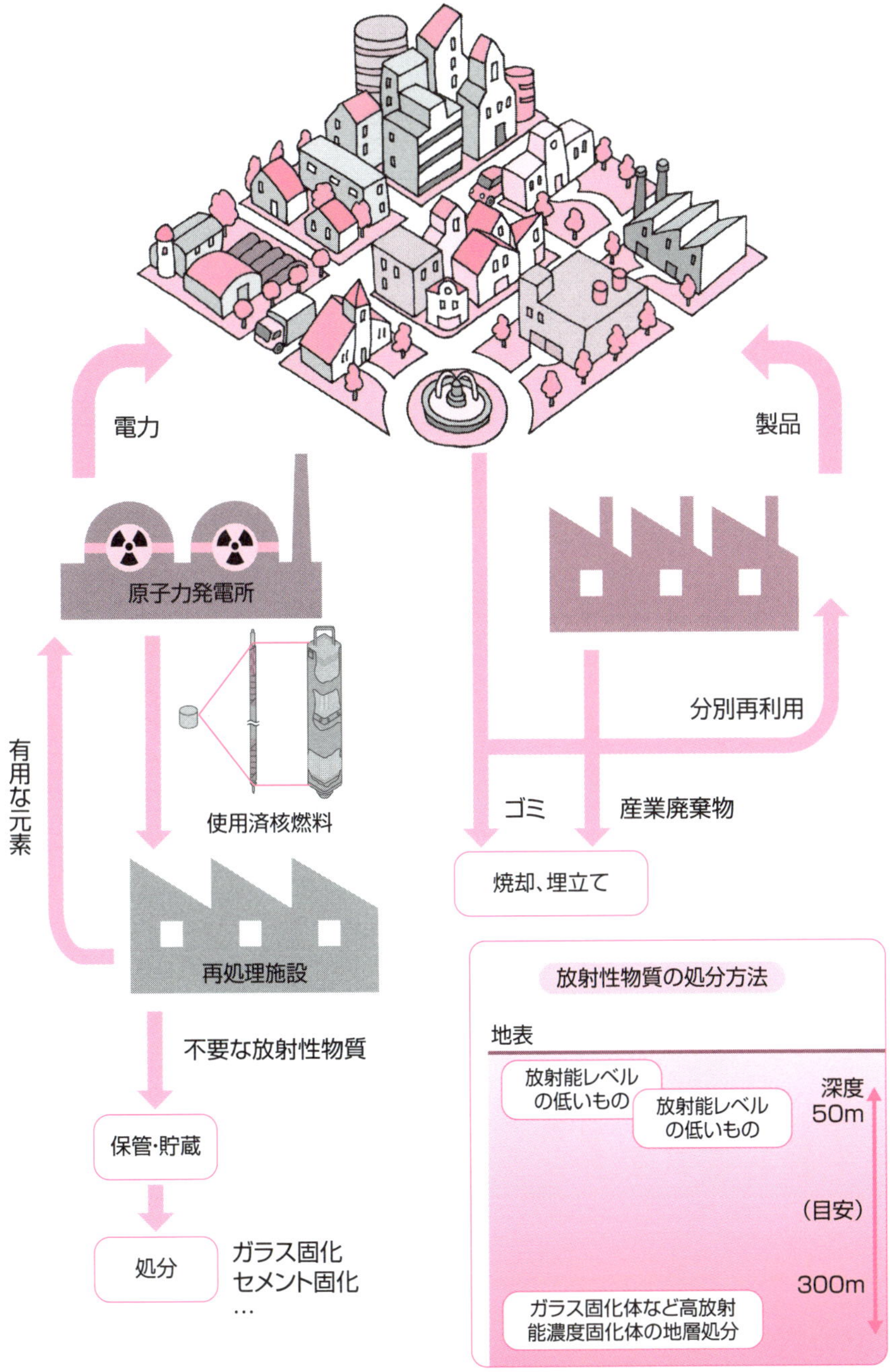

60 ガラスは何度でも生まれ変わることができる

リサイクル・リユース

ガラス容器は洗って何度でも使用（リユース）できます。現在、1升びん、ビールびん、清涼飲料用びん、牛乳びん、保存びんなどは洗浄・消毒を経てリユースすることが可能です。リユースびんにはリターナブルマークが刻印されていることがあります。リユースできないびんは砕かれてカレットとなり、窯で溶融・成形し、再びびんとしてリサイクルされます。リサイクル率（びん製造に用いる原料中のカレットの比率）は5割から9割で、ガラスびんはリユース・リサイクルの優等生と言えます。ガラスびんには無色透明、茶、青、緑、黒色などがありますが、リサイクルの際には、色ごとにカレットを分別して使用します。また、無色透明びんの表面に樹脂で着色したびんもありますが、この樹脂はガラス溶融時に燃えてしまうためリサイクルに影響はありません。

板ガラスでは、製造工程で発生したカレットについてはリサイクルされていますが、市中で使用後のものは、道路建設資材やガラスファイバーなどの原料として利用されています。

リサイクルする際の懸念点は、各種ガラス製品の品質向上のために用いられている指定化学物質4種への対応です。耐熱ガラスやガラス長繊維に用いるホウ素、ガラス溶融時の清澄（アワ切り）で用いるアンチモンやヒ素、屈折率を上げるための鉛がそれにあたります。

これからはリジェネラティブな考えが社会および企業に求められており、ガラス製品の再利用、再資源化が必須です。太陽光パネル用ガラス、建物用窓ガラス、自動車用窓ガラス、スマホやタブレットの表示用ガラスなどの製品においては、高品質をいかに維持したまま、リユース、リサイクルしていくか、ガラス材と他素材の設計技術や分別技術、回収システム構築などによるサーキュラエコノミーが今後の課題となっています。

要点BOX

●ガラスは種類別に綺麗に分離することが再利用の肝

ガラスびんのリサイクル

リターナル瓶のマーク

リターナブルびん
なんども使える容器

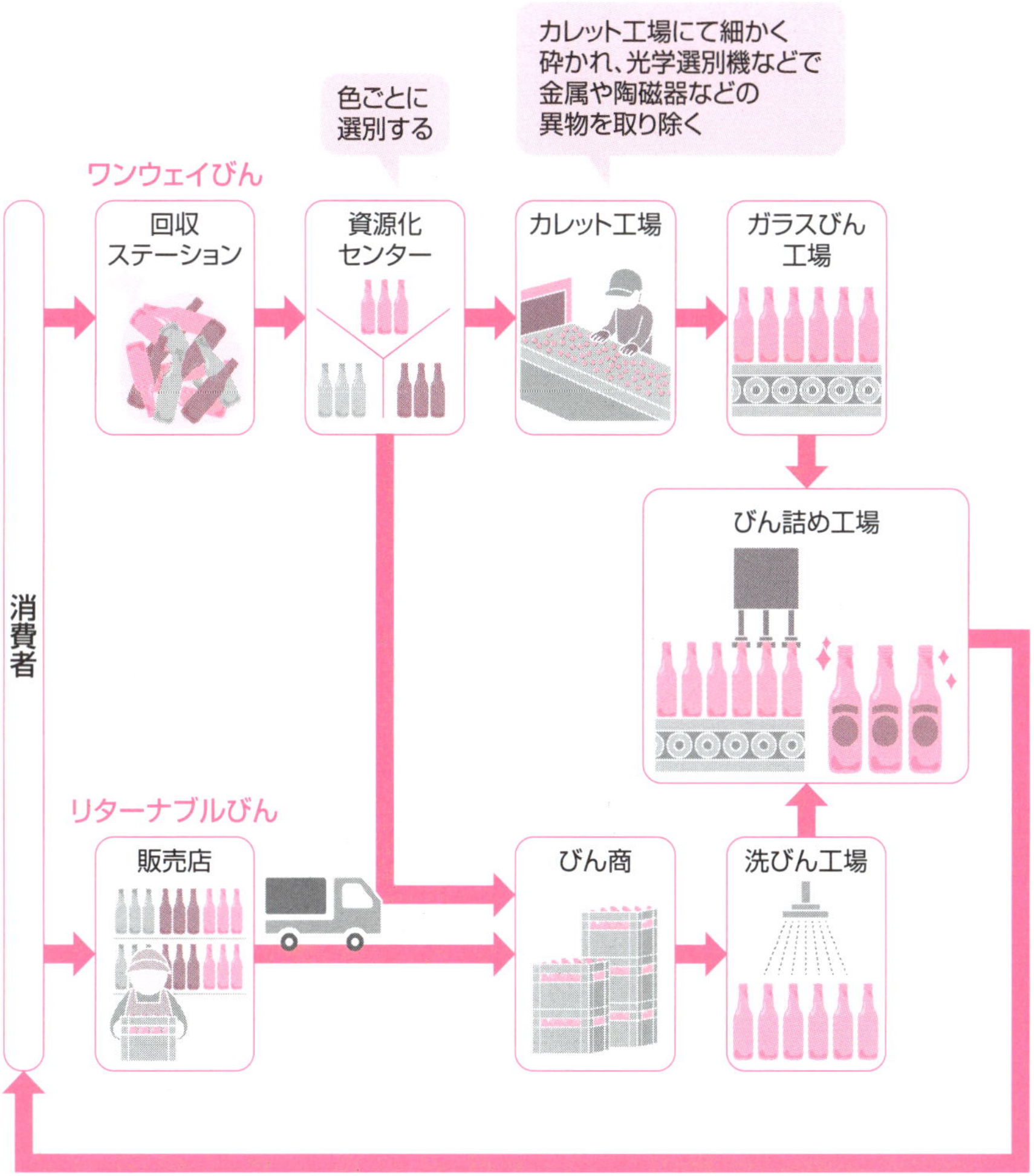

Column

学習資料「一家に1枚」ポスター

「一家に1枚」ポスターをご存じでしょうか？ 文部科学省が国民が科学技術に触れる機会を増やし、活用してもらうことを目的として、毎年1枚発行されるものです。ウィルス・細胞・海・日本列島などなど、テーマは沢山ありますが、その中にガラスも取り上げられています。

左下の二次元バーコードから、このポスターを見てみましょう。そこには多くのガラスの応用事例が示されています。ポスターの左下には、人類が最初に出会ったガラスとして、天然ガラスの黒曜石の写真があります。割るだけで鋭い刃物のような状態になるので、石器時代の約1万年前から矢じりやナイフとして使われていました。石器時代の左下から右方向と上方向へと視線を動かして写真を見ると、時の流れと応用の広がりを感じることができると思います。

ガラスは、石や砂の中にある材料を高温で溶かし、その後急冷することで様々な組成のものができ、組成や作り方によって、その性質を大きく変えることができるのです。色・形・硬さ・透明感など作り手の発想や技術で自由に制御できることから、様々な用途で活用されています。窓ガラスから光ファイバーなど、もしガラスがなかったら私たちの暮らしはどうなったでしょう？ 医療や宇宙の知識、コンピュータやインターネットなど私たちが当たり前と思っている現在の生活は、ガラスという「万能材料」によって支えられていると言ってもよいでしょう。

さて、眼鏡の発明から670年、灯台が照らすフレネルレンズの発明から200年、ツタンカーメン王の棺からのガラス発見から100年、ピルキントン社のフロート法特許から70年のすべてが重なる記念すべき2022年は、国連の国際ガラス年とされました。このポスター発行を含め、世界中で有史以来ガラスが果たしてきた輝かしい役割を再確認するイベントが数多く開催されました。高温でガラスを溶解する時の二酸化炭素(CO_2)排出という問題がある一方、100%リサイクル可能な材料ともいえるガラス。この機会に人類・社会が直面する課題も考えてみたいところです。

第8章

これからガラスはどう進化していくのだろう

61 二酸化炭素を出さないガラスの溶融方法

水素燃焼、アンモニア燃焼

ガラスは珪砂やソーダ灰などの原料を高温で加熱して溶融することで作られます。大規模ガラス製造設備においては、過去の動植物の化石に由来する化石燃料である重油や天然ガスを燃焼することで、ガラスの溶融に必要なエネルギーの多くを得ています。化石燃料は世界で最も使用されているエネルギー源ですが、その燃焼には二酸化炭素（CO_2）の発生が伴います。例えば天然ガスはメタン（CH_4）が主成分であり、燃焼により酸素（O_2）と結びつくことで二酸化炭素が発生します。二酸化炭素は温室効果ガスのひとつであり、地球温暖化を促進する大きな原因であると考えられているため、二酸化炭素の排出を削減する動きが世界的に活発になっています。

この二酸化炭素排出という問題を解決するために注目されているのが、化石燃料の替わりに水素やアンモニアを燃焼してエネルギーを得るという方法です。水素（H_2）やアンモニア（NH_3）はカーボン（C）を含まない物質であり、燃焼によって酸素と結びついても二酸化炭素が発生せず、温室効果ガス排出削減が期待されます。これら水素やアンモニアの燃焼によるガラス生産を目指して、世界中で技術開発が行われています。大規模ガラス製造設備でのトライアルも行われており、水素燃焼やアンモニア燃焼によりガラス溶融に必要なエネルギーを得られることが実証されつつあります。水素燃焼やアンモニア燃焼は、二酸化炭素の排出削減に貢献する技術として、ガラス産業において大きな期待を寄せられています。

課題もあります。水素やアンモニアの製造プロセスでの二酸化炭素排出です。ガラス製造プロセス全体での二酸化炭素の排出削減のためには、再生可能エネルギーを利用して作られたグリーン水素やグリーンアンモニアの利用が望ましく、これらの低コストでの生産・供給が、水素燃焼やアンモニア燃焼をガラス製造に導入できるかの大きなカギです。

要点BOX

- 化石燃料の燃焼は温室効果ガスの一つであるCO_2を発生、カーボンを含まない水素やアンモニアはCO_2を発生しない

天然ガス燃焼と水素燃焼の違い

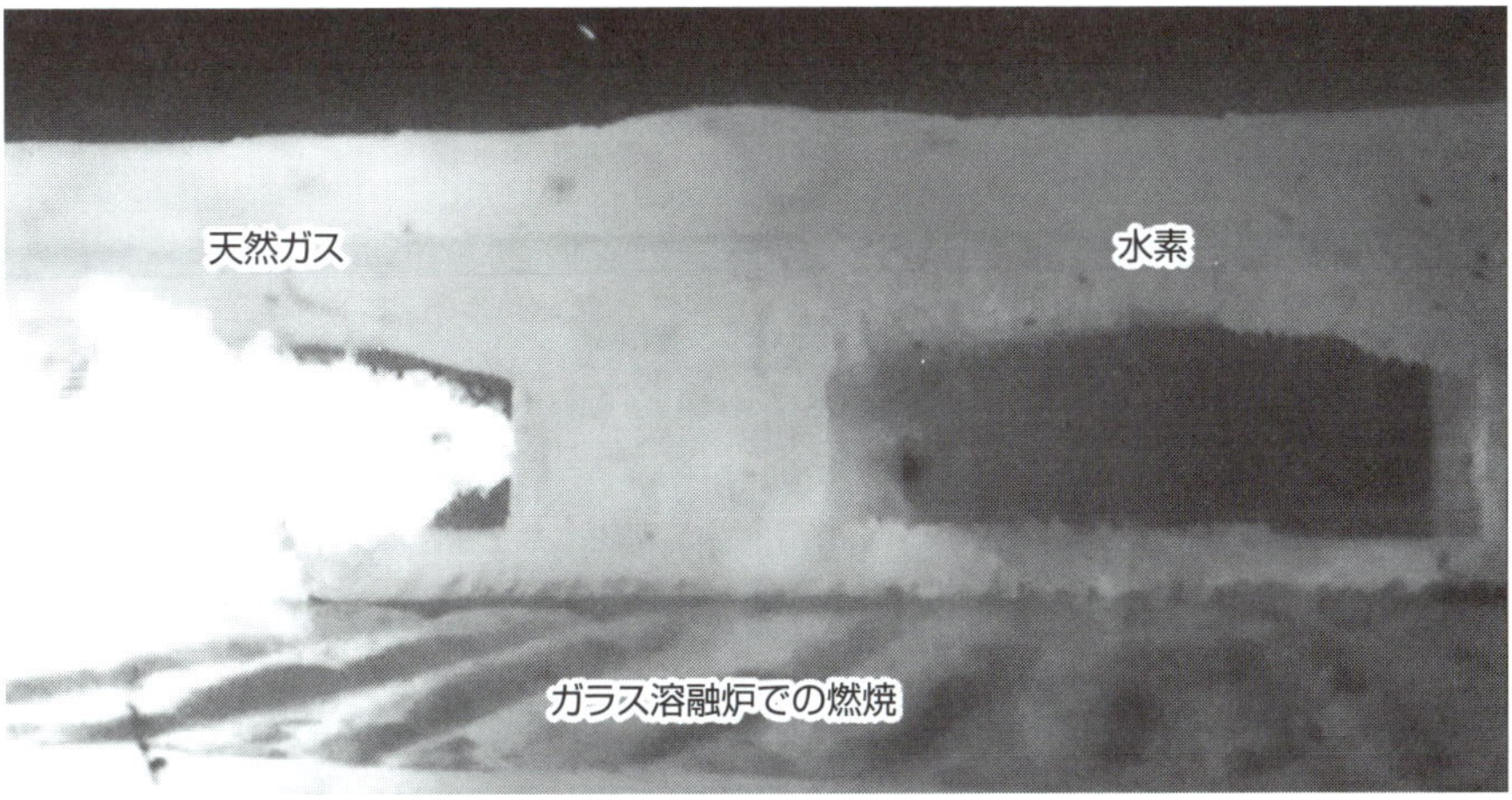

ガラス溶融炉での燃焼の様子。写真左の天然ガスの燃焼では炎がはっきりと見えているが、写真右の水素の燃焼では炎がほぼ見えない。

写真提供:日本板硝子

燃焼により発生するもの

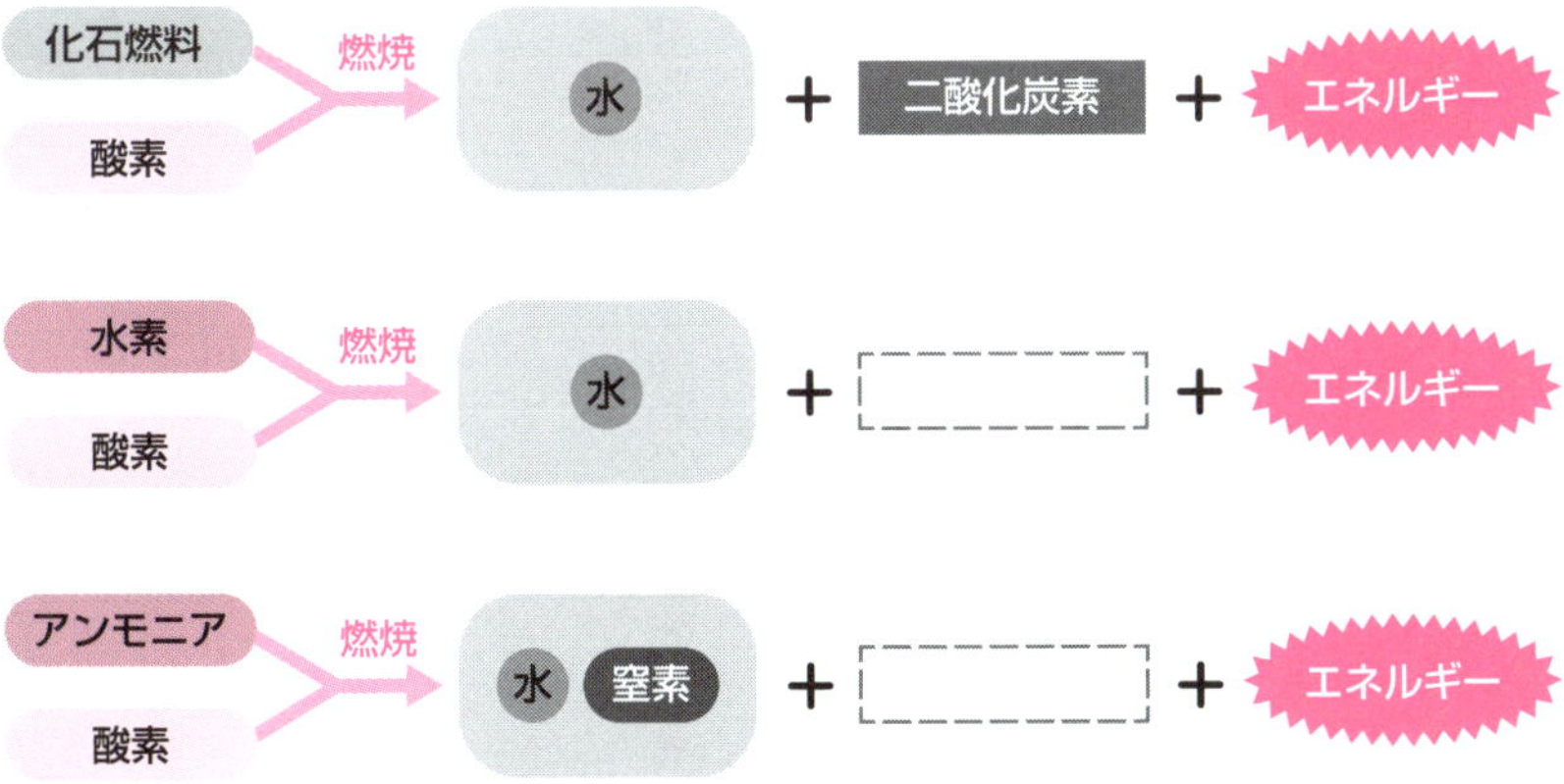

用語解説

グリーン水素、グリーンアンモニア:太陽光や風力に代表される再生可能エネルギーを利用することで生成される「グリーン水素」「グリーンアンモニア」は製造プロセスでCO_2を排出しないため、最も環境に優しいとされている。その他、化石燃料から生成し製造プロセスでCO_2が排出される「グレー水素」「グレーアンモニア」、化石燃料から生成されるが製造プロセスで排出されるCO_2を回収・貯留・利用することで大気中へのCO_2排出を抑制する「ブルー水素」「ブルーアンモニア」などがある。

62 3Dプリンティングによるガラス製品の製造

課題はまだ多いが期待大

3Dプリンティング(以下3DP)は、この10年の間に飛躍的な進化を遂げてきました。様々なデジタルデータを用いることから、DXやAIとも相性の良い製造方法です。3DPには、切削加工、プレス成形、射出成形などの加工・成形技術と比べて、複雑な形状を一体成形することができ、また、迅速にプロトタイピングや製造ができるという特長があります。様々な材料について開発されていますが、ガラスについては、大学や研究機関、企業での研究開発が中心であり、産業利用に向けてはまだまだ発展途上です。

一般的に高い光透過性、表面平滑性、耐熱性、耐腐食性、ガスバリア性などを有するガラスに、3DPを用いることによって、従来の加工技術では困難な、非常に自由度の高い形状を付与することができるため、これまで成し得なかった画期的な製品を生み出せる可能性を秘めています。

現在、革新が期待されている領域に、医療・創薬分野、光学分野があり、前者ではマイクロ流体デバイス(例えば、Organ-on-a-chip)、後者では光学レンズやメタマテリアルといった研究が世界中で盛んに行われています。これらが実現できれば、創薬期間の大幅な短縮、透明マント(光学迷彩)や革新的な3Dホログラムデバイスの登場も決して夢ではありません。

しかし、3DPによりガラス部材を製造することは、そう容易ではありません。先に挙げたガラスが本来持つ特性を損なってしまったり、寸法精度が市場の要求に対して十分でなかったり、適用可能な組成が限定されてしまったりといった技術的な課題があり、これらを解決するために、新たな装置設計や、3DP用の新規材料、後処理の最適化など、様々な方法が世界中で日夜研究されています。

迅速な試行錯誤や、複雑な形状を作るのに適した3DPによって、多種多様なガラスを製造できるようになれば、まだ見ぬ「夢」を形作れるでしょう。

要点BOX
- ●3Dプリンティングによるガラスの製造技術はまだまだ発展途上
- ●アイデアを具現化し、夢のある製品を生み出す

ガラスに適した3Dプリンティングの方式と造形物の比較

3Dプリンティングの方式	手法概要	得意な造形サイズ	透明性	形状の制約	利用可能な材質の種類
材料押出法 (Material Extrusion)	溶融したガラスを、ノズルから押し出しながら積層し、3D造形	大	中	多	中
結合剤噴射法 (Binder Jetting)	ガラス粉末を1層敷き詰め、インクジェットで結合剤を吹き付けて固化を繰り返し、3D造形	中	低	中	多
光造形法 (Stereolithography)	ガラス粉末を分散させた光硬化樹脂(ガラスペースト)に光を照射することで固化し、3D造形	小	高	少	シリカガラス

3Dプリンティングによるガラス製品の製造プロセス例

3Dデータ

3D造形
＋焼成

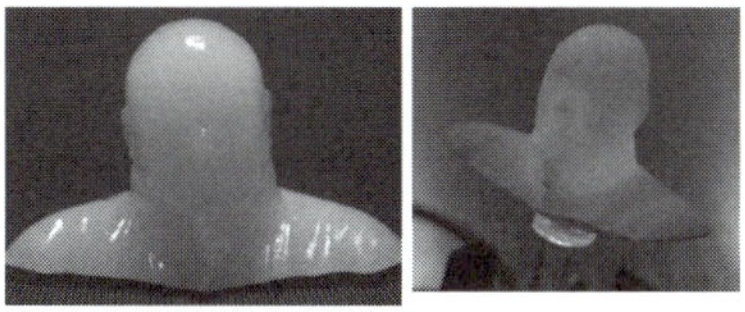

結合剤噴射法による作製

(左:中実モデル、右:中空モデルに内側から光照射)

光造形法による作製

3Dプリンティングによるガラス製造は、ガラス粉末やガラスペーストを用いて、3Dデータの形状を造形(3D造形)した後、焼成することで、完全なガラスの物品を得ることができる

結合剤噴射法によるガラス製品の作製例

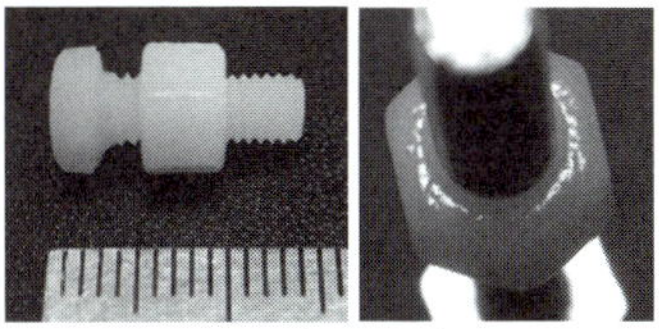

JIS規格品と嵌合するボルト/ナット

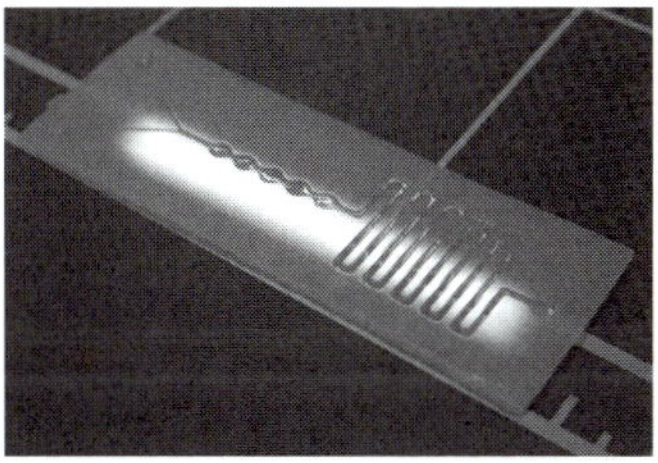

マイクロ流路モデル

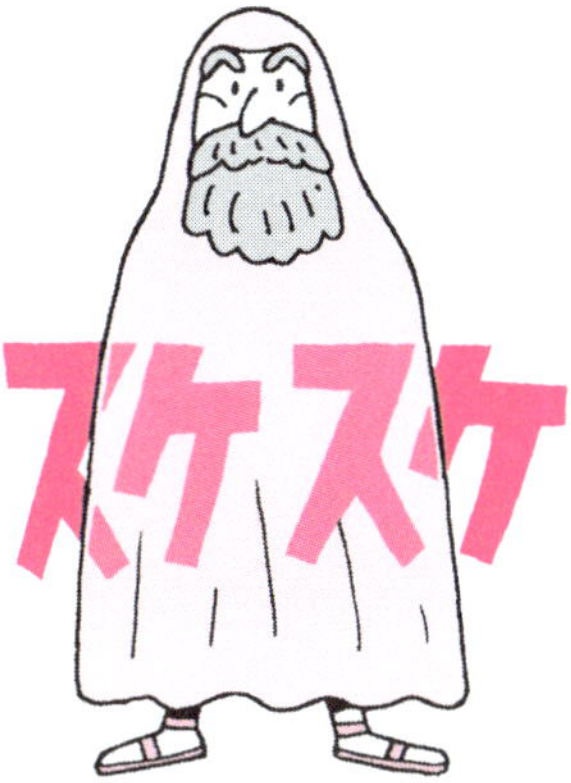

透明マント

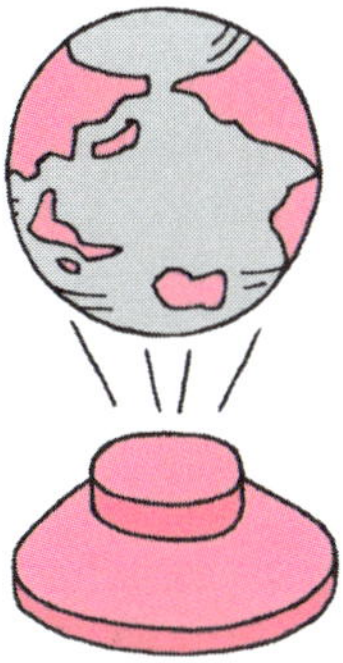

3Dホログラム

(写真提供:AGC)

63 マテリアルズ・インフォマティクスとガラス

これまでなかったガラスができるかも

私たちの暮らす21世紀では情報科学を駆使しての物質作りが可能になりました。それがマテリアルズ・インフォマティクスです。例えば、物質を構成する成分を指定して、その特性を予測することもお手のものです。ガラスの探索にもマテリアルズ・インフォマティクスが用いられています。また、ガラス溶融炉を操業中に操作できないため、コンピュータ内に現実の炉を再現する（デジタルツインと言います）も可能になっています。また、製品の製造過程での不良品を検知する技術なども知られています。このような技術を下支えしている技術は大きく分けると2つあります。

①物理法則に則って予測をするもの。例えば、電子の運動を記述する量子力学に則って、物質の構造から物質の性質を予測する、粒子同士の相互作用に基づいて粒子の運動を分子動力学により予測する、熱流体力学に則って、高温流体の運動を予測する、総じて微視的な視点から演繹し、ボトムアップ的に予測する手法です。物理法則が成り立つ範囲内ではうまく予想することができます。

②大量のデータの持つ傾向により予測するもの。例えば、物質の成分を原因、物性を結果として回帰分析により予測するもの、物質の成分により、物性を分類するもの、データ同士の距離を時系列的に検知し、その距離が大きくなったときに異常と検知するもの、総じて大局的な視点から帰納し、トップダウン的に予測する手法です。データサイエンスとも称されます。データの持つ傾向により予測するものであるため、内挿（データのある範囲内）での予測の確度は高いですが、外挿（データの範囲外）での予測には注意が必要です。

もちろん、これら二つを複合したような手法も提案されています。実験とマテリアルズ・インフォマティクスの両面からのアプローチによって、これまで人類が手にしたことのない革新的なガラスが作られることでしょう。

要点BOX

●マテリアルズ・インフォマティクスとは情報科学を用いた物質探索のこと。実験と併用することで物質探索が格段に加速する

未来のガラス作り

不良品を自動で見つけるだけではなく、不良品ができそうな兆候を事前に察知して、不良品ができるのを食い止める。

AIが作ったガラスを新しい顧客に紹介している。ここで出てきた要望を元にして、別の新しいガラスを提案する。

顧客の希望をAIが自動で分析して、ガラスの性質を思いのままに操る。エンジニアが思いつかなかったようなガラスも見つけられる。

用語解説

データサイエンス:データのもつ傾向を統計学や情報科学を駆使して発見し、新たな価値創造につなげる学問分野。第４の科学ともいわれる。

回帰分析：x軸に説明変数を取りy軸に目的変数を取った散布図を一次関数や二次関数などで近似する手法。複数の説明変数を用いた場合には重回帰分析と呼ばれる。

64 安全、快適なドライブに貢献するガラスアンテナ

ラジオ、テレビ放送から5Gまで

今、自動車は車内でも最新の交通情報が得られ、音楽やエンターテインメント番組が楽しめます。さらに、ラジオやテレビ放送が受信できるのは、微弱な電波もキャッチできる高性能なガラスアンテナが自動車に搭載されているからです。

窓ガラスは電波に対しても透明性が高く、電波の通り道になります。そこに金属でアンテナを形成して電波を捉えるのですが、適切に設計しないと、微弱な電波をうまく捉えられません。電波はボディ形状にも影響を受けるので、様々な要素を考慮してアンテナ形状を設計し、捉えた信号を劣化させない各種回路を組み合わせて、ガラスアンテナが構成されます。また性能を維持しつつ、運転者の視界を妨げないようにガラスに配置することも大事な点です。

以前の自動車アンテナは、1m程もある金属のロッド（棒）アンテナが主流でしたが、車のデザインや安全面等で懸念がありました。ガラスアンテナはそういった問題が無く、1960年代から普及してきました。

携帯電話は、1980年代のアナログでの音声通信に始まり、その後デジタル化、データ通信対応、高速化が世代ごとに飛躍的に進みました。2020年代からさらなる高速、大容量、低遅延性に優れた第5世代無線通信、通称5G通信が世界中でサービス展開されています。

電動化を初めとした自動車そのものの技術革新も著しく、そこに5G通信が組み合わさることで、自動運転も視野に入ってきています。自動車自身が無線ネットワークを通じて、交通事情などを入手、把握して、緊急時には自動で通報するなど、無線通信が運転の高度化の大事な手段になってきています。

ガラスアンテナも、ラジオやテレビの放送波に加えて、最新の5G無線通信サービスにも対応し、高性能化を遂げ、これからも安全で快適なドライブの実現に貢献していきます。

要点BOX
- ガラスアンテナはラジオやテレビ放送用のアンテナとして実用化
- 5Gにも対応し、自動車の高性能化を支える

現在のガラスアンテナ

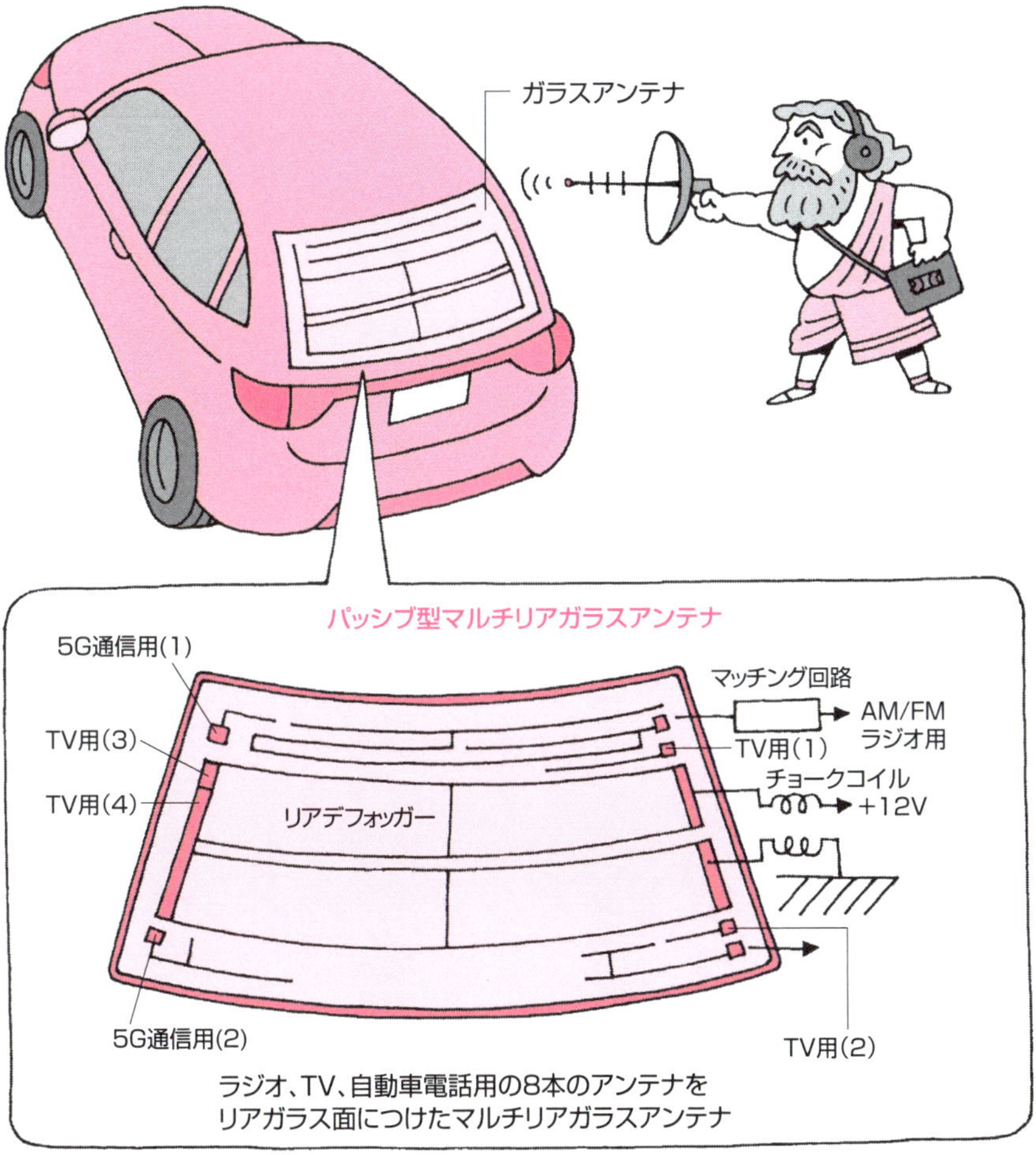

ラジオ、TV、自動車電話用の8本のアンテナを
リアガラス面につけたマルチリアガラスアンテナ

出典:山根正之ほか著、ガラス工学ハンドブック(1999)456頁

65 浮かせてつくれば新しいガラスができるかも!?

ガラスにならないものをガラスにする

ガラスは原料を高温で溶かし、冷やして固めることで作られますが、どんなものでも溶かせばガラスになるわけではありません。実はガラスになる組成は限られています。ガラス化しない理由は、溶かした原料（融液）を冷やす途中で結晶ができてしまうからで、とくに容器と接触している部分（接触界面）で結晶化が起こりやすくなります。

「じゃあ、容器がなければ結晶化しないの？」と思うかもしれませんね。実はその通りで、容器を使わずに浮かせた状態で原料を溶かして、そのまま冷やして固める「無容器法」を使うと、これまでガラスにならないと考えられていた組成でもガラスにすることができます。宇宙空間のような重力の小さい環境で浮かせるのが一番簡単に思えますが、地上でも「浮遊炉」という装置を使えば、融液を浮かせられます。中でも「ガス浮遊炉」はとてもシンプルな構造で、お祭りの夜店で売っている吹き上げパイプに似ています。ノズルの上に置いた試料に下からガスを吹きつけて浮かせ、レーザーを当てて溶かした後、レーザーを切って浮かせたまま冷却すると、わずか数秒でガラスができあがります。無容器法はガラスを作る究極の方法と言え、この20年ほどで新しいタイプのガラスがたくさん生み出されました。例えば、ダイヤモンドに近い高い屈折率、幅広い波長の光を透過させる性質、赤外波長域での強い発光、通常のガラスの2倍以上の硬さ、何十倍も割れにくい強度、無色透明だけど磁石にくっつくなど、従来のガラスの常識を超える素晴らしい特性が現れています。一部はすでに実用化されており、近い将来、さらに多くの分野で私たちの生活をより豊にしてくれることでしょう。

さらに最近では、「ガラスになる組成と、ならない組成があるのはなぜか」という、根本的な疑問を解明するため、国際宇宙ステーションの日本実験棟「きぼう」での宇宙実験も進められています。

要点BOX

- ●どんな物質でも溶かして冷やせばガラスになる、というわけではない
- ●ガラスの主成分として使える成分は、実は少ない

ガラスになる？ならない？

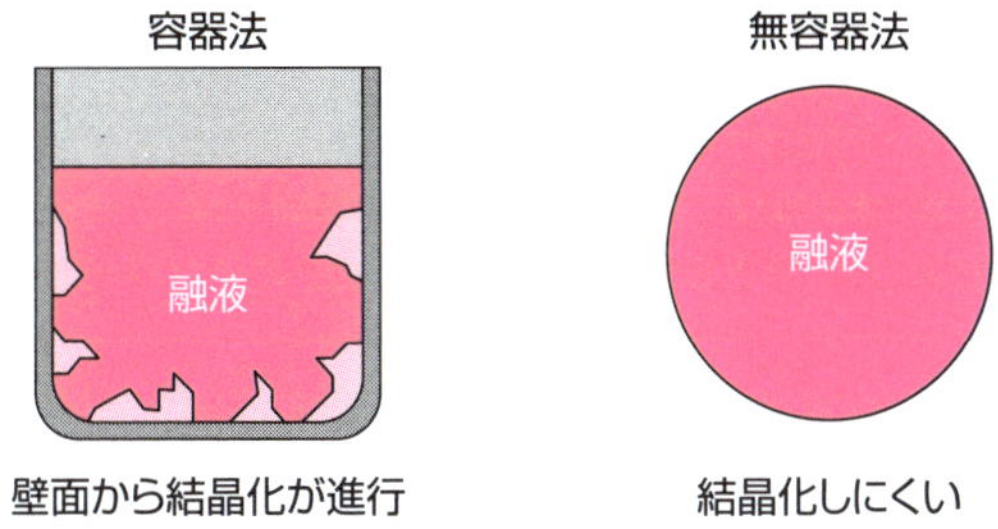
容器法
融液
壁面から結晶化が進行
無容器法
融液
結晶化しにくい

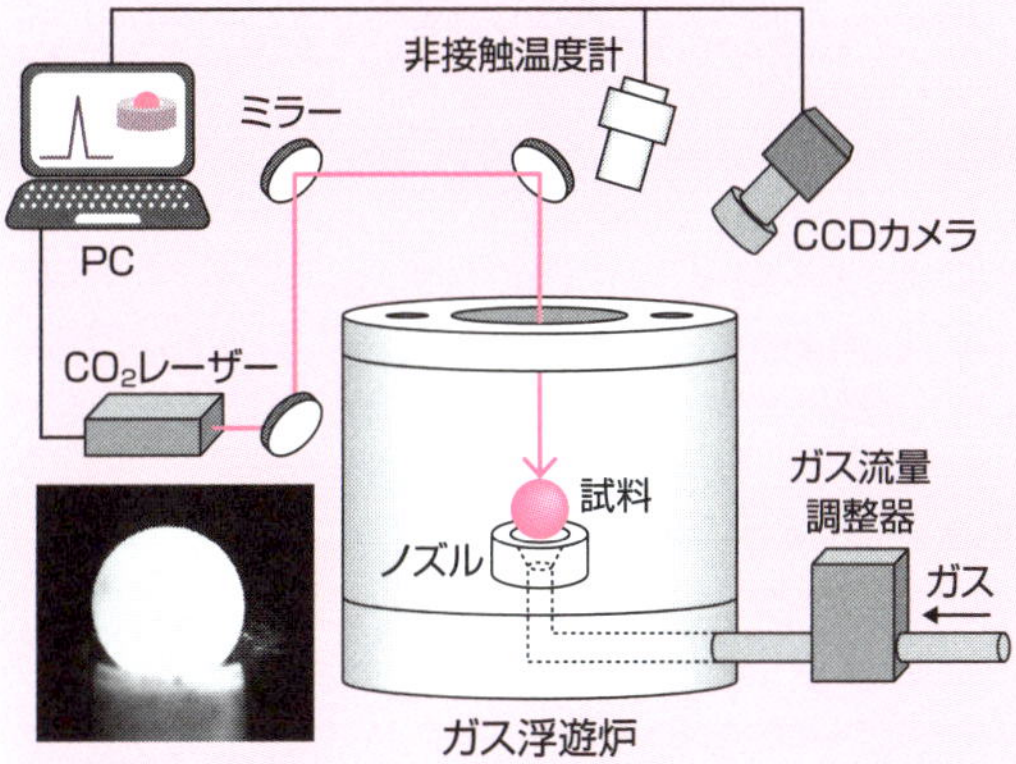
非接触温度計
ミラー
PC
CCDカメラ
CO_2レーザー
試料
ノズル
ガス流量
調整器
ガス
ガス浮遊炉

ガラスにならないと思われていた物質をガラスにできる

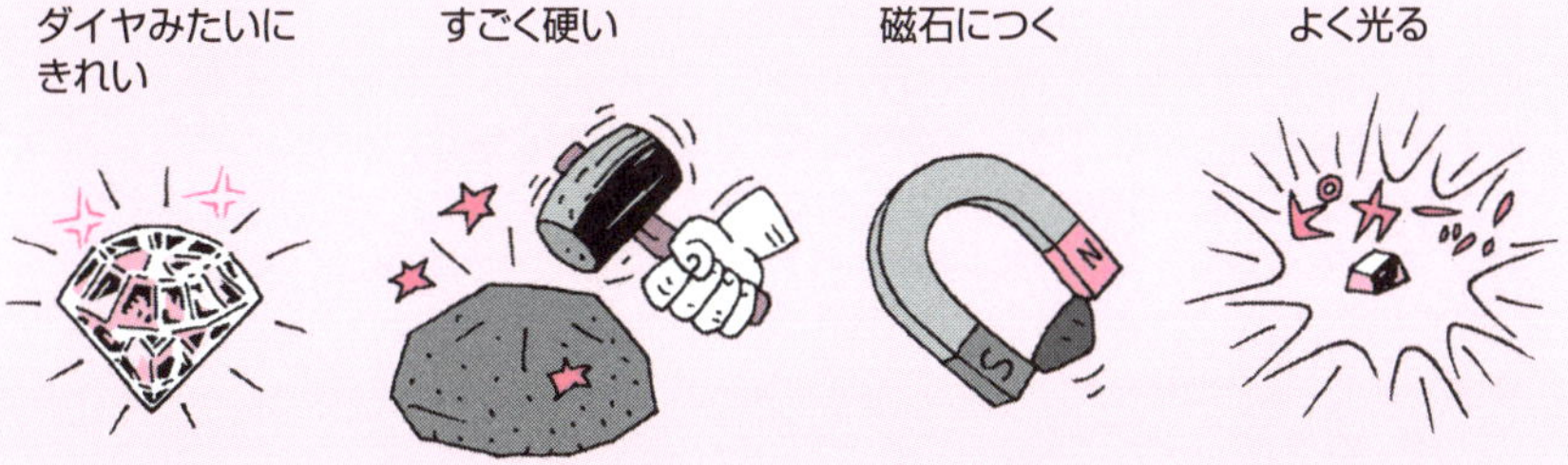
ダイヤみたいに
きれい
すごく硬い
磁石につく
N
S
よく光る
ピカ

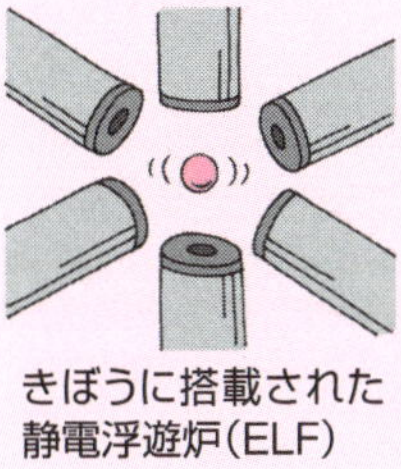
きぼうに搭載された
静電浮遊炉(ELF)

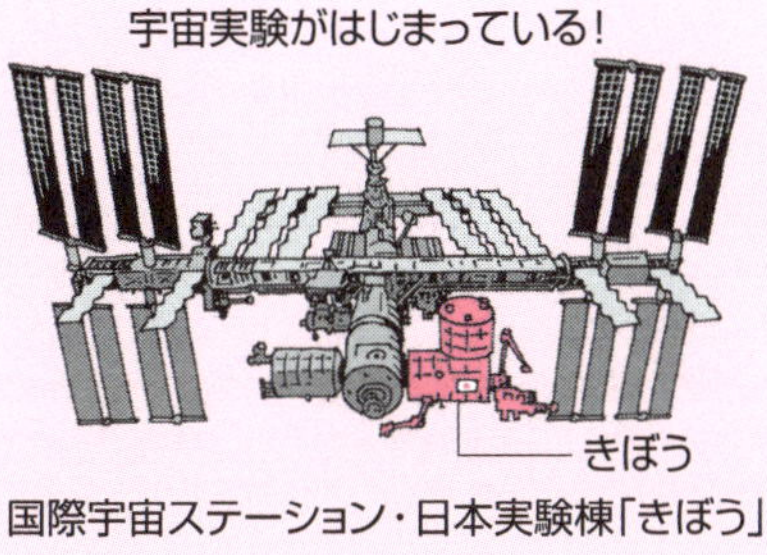
宇宙実験がはじまっている！
きぼう
国際宇宙ステーション・日本実験棟「きぼう」

なぜガラスに
なるのか？

【参考文献】

●「さまざまの技能について」テオフィルス、森洋訳編　中央公論美術出版社（1996年）
●「電気伝導性酸化物」津田惟雄　編著　裳華房（1993年）
●「透明導電膜の技術」日本学術振興会　透明酸化物光・電子材料166委員会　編　オーム社（2014年）
●X. Li et al., "Enhancing the Performance of Phase Change Memory for Embedded Applications", Phys. Status Solidi RRL, 13, 1800558.（2019年）
●S. Hudgens et al., "Overview of Phase-Change Chalcogenide Nonvolatile Memory technology", MRS Bulletin, 11, 829.（2004年）
●Self-Cleaning (pilkington.com)　https://glass-wonderland.jp/product/school_tuf_active/)
●角野 広平（京都工芸繊維大学 物質工学部門）「いまさら聞けないガラス講座」
NEW Glass（ニューガラスフォーラム）　Vol.24,59（2009年）
●石黒 三郎（古河機械金属株式会社 顧問）「カルコゲナイドガラスの合成」
NEW Glass（ニューガラスフォーラム）　Vol.11,23（1996年）
●角野 広平（京都工芸繊維大学大学院）「光学材料としてのカルコゲン化物ガラスに関する最近の研究例」　NEW Glass（ニューガラスフォーラム）　Vol.29,10（2014年）
●柳田 裕昭（HOYA株式会社）「フッ化物ガラス ― 最近の技術動向」
NEW Glass（ニューガラスフォーラム）　Vol.18,28（2003年）
●大西 正志（住友電気工業（株）横浜研究所）「フッ化物ガラス光ファイバの最近の動向」
NEW Glass（ニューガラスフォーラム）　Vol.10,8（1995年）
●「特開」2014-97904
●「ガラス工学ハンドブック」山根正之他　朝倉書店（1999年）
●南川 弘行「ガラスの熱膨張制御と応用」無機マテリアル学会誌　24,357（2017年）
●家 正則, 唐牛 宏, 小林 行泰　「動きだした8mすばる望遠鏡計画」
応用物理学会誌（応用物理学会）62巻,540（1993年）
●家 正則（TMT国際天文台評議員会副議長）「TMT建設開始への道のり」
天文月報（日本天文学会）107巻587（2014年）
●南川 弘行「TMT主鏡材料:ゼロ膨張ガラスセラミックス-クリアセラムTM-Z」
レーザー学会誌（レーザー学会）　46巻,305（2018年）
●「太陽光発電海外市場レポート2022年版～海外主要市場と新興市場～」（株）資源総合システム（2022年）
●Photovoltaics Report (https://www.ise.fraunhofer.de/en/publications/studies/photovoltaics-report.html)
●経済産業省　資源エネルギー庁　ウェブサイト（https://www.enecho.meti.go.jp/）
●「トコトンやさしい　3Dものづくりの本」柳生浄勲、結石友宏、河島巌著　日刊工業新聞社（2017年）
●文部科学省　ウェブサイト
（https://www.mext.go.jp/stw/common/pdf/series/glass/glass.pdf）

フルコール法 ―― 20
フレキシブルディスプレイ ―― 58
プレス成型 ―― 88
ブロー成型 ―― 88
フロートガラス法 ―― 20・38
プロジェクションマッピング ―― 78
分相ガラス ―― 124
平面光導波回路 ―― 70
ヘッドアップディスプレイ ―― 106
ペロブスカイト型太陽電池 ―― 132
防火ガラス ―― 92
ホウケイ酸ガラス ―― 14・120
防眩機能付きガラス ―― 60
放射性廃棄物ガラス固化 ―― 138
防曇コーティング ―― 110
防犯ガラス ―― 92
骨補填剤 ―― 122
ポリイミド ―― 58

マ

マイカ ―― 128
マテリアルズ・インフォマティクス ―― 148
窓ガラス型太陽電池 ―― 132
マルチコア光ファイバー ―― 68
マルチモード光ファイバー ―― 68
ミュスタイアの修道院 ―― 18
無アルカリガラス ―― 54・64
無容器法 ―― 152
メカニカルミリング ―― 40
メカノケミカル ―― 40
メソポタミア ―― 10・14
モールド ―― 12

ヤ・ラ

ヤング率 ―― 64
有機EL ―― 58
有機金属化学気相成長法 ―― 40
融点 ―― 34
溶融スズ ―― 38
ラスター彩 ―― 88
リサイクル ―― 138・140
リターナブルマーク ―― 140
リユース ―― 140
瑠璃坏 ―― 22
Low-E複層ガラス ―― 98
露光装置 ―― 80
ロンデル窓 ―― 20

シャルトル大聖堂 18
修飾酸化物 36
消色剤 48
正倉院 22
シリンダー法 18・20
白焼け 42
真空複層ガラス 98
親水性 112
水素燃焼 144
ステンドグラス 46
スピノーダル分解 124
スピン成型 88
スマートフォン 32
3Dプリンティング 146
生体活性材料 126
清澄剤 48
石英ガラス(シリカガラス) 40・80・82
赤外線 108・114
接触界面 152
セルフクリーニングガラス 94
ゼロ膨張ガラス 80・116
相変化材料 74
ソーダ石灰ガラス 14・22・30・36・86
ゾルーゲル法 40

タ

耐熱ガラス 88
耐熱強化ガラス 92
太陽電池 132
単一モード光ファイバー 68
断熱性 98
着色剤 46
中間酸化物 36
中空コア光ファイバー 68
鋳造法 16
宙吹き法 16
長期安定性 42
超耐熱結晶化ガラス 90
低温ポリシリコン 54
低反射膜付きガラス 60
データサイエンス 148
デジタルサイネージ 60
デジタルツイン 148
テッセラ 18
手吹き円筒法 20
手吹き法 86
電子軌道 56
電子伝導性ガラス 56
電熱防曇ガラス 110
透過 44・46
等方性 44

ナ

ナトロン 12・18
鉛ガラス 14・22
ニアラインHDD 76
日射遮断型 98
日射取得型 98
熱膨張係数 34

ハ

ハーフミラーガラス 60
バイノーダル分解 124
破壊応力 64
薄膜トランジスタ 54
白瑠璃埦 22
波長多重増幅 72
撥水性 112
バナジウムリン酸塩ガラス 56
反射 44・96
ビードロ 24・86
光触媒 94
光の壁 18
光の3原色 46
表面プラズモン共鳴 46
ファイバーレーザー 72・108
フィーダゴブ成形 86
封止剤 134
フォトリソグラフィー 80
不可視ガラス 96
吹きガラス 10・12・16
不揮発 74
フッ化物ガラス 108
物理気相成長法(PVD) 40
フュージョン法 38

索引

英

DMD 78
FAS 112
GFRP 104
GRIN 66
HAMR 76
IGZO 56
ISマシン 86
PDMS 112
SOFC 134
SSD 76
TMT 116

ア

圧縮応力 62
アニール 38
網入型板ガラス 92
アモルファス(非晶質) 50・116
アルミニウムフレーク 128
合わせガラス 102・106
アンモニア燃焼 144
イオン交換処理 66
エアロゲル 40
エクソソーム 124
エッチング 12
江戸切子 24
エナメル彩 88
応力集中 32
オーバーフロー法 38
オンラインCVD法 94

カ

回帰分析 148
化学強化 62
ガス浮遊炉 152
型吹き法 16
カット(カットグラス) 12
カバーガラス 62・64
ガラスアンテナ 150
ガラス形成酸化物 36
ガラス繊維 104
ガラス玉(ビーズ) 10・12・22
ガラス転移温度 34
ガラスフィルター 124
ガラスフレーク 128
ガラスモザイク 18
カルコゲナイドガラス 74
カルコゲン化物ガラス 108
過冷却 34
カレット 140
気密性 42
ギヤマン 24・86
キャリアー 56
吸収 44・46
強化ガラス 102
金属ガラス 50
金属酸化物 12・46
管玉 22
屈折率 44・66・68
クラーク数 36
クラウン法 20
クリスタルガラス 88
グリズリング 42
結晶化 90
結晶化ガラス 116
結晶粒界 50
コアガラス 12・16・86
高透磁率 50
極薄ガラス 64
黒曜石 10
固体電解質 136
コルバーン法 20

サ

酸化チタン 94
散乱 44
紫外線 120
自然博物誌 10
七宝工芸 18
品川硝子製造所 24

●編著者

(一社)ニューガラスフォーラム

●代表執筆者、執筆者および企画・編集(五十音順)

【代表執筆者】

本間 剛(ほんま つよし) 長岡技術科学大学

【執筆者】

東 修平(あずま しゅうへい) HOYA MEMORY DISK TECHNOLOGIES LTD.
網干 和敬(あぼし かずたか) 日本板硝子(株)
石川 真二(いしかわ しんじ) 住友電気工業(株)
井添 恵(いぞえ めぐみ) クアーズテック(同)
大谷 強(おおたに つよし) 日本板硝子(株)
小野 崇広(おの たかひろ) ショット日本(株)
Leonie Lorenz(レオニーローレンツ) ショットAG
神谷 和孝(かみたに かずたか) 日本板硝子(株)
北岡 賢治(きたおか けんじ) (一社)ニューガラスフォーラム
北村 礼(きたむら れい) AGC(株)
木下 泰斗(きのした たいと) 日本板硝子(株)
小波本 直也(こばもと なおや) 日本板硝子(株)
斎藤 全(さいとう あきら) 愛媛大学
沢登 成人(さわのぼり なるひと) (株)住田光学ガラス
須藤 祐司(すとう ゆうじ) 東北大学
瀬戸 啓充(せと ひろみつ) 日本板硝子(株)
田中 智(たなか さとし) 日本板硝子(株)
徳田 陽明(とくだ ようめい) 滋賀大学
中根 慎護(なかね しんご) 日本電気硝子(株)
中野 和洋(なかの かずひろ) AGC(株)
奈良 俊孝(なら としたか) 岡本硝子(株)
新居田 治樹(にいだ はるき) 日本板硝子(株)
野田 隆行(のだ たかゆき) 日本電気硝子(株)
塙 優(はなわ ゆう) AGC(株)
林 和孝(はやし かずたか) AGC(株)
久枝 克巳(ひさえだ かつみ) AGC(株)
増野 敦信(ますの あつのぶ) 京都大学
松本 智勇(まつもと としお) HOYA Technosurgical(株)
三上 伸路(みかみ しんじ) 日本板硝子(株)
水口 雅史(みずぐち まさふみ) (株)ニコン
南川 弘行(みなみかわ ひろゆき) (株)オハラ
宮部 大亮(みやべ だいすけ) 日本板硝子(株)
三和 晋吉(みわ しんきち) 日本電気硝子(株)
森田 晋平(もりた しんぺい) AGC(株)
矢尾板 和也(やおいた かずや) AGC(株)
保田 皓是(やすだ あきよし) 日本電気硝子(株)
矢野 哲司(やの てつじ) 東京科学大学
山本 祥平(やまもと しょうへい) AGC(株)
山本 宏行(やまもと ひろゆき) AGC(株)
吉田 幹(よしだ みき) 石塚硝子(株)
吉本 幸平(よしもと こうへい) (株)ニコン
渡辺 文範(わたなべ ふみのり) AGC(株)
木寺 信隆(きでら のぶたか) AGC(株)

【企画・編集】

北岡 賢治(きたおか けんじ) (一社)ニューガラスフォーラム
北村 礼(きたむら れい) AGC(株)
小池 章夫(こいけ あきお) AGC(株)
瀬戸 啓充(せと ひろみつ) 日本板硝子(株)
種田 直樹(たねだ なおき) (一社)ニューガラスフォーラム
中根 慎護(なかね しんご) 日本電気硝子(株)
蜂谷 洋一(はちたに よういち) HOYA(株)
服部 明彦(はっとり あきひこ) 日本板硝子(株)
本間 剛(ほんま つよし) 長岡技術科学大学
松野 好洋(まつの よしひろ) (一社)ニューガラスフォーラム
水口 雅史(みずぐち まさふみ) (株)ニコン
三和 晋吉(みわ しんきち) 日本電気硝子(株)
山本 茂(やまもと しげる) 滋賀県立大学
吉田 幹(よしだ みき) 石塚硝子(株)
吉本 幸平(よしもと こうへい) (株)ニコン

今日からモノ知りシリーズ
トコトンやさしい
ガラスの本 新版

NDC 573.5

2025年 3月25日 初版1刷発行

発行者 井水 治博
発行所 日刊工業新聞社
東京都中央区日本橋小網町14-1
(郵便番号103-8548)
電話 書籍編集部 03(5644)7490
販売・管理部 03(5644)7403
FAX 03(5644)7400
振替口座 00190-2-186076
URL https://pub.nikkan.co.jp/
e-mail info_shuppan@nikkan.tech
印刷・製本 新日本印刷(株)

●DESIGN STAFF
AD―――――――― 志岐滋行
表紙イラスト―――― 黒崎 玄
本文イラスト―――― 榊原唯幸
ブック・デザイン ―― 黒田陽子
(志岐デザイン事務所)

●
落丁・乱丁本はお取り替えいたします。
2025 Printed in Japan
ISBN 978-4-526-08388-4 C3034

●一般社団法人ニューガラスフォーラムより

私たち「ニューガラスフォーラム」は、ガラスの研究・開発を促進することで、産業分野の発展に広く貢献します。

エレクトロニクス、情報処理・通信、宇宙・海洋開発、エネルギー、バイオテクノロジー、医療等時代の先端を行く幅広い分野で、注目され可能性を期待される新素材が「ニューガラス」。現在、地球のあちらこちらで研究が進められ、また新しい発見が繰り返され、ニューガラスは進化を続けています。私たちは、この進化の一つ一つをしっかり見つめ、さまざまな産業分野の発展に役立ちたいと考えています。

「ニューガラスフォーラム」は1985年に通商産業省(現:経済産業省)の指導のもと、ガラスメーカーだけでなく、ガラスユーザー企業など様々な産業分野で日本を代表する多くの企業と、著名な大学教授や研究者の協力を得て設立された団体です。任意団体として設立後、2011年には一般社団法人化されて非営利団体として活動しています。

2025年に創立40周年を迎え、その記念事業として「ガラスの本(新版)」を編纂することにしました。